Regionale Energiewende

Kathrin Müller

Regionale Energiewende

Akteure und Prozesse in
Erneuerbare-Energie-Regionen

Bibliografische Information der Deutschen Nationalbibliothek
Die Deutsche Nationalbibliothek verzeichnet diese Publikation
in der Deutschen Nationalbibliografie; detaillierte bibliografische
Daten sind im Internet über http://dnb.d-nb.de abrufbar.

Zugl.: Kassel, Univ., Diss., 2013
Fachbereich Gesellschaftswissenschaften

Erster Gutachter: Prof. Dr. Christoph Görg
Zweiter Gutachter: PD Dr. Achim Brunnengräber
Tag der mündlichen Prüfung: 02. Juli 2013

Umschlagabbildung:
© IdE – Institut dezentrale Energietechnologien

D 34
ISBN 978-3-631-64913-8 (Print)
E-ISBN 978-3-653-03969-6 (E-Book)
DOI 10.3726/978-3-653-03969-6

© Peter Lang GmbH
Internationaler Verlag der Wissenschaften
Frankfurt am Main 2014
Alle Rechte vorbehalten.

Peter Lang – Frankfurt am Main · Bern · Bruxelles · New York ·
Oxford · Warszawa · Wien

Das Werk einschließlich aller seiner Teile ist urheberrechtlich
geschützt. Jede Verwertung außerhalb der engen Grenzen des
Urheberrechtsgesetzes ist ohne Zustimmung des Verlages
unzulässig und strafbar. Das gilt insbesondere für
Vervielfältigungen, Übersetzungen, Mikroverfilmungen und die
Einspeicherung und Verarbeitung in elektronischen Systemen.

www.peterlang.com

Vorwort

Dieses Buch basiert auf meiner Dissertation, die ich im Sommer 2013 an der Universität Kassel verteidigt habe. Meinen Dank möchte ich daher an dieser Stelle meinem Doktorvater Professor Dr. Christoph Görg aussprechen, der die Betreuung meiner Dissertation übernommen hat. Für die Erstellung des Zweitgutachtens danke ich PD Dr. Achim Brunnengräber.

Die Interviews für diese Arbeit habe ich zum großen Teil kurz nach dem Atomunfall in Fukushima geführt. Die positive Stimmung gegenüber erneuerbaren Energien, die nach dem Unglück 2011 auch in der Bundesregierung zu den Ausstiegsbeschlüssen aus der Atomkraft geführt hat, spiegelt sich in den Interviews wider und hat die Entwicklungen in den untersuchten Regionen insgesamt beeinflusst. Aufgrund des kurzen untersuchten Zeitrahmens kann die Arbeit ferner keine Aussage zur zukünftigen Entwicklung in den Regionen treffen. Daher werden in der Arbeit vor allem temporäre Ausschnitte aus den untersuchten Regionen deutlich.

Die Analyse der EE-Regionen ist nicht nur wissenschaftlich hoch relevant, sondern auch persönlich für mich sehr spannend. Beeindruckt war ich vor allem von der Motivation, der individuellen Überzeugung und dem oft schon jahrelangen Engagement der regionalen Akteure, am Ausbau der erneuerbaren Energien mitzuwirken. Die Interviews mit den regionalen Experten, die ich für die Arbeit geführt habe, waren unverzichtbar für das Gelingen der Arbeit. Dafür danke ich allen meinen Interviewpartnerinnen und Interviewpartnern.

Die vorliegende Arbeit habe ich größtenteils neben meiner Tätigkeit als Mitarbeiterin im Projekt „100 % Erneuerbare-Energie-Regionen" am Institut dezentrale Energietechnologien in Kassel verfasst. Viele Kontakte, die ich im Rahmen der vorliegenden Arbeit nutzen konnte, wurden mir durch meine Anstellung im Projekt möglich. Daher danke ich besonders Dr. Peter Moser, der das Projekt geleitet hat, für seine Unterstützung. Aber auch meinen Kolleginnen und Kollegen aus dem 100ee-Projekt danke ich.

Ein großer Dank geht auch an meine Freunde, die mir mit Diskussionen, neuen Gedanken und Anregungen, Korrekturlesen und bei der Erstellung der Graphiken geholfen haben: Sarah, Peggy, Julia, Steffi, Roland und Andrea.

Die Arbeit widme ich meinen Eltern und meinem Bruder, die mich in all den Jahren immer unterstützt haben.

Inhaltsverzeichnis

Abkürzungsverzeichnis XI
Abbildungs- und Tabellenverzeichnis XIII
1 Einleitung 1
   1.1 Thematische Einführung 1
   1.2 Fragestellung 11
   1.3 Gliederung der Arbeit 12
   1.4 Methodik und Forschungsdesign 13
      1.4.1 Projektkontext 100ee-Regionen 14
      1.4.2 Begründung der Fallauswahl 17
      1.4.3 Material, Erhebungs- und Auswertungsmethoden 22
      1.4.4 Methodische Herausforderungen 27
2 Entwicklung und Rahmenbedingungen der Energiewende 29
   2.1 Nachhaltigkeit und Agenda 21 32
   2.2 Zentraler und dezentraler Ausbau der erneuerbaren Energien 34
   2.3 Aktueller Ausbaustand der erneuerbaren Energien in Deutschland 35
   2.4 Wirtschaftliche Betrachtung erneuerbarer Energien 36
   2.5 Akzeptanz erneuerbarer Energien 37
   2.6 Mehrebenenbetrachtung des Ausbaus der erneuerbaren Energien 38
      2.6.1 Internationale Ebene 38
      2.6.2 Europäische Ebene 39
      2.6.3 Nationale Ebene 42
      2.6.4 Ebene der Bundesländer 46
      2.6.5 Kommunen im politisch-administrativen Staatsaufbau 48
3 Theoretisch-Konzeptionelles Design 51
   3.1 Akteurszentrierter Institutionalismus 51
   3.2 Politikfeldanalyse 56
   3.3 Governance 59
      3.3.1 Multi-Level-Governance 64
      3.3.2 Regional Governance 67
   3.4 Governanceformationen im Bereich der erneuerbaren Energien 84
      3.4.1 Akteursgruppen 84
      3.4.2 Steuerungsformen, Interessen und Rollen von Akteuren 90
   3.5 Methodische Schlüsse und Operationalisierung der Analyse 95
4 Erneuerbare-Energie-Regionen 99
   4.1 EE-Region Hameln-Pyrmont 99

VIII Inhaltsverzeichnis

    4.1.1 Konstituierung der Region 99
    4.1.2 Institutioneller Kontext 101
    4.1.3 Prozess des Ausbaus der erneuerbaren Energien 106
    4.1.4 Akteurskonstellationen 116
    4.1.5 Prozesslogik in der EE-Region Hameln-Pyrmont 127
    4.1.6 Fazit: Einflussfaktoren der EE-Entwicklung in
          Hameln-Pyrmont 128
  4.2 EE-Region Marburg-Biedenkopf 130
    4.2.1 Konstituierung der Region 130
    4.2.2 Institutioneller Kontext 131
    4.2.3 Prozess des Ausbaus der erneuerbaren Energien 135
    4.2.4 Akteurskonstellationen 145
    4.2.5 Prozesslogik in der EE-Region Marburg-Biedenkopf 158
    4.2.6 Fazit: Einflussfaktoren der EE-Entwicklung in
          Marburg-Biedenkopf 159
  4.3 EE-Region Oberland 161
    4.3.1 Konstituierung der Region 161
    4.3.2 Institutioneller Kontext 164
    4.3.3 Prozess des Ausbaus der erneuerbaren Energien 168
    4.3.4 Akteurskonstellationen 181
    4.3.5 Prozesslogik in der EE-Region Oberland 191
    4.3.6 Fazit: Einflussfaktoren der EE-Entwicklung im Oberland 192
  4.4 EE-Region Lübow-Krassow 194
    4.4.1 Konstituierung der Region 194
    4.4.2 Institutioneller Kontext 197
    4.4.3 Prozess des Ausbaus der erneuerbaren Energien 201
    4.4.4 Akteurskonstellationen 210
    4.4.5 Prozesslogik in der EE-Region Lübow-Krassow 220
    4.4.6 Fazit: Einflussfaktoren der EE-Entwicklung in
          Lübow-Krassow 221

5 Ergebnisse und Forschungsperspektiven 223
  5.1 Theoretisch-konzeptionelle Ergebnisse 223
  5.2 Vergleichende Betrachtung der Fallstudien 224
    5.2.1 Konstituierung der Region 225
    5.2.2 Institutioneller Kontext 227
    5.2.3 Prozess des Ausbaus der erneuerbaren Energien 230
    5.2.4 Akteurskonstellationen 235
  5.3 Erfolgsfaktoren der EE-Regionen 239
  5.4 Reichweite der Ergebnisse und Forschungsperspektive 246

6　Literaturverzeichnis 249
7　Anhang... 273
　　7.1　Interviewleitfaden.. 273
　　7.2　Liste der besuchten Veranstaltungen.. 276

Abkürzungsverzeichnis

AKW	Atomkraftwerk
BAFA	Bundesamt für Wirtschaft und Ausfuhrkontrolle
BIP	Bruttoinlandsprodukt
BiomasseV	Biomasseverordnung
BMU	Bundesministerium für Umwelt, Naturschutz und Reaktorsicherheit
BMWi	Bundesministerium für Wirtschaft und Technologie
BMELV	Bundesministerium für Ernährung, Landwirtschaft und Verbraucherschutz
BUND	Bund für Umwelt und Naturschutz Deutschland
Difu	Deutsches Institut für Urbanistik
100ee-Region	100 % Erneuerbare-Energie-Region
EE	Erneuerbare Energien
EE-Region	Erneuerbare-Energie-Region
EEG	Gesetz für den Vorrang Erneuerbarer Energien
EGKS	Europäische Gemeinschaft für Kohle und Stahl
EnEV	Energieeinsparverordnung
EnWG	Energiewirtschaftsgesetz
EEWärmeG	Gesetz zur Förderung Erneuerbarer Energien im Wärmebereich
EU	Europäische Union
EVU	Energieversorgungsunternehmen
Grüne	Bündnis 90/ Die Grünen
IEA	International Energy Agency
IHK	Industrie- und Handelskammer
IPCC	Intergovernmental Panel on Climate Change
IRENA	International Renewable Energy Agency
KFW	Kreditanstalt für Wiederaufbau
KWKG	Gesetz für die Erhaltung, die Modernisierung und den Ausbau der Kraft-Wärme-Kopplung

XII Abkürzungsverzeichnis

NGO	Non-Governmental Organisation
PV	Photovoltaik
StrEG	Stromeinspeisegesetz
UBA	Umweltbundesamt
UN	United Nations
UNEP	United Nations Environment Programme
UNFCCC	United Nations Framework Convention on Climate Change
WHO	World Health Organization
WMO	World Meteorological Organization
WWF	World Wide Fund for Nature

Abbildungs- und Tabellenverzeichnis

Abbildung 1: Struktur der EE-Strombereitstellung in Deutschland 2011 36
Abbildung 2: Analyse im Rahmen des akteurszentrierten Institutionalismus ... 55
Abbildung 3: Das politische Dreieck 57
Abbildung 4: Elemente im Governance-Gefüge 64
Abbildung 5: Unterscheidung von Mehrebenensystemen 66
Abbildung 6: Merkmale von Regional Governance 71
Abbildung 7: Zusammensetzung von regionalen Netzwerken 83
Abbildung 8: Akteursgruppen beim regionalen EE-Ausbau 85
Abbildung 9: Untersuchungsfokus 97
Abbildung 10: EE-Phasen in der EE-Region Hameln-Pyrmont 107
Abbildung 11: Vorhandene EE-Akteure in der EE-Region
 Hameln-Pyrmont 118
Abbildung 12: EE-Phasen in der EE-Region Marburg-Biedenkopf 136
Abbildung 13: Vorhandene EE-Akteure in der EE-Region
 Marburg-Biedenkopf 147
Abbildung 14: EE-Phasen in der EE-Region Oberland 169
Abbildung 15: Vorhandene EE-Akteure in der EE-Region Oberland 182
Abbildung 16: EE-Phasen in der EE-Region Lübow-Krassow 202
Abbildung 17: Vorhandene EE-Akteure in der EE-Region
 Lübow-Krassow 212
Abbildung 18: Erfolgsfaktoren der EE-Regionen 241

Tabelle 1: 100ee-Regionen auf Landkreisebene, Stand Dezember 2009 20

1 Einleitung

„Der Ausschuss hat alle verfügbaren wissenschaftlichen Erkenntnisse überprüft und ist zu dem Schluss gekommen, dass zwei weitgefasste Bereiche derzeit einen unverhältnismäßig hohen Einfluss auf die Menschen und die lebenserhaltenden Systeme des Planeten haben – das sind der Energiebereich in Form fossiler Brennstoffe sowie die Landwirtschaft (...)." Achim Steiner, Untergeneralsekretär der UNO und UNEP-Exekutivdirektor (Europäische Kommission 2010)

1.1 Thematische Einführung

Spätestens seit dem Atomunfall von Fukushima am 11. März 2011 und dem danach von der Bundesregierung beschlossenen Ausstieg[1] aus der Atomenergie ist Deutschland auf dem Pfad der „Energiewende"[2]. Das aktuelle Energiekonzept der deutschen Bundesregierung aus dem Jahr 2010 (vgl. Bundesministerium für Wirtschaft und Technologie und Bundesministerium für Umwelt Naturschutz und Reaktorsicherheit 2010) wurde im Juni 2011 um die Energiewendebeschlüsse erweitertet, die u. a. den Ausstieg aus der Atomenergie bis zum Jahr 2022 und die Erhöhung des Anteils der erneuerbaren Energien[3] im Stromverbrauch auf bis zu 80 Prozent bis zum Jahr 2050 vorsehen (vgl. Bundesministerium für Umwelt 2011). Darüber hinaus existieren verschiedene Studien[4], welche Szenarien für den Ausbau von erneuerbaren Energien für Deutschland beschreiben. Konsens besteht über die Notwendigkeit des Ausbaus

---

1   2001 hat die damalige Regierungskoalition aus SPD und Bündnis 90/Die Grünen den deutschen Atomkraftwerken eine sogenannte Reststrommenge zugebilligt, welche bis etwa 2022 aufgebraucht worden sein sollte. Die aktuelle Bundesregierung CDU/CSU und FDP hat den Beschluss zunächst zurückgenommen, dann aber nach dem Reaktorunfall von Fukushima in veränderter Form den Ausstieg aus der Atomkraft definitiv beschlossen.

2   Das Öko-Institut hat bereits im Jahr 1980 in der Studie „Energiewende – Wachstum und Wohlstand ohne Erdöl und Uran" den Begriff der Energiewende benutzt.

3   Erneuerbare Energien sind „Wasserkraft [...], Windenergie, solare Strahlungsenergie, Geothermie, Energie aus Biomasse einschließlich Biogas, Biomethan, Deponiegas und Klärgas sowie aus dem biologisch abbaubaren Anteil von Abfällen aus Haushalten und Industrie" (§3Bundesgesetzblatt 2012). Eine Übersicht zu Formen und Nutzungsmöglichkeiten von erneuerbaren Energien findet sich u. a. bei Baumheier (1993: 52).

4   Eine Übersicht bieten u. a. die Studien von Greenpeace und EUtech (2009); Öko-Institut und Prognos (2009); Klaus, Vollmer et al. (2010); Sachverständigenrat für Umweltfragen (2011).

der erneuerbaren Energien[5], diskutiert werden jedoch unterschiedliche Ausgestaltungen der Systeme, von überwiegend dezentraler Versorgung mit erneuerbaren Energien (z. B. Kenkmann und Timpe 2012) bis hin zu einer vornehmlich zentral organisierten Energieversorgung (z. B. Höflich, Noster et al. 2012).

Bestrebung zum Ausbau der erneuerbaren Energien haben eine lange Tradition[6]. Sie sind mitunter mit viel Überzeugungsarbeit verbunden gewesen, was zum Teil heute noch der Fall ist.

Die Gründe für die Umstellung der Energieversorgung auf erneuerbare Energie sind sehr unterschiedlich. Sie reichen von klimapolitischen Interessen[7], dem Wunsch nach Versorgungssicherheit[8] bis hin zu wirtschaftlichen Motiven wie der regionalen Wertschöpfung, dem Erhalt von Energieausgaben in der Region und der damit verbundenen Stärkung der regionalen Wirtschaftsstrukturen (siehe Kapitel 2.4) (vgl. Stöhr 2008: 57 f.; Fischedick, Arnold et al. 2010). Besonders Faktoren mit ökonomischem Bezug haben eine sehr förderliche Wirkung auf den Ausbau von erneuerbaren Energien; langfristige Dynamiken wie Demografie oder Siedlungsstrukturen spielen häufig eine untergeordnete Rolle (vgl. Fischedick, Arnold et al. 2010).

Die Debatten in Medien, Politik und Wissenschaft werden zunehmend von der Art und Weise des Ausbaus der erneuerbaren Energien geprägt.

Lange Zeit ist die Stromversorgung ausschließlich zentral organisiert worden (siehe Kapitel 2.2). Eine Reihe von Faktoren führten zu einer Entwicklung

---

5   Neben dem Ausbau von erneuerbaren Energien sind weitere Aspekte im Kontext der Energiewende von großer Bedeutung, die in der vorliegenden Arbeit jedoch nur am Rande behandelt werden. So muss der Ausbau der erneuerbaren Energien zusammen mit Maßnahmen zur Energieeinsparung und Energieeffizienzsteigerung gedacht werden.

6   Zu einer Beschreibung der Ereignisse siehe auch Kapitel 2.

7   Folgen des Klimawandels werden schon seit einiger Zeit ausführlich diskutiert. Der Anstieg des Meeresspiegels, Überschwemmungen, Polschmelzungen, Trinkwasserknappheit, kurzwellige UV-Strahlung, Waldbrände, Stürme, Bodenerosion und -degradierung, Eutrophierung, Wüstenbildung, der Rückgang der Arten- und Ökosystemdiversität schränken nicht nur den Lebensraum der Menschen ein, sondern vertiefen bestehende Problemlagen wie Hunger, Kindersterblichkeit, Krankheiten, Migration, kriegerische Auseinandersetzungen sowie Wasser- und Landnutzung. Diese Aspekte verstärken die Gerechtigkeitsasymmetrien zwischen Industrie- und Entwicklungsländern und zwischen heutigen und künftigen Generationen.

8   Bereits das Buch „Energy Ressources" von Marion King Hubbert aus dem Jahr 1962 beschreibt das sogenannte „Peak Oil", das Erreichen der maximalen Erdölfördermenge.

Einleitung 3

von Alternativen zu diesen zentralistischen Strukturen, zum Beispiel die Ölpreiskrisen der 1970er Jahre oder Umweltschutz- und Anti-Atomkraftdebatten (siehe Kapitel 2). Mit der Liberalisierung im Stromsektor im Jahr 1998 wurden Voraussetzungen geschaffen, die zu einer zunehmenden Dezentralität des Systems geführt haben. Damit erhöhte sich die Anzahl der Bürger und kleiner Energieversorger, die eigene Anlagen bauen und betreiben.[9] Neben dem zunehmend dezentralen System existieren jedoch weiter zentrale Energieversorgungsstrukturen, was der Ausbau von Offshore-Windparks oder Großprojekte wie Desertec belegen (siehe Kapitel 2.2).

Für die Umsetzung des dezentralen Ausbaus der erneuerbaren Energien spielt die regionale Ebene zunehmend eine bedeutende Rolle. Akteure[10] in vielen Regionen haben begonnen, die Energieversorgung ihres Gebiets auf erneuerbare Energien umzustellen. Die Größe des Gebietes, auf das sich die Umstellung beschränkt, wird je nach Region[11] unterschiedlich definiert.

Die Funktionen, Motive und Aufgaben der regional beteiligten Akteure sind sehr unterschiedlich verteilt. Eine wichtige Frage ist in diesem Zusammenhang, auf welche Art und Weise die Prozesse zum Ausbau der erneuerbaren Energien auf regionaler Ebene angestoßen werden und ablaufen. Ferner interessiert, welche (Schlüssel-)Akteure an der Umsetzung des Ausbaus beteiligt sind. Dies bedeutet, dass bestehende und neue Akteure umfassend analysiert werden müssen, um regionale Prozesse zu verstehen. Schließlich spielen auch die Einflussfaktoren der übergeordneten Ebenen (Bundesländer, National, EU und International) auf den regionalen Prozess eine Rolle.

---

9   Mehr als 50 Prozent der in Deutschland installierten Anlagen zur Stromerzeugung mit erneuerbaren Energien gehören Privatpersonen und Landwirten. Die vier großen Energieversorgungsunternehmen Vattenfall, Eon, RWE und EnBW haben dagegen nur einen Anteil von etwas mehr als 6 Prozent an der bundeweit installierten Leistung aus erneuerbaren Energien (Agentur für Erneuerbare Energien 2011).

10 Es gilt zunächst als Akteur, „wer in einem sozialen Zusammenhang absichtsvoll und einflussreich handelt, wobei mögliche Handlungsformen auch darin bestehen können, etwas gezielt zu unterlassen oder zu dulden. Dies können einzelne Personen, Organisationen oder nicht organisierte Gruppen mit weitgehend übereinstimmenden Motiven (Akteuraggregate) sein" (von Prittwitz 2007: 99).

11 Das Handwörterbuch der Raumforschung und Raumordnung definiert eine Region als „einen durch bestimmte Merkmale gekennzeichneten, zusammenhängenden Teilraum mittlerer Größenordnung in einem Gesamtraum" (Akademie für Raumforschung und Landesplanung 2005: 805). Zum Vergleich unterschiedlicher Regionsdefinitionen siehe Kapitel 3.2.2.1.

4 Einleitung

Vorliegende Arbeit widmet sich diesem Fragenkomplex mit einem Fokus auf regionale Ausbauprozesse in deutschen Landkreisen oder Teillandkreisen. Eine zentrale Annahme ist, dass sich trotz unterschiedlicher Kontextfaktoren (z. B. regionale Zuschnitte, Zusammensetzung der Akteursstruktur und institutionelle Einflüsse) Aktionsmuster von Akteuren im Prozess des regionalen Ausbaus von erneuerbaren Energien identifizieren lassen. Aspekte der Gestaltung politischer Prozesse auf regionaler Ebene und der Zusammenarbeit von unterschiedlichen Akteuren mit unterschiedlicher Ausprägung der Akteursrollen rücken damit in den Fokus der Betrachtungen.

Fragen nach Einflussfaktoren für den zunehmenden Ausbau der erneuerbaren Energien werden vor allem seit der Einführung des Erneuerbaren-Energie-Gesetzes (EEG) diskutiert (siehe Kapitel 2.6.3.1). Daher wird die Forschung im Bereich der erneuerbaren Energien bisher besonders von diesen rechtlichen Aspekten (z. B. die Untersuchung nationaler Förderinstrumente wie dem EEG (z. B. Hohmeyer 2002; Dagger 2009), aber auch von technischen (z. B. Kaltschmitt, Streicher et al. 2005) und zunehmend wirtschaftlichen Aspekten (z. B. Krewitt und Schlomann 2006) beherrscht.

Sozialwissenschaftliche Studien beschäftigen sich vor allem mit der Analyse vom Ausbau der erneuerbaren Energien auf nationaler Ebene.

Jänicke, Kunig et al. (1999) sehen als entscheidenden Faktor für den Erfolg im Bereich der Umweltpolitik – zu dem Bereich zählen sie auch den Ausbau der erneuerbaren Energien – vor allem Eigenschaften von Akteuren, z. B. ihre Stärke, ihr strategisches Geschick und ihre Vernetzung. Daneben rechnen sie auch strukturelle und situative Handlungsbedingungen wie politische, institutionelle, ökonomische und informationell-kognitive Bedingungen zur den Erfolgsfaktoren. Die dritte Gruppe bestimmt den Schwierigkeitsgrad des zu lösenden Problems, etwa Handlungsdruck, Politisierbarkeit des Problems und verfügbare technische Lösungen.

Als weitere Erfolgsbedingungen identifiziert Reiche (2004: 17) für den Ausbau erneuerbarer Energien:

- geographische Faktoren: u. a. Verfügbarkeit heimischer Ressourcen, Sonnen- und Windintensität, Niederschlagsmenge,
- ökonomische Faktoren: u. a. Höhe der Energiepreise (besonders Gas und Öl), Subventionen für fossile Energien und Atom, Internationalisierung externer Kosten,
- politische Faktoren: Ziele und Definitionen, Beschlüsse zur Nutzung von Atomkraft, internationale Verpflichtungen, administrative Zuständigkeiten,

wettbewerbliche Marktstrukturen, Regulierungen (Einspeisevergütungen, Quote etc.),
- technologische Faktoren: Zustand der Netzinfrastruktur, Entwicklungsstand der Technologien im Bereich erneuerbare Energien,
- kognitive Faktoren: öffentliche Meinung zu erneuerbaren Energien, dominierendes Belief-System. In Deutschland werden erneuerbare Energien von einer Mehrzahl der Bevölkerung akzeptiert (siehe Kapitel 2.5).

Im politisch-instrumentellen Bereich hält Reiche den regulativen Kontext auf bundesstaatlicher Ebene ursächlich für den erfolgreichen Ausbau von erneuerbaren Energien (vgl. Reiche 2004: 201 ff.).[12] Im deutschen Regulierungssystem sieht er die ambitionierten Zielsetzungen und flexiblen Instrumente im Rahmen eines breiten Policy-Mixes und besonders das EEG als bedeutsam für die erfolgreiche Entwicklung an.[13]

Hirschl (2008) betont die Wechselwirkungen im internationalen, europäischen und nationalen Feld, die er für entscheidend für die Entwicklung der erneuerbaren Energien im Strommarkt hält. Er konstatiert, dass der Konzentration auf wenige Marktteilnehmer infolge der Liberalisierung des Strommarkts durch die Einführung des EEG entgegengewirkt wurde. Als einen Einflussfaktor für die Entwicklung von erneuerbaren Energien benennt er kommunale und regionale Aktivitäten, aber auch europäische und internationale Politikprozesse. Reiche weist dagegen darauf hin, dass es wegen der Heterogenität der Situation auf regionaler oder kommunaler Ebene nicht unproblematisch sei, die Förderprogramme von erneuerbaren Energien auf dieser Ebene nachzuvollziehen (vgl. Reiche 2004: 179). Daher betrachtet er Akteure im Bereich der erneuerbaren Energien ausschließlich auf nationaler Ebene.

Mautz, Byzio et al. (2008), aber auch Bruns, Ohlhorst et al. (2009) sehen den pfadabhängigen Ausbau der erneuerbaren Energien im Stromsektor als ursächlich für die derzeitige Entwicklung (für eine Beschreibung dieser Phasen siehe Kapitel 2). Als Hemmnisse für den Ausbau der erneuerbaren Energien

---

12 Reiche sieht aber auch einen möglichen umwelt- und energiepolitischen Problemdruck und internationale Vereinbarungen als Erfolgsbedingungen für den Ausbau von erneuerbaren Energien. Als Hemmnis identifiziert er auf nationaler Ebene z. B. die historische Pfadabhängigkeit vom „Kohlepfad" (vgl. Reiche 2004: 201ff.).

13 Administrative Neuregelungen können den Ausbau von erneuerbaren Energien laut Reiche ebenfalls unterstützen, wie z. B. eine klare Zuständigkeit für erneuerbare Energien bei einem Ministerium. Außerdem werden erneuerbare Energien aufgrund ihrer wirtschaftlichen Bedeutung unterstützt.

identifizieren Mautz, Byzio et al. (2008) u. a. Widerstände in der Bevölkerung, Zielkonflikte zwischen Klima- und Naturschutz, technische Widerstände und Tendenzen zur Zentralisierung bestimmter Erzeugungstechniken.

Neben allgemeinen Einflussfaktoren wie geographischen, ökonomischen, technologischen und kognitiven Faktoren sehen die Autoren somit vor allem politische Faktoren als ursächlich für die erfolgreiche Entwicklung von erneuerbaren Energien. Dabei beziehen sie sich auf nationaler Ebene vor allem auf das EEG als zentralen Einflussfaktor, welches nach der Liberalisierung auf dem Stromsektor geschaffen worden ist, um technologiespezifisch garantierte Einspeisevergütungen für erneuerbare Energien festzulegen und den Vorrang der erneuerbaren Energien im Netz vorzuschreiben (siehe Kapitel 2.6.3.1). Deutlich wird jedoch auch die Rolle von Akteuren für den Ausbau der erneuerbaren Energien.

Auch auf Bundesländerebene sind einige Untersuchungen vorhanden, jedoch ist hier u. a. aufgrund der sich ständig ändernden Rahmenbedingungen weit weniger Forschung betrieben worden (z. B. Mez, Schneider et al. 2007; Diekmann, Groba et al. 2012).

Diekmann, Groba et al. (2012) vergleichen auf Bundesländerebene die Anstrengung der Länder zum Ausbau der erneuerbaren Energien. Im Vergleich der verschiedenen Indikatoren schneidet Brandenburg am besten ab. Die zur Analyse verwendeten Indikatoren unterteilen sie in vier Gruppen: (1) die Nutzung erneuerbarer Energien mit Länderzielen, -maßnahmen, (2) der Zustand und die Entwicklung der erneuerbaren Energien, (3) die politischen Anstrengungen und (4) die Erfolge bei erneuerbare Energien. In ihrer Studie weisen sie auf die schwierige Datenqualität auf Bundesländerebene hin (Diekmann, Groba et al. 2012: 10 ff.).

Mez, Schneider et al. (2007) betrachten in einer ersten Übersicht neben Bundesländern auch regionale Initiative. Sie stellen fest, dass viele Initiativen

„offensichtlich in erster Linie von engagierten Bürgern [ausgingen], die teilweise auch in Verbänden organisiert sind (BUND, Greenpeace etc.)" [...], und beobachten nur in wenigen Fällen „eine formale Trägerschaft durch Kommunen oder Landkreise" (Mez, Schneider et al. 2007: 160).

Durch eine top-down-Vorgehensweise hingegen sehen sie den Prozess beschleunigt, „umso mehr, wenn die Akteure das Ziel und den Weg dorthin von Anfang an in der Bevölkerung kommunizieren und diskutieren. [...] Es ist offensichtlich, dass die Unterstützung durch Kommunalpolitiker (bislang zumeist Mitglieder der Grünen oder der SPD, aber zunehmend auch der konservativen Parteien) in zunächst informellen Gremien, die ein 100%-Ziel EE formulieren und sich dann – in einem Verein oder einer Stiftung - institutionalisieren, die Realisierung des Ziels sehr erleichtert" (Mez, Schneider et al. 2007: 161).

Für die Ausdehnung der Initiative auf einen größeren räumlichen Zusammenhang betrachten sie die Bildung von Netzwerken als notwendig, um u. a. Öffentlichkeitsarbeit zu betreiben und so die Akzeptanz zu erhöhen. Sie schränken ihre Ergebnisse jedoch ein, insofern sie davor warnen, Handlungsempfehlungen zu generalisieren. Vielmehr weisen sie auf die Bedeutung der Förderung vom Bundesumweltministerium und Umweltbundesamt hin, z. B. für eine Machbarkeitsstudie/Potenzialermittlung konkreter Projekte.

Mit dem Klimaschutz auf der kommunalen Ebene beschäftigen sich zunehmend mehr Forschungsarbeiten (z. B. Moser 1998; Hennicke, Jochem et al. 1999; Kern, Niederhafner et al. 2005; Bielitza-Mimjähner 2008; Deutsches Institut für Urbanistik 2011).

Moser (1998) untersucht in seiner Dissertation Interessen und Aufgaben einzelner Akteure im Klimaschutzprozess am Beispiel des Runden Tisches CO_2 der Stadt Osnabrück, wozu er auch er die Rolle von Bildungs- und Öffentlichkeitsarbeit und die Herausbildung und Funktion kommunaler Klimaschutzinstitutionen analysiert. Er bezieht sich auf die Politikfeldanalyse (vgl. von Prittwitz 1994), um ein Modell von kommunalem Klimaschutz als Subsystem zu skizzieren. Als ursächlich für die Entwicklung in Osnabrück sieht er vor allem das Handeln der Akteure vor Ort. Als begünstigenden Faktor nennt er die Existenz und die Arbeit des Runden Tisches CO_2-Reduktion.

Graichen (2003) untersucht in seiner Dissertation die ökologische Ausrichtung der Energiepolitik am Beispiel der Stromversorgung im Schwarzwald. Er arbeitet in seiner Untersuchung heraus, dass folgende Faktoren für den Erfolg der Umweltinitiative im Fall Schönau beitragen: (1) Motivation und Ausdauer der Aktiven und Verankerung vor Ort, (2) die strategische Allianz mit den freien Wählern, (3) die Haltung des Energieversorgungsunternehmens KWR und die (4) Professionalität und das Engagement der Wahlkämpfer. Zur Erklärung der Fallstudie verwendet er die Public-Choice-Theorie.

Am Beispiel dreier deutscher Städte beschreiben Kern, Niederhafner et al. (2005) als Handlungsgründe von Kommunen vor allem die ihnen im deutschen Staatsaufbau zukommenden Aufgaben, ihre finanzielle Situation und zunehmend auch Bestimmungen durch die EU. Als Hindernisse arbeiten sie (1) finanzielle Restriktionen, (2) die schwindende Akzeptanz des Klimaschutzes, (3) die mangelnde Politikintegration und die Konzentration auf den Energiebereich, (4) die sich verändernde Staatlichkeit, die mit neuen Formen von Governance und einer sich wandelnden Rolle von Kommunen einhergeht, und (5) die zunehmende Europäisierung kommunaler Politik heraus (Kern, Niederhafner et al. 2005: 87 ff.).

Der Leitfaden „Klimaschutz in Kommunen" (Deutsches Institut für Urbanistik 2011) schlägt zur Weiterentwicklung des Klimaschutzes auf kommunaler Ebene vor: (1) die Setzung von realistischen Zielen, (2) einen verbindlichen politischen Beschluss, um Klimaschutzziele umzusetzen, und (3) die Entwicklung von Maßnahmenvorschläge innerhalb der Verwaltung (vgl. Deutsches Institut für Urbanistik 2011: 10). Als wichtige Handlungsfelder zur Reduzierung der Treibhausgasemissionen werden u. a. das kommunale Energiemanagement, die Förderungen von Investitionen zur Steigerung der Energieeffizienz, die Nutzung von erneuerbaren Energien, der Ausbau der interkommunalen Zusammenarbeit im Energiebereich und Verkehrssektor sowie eine intensive Öffentlichkeitsarbeit, um Bürger für den Klimaschutz zu motivieren, identifiziert (vgl. Deutsches Institut für Urbanistik 2011: 10).

Bolay (2008) identifiziert Erfolgsfaktoren und liefert Handlungsempfehlungen zur Einführung von Energiemanagement in Kommunen. Im Bereich der erneuerbaren Energien untergliedert er die Faktoren in folgende Punkte: (1) Promotoren, (2) allgemeine Rahmenfaktoren, (3) auf die Politik wirkende Faktoren, (4) auf die Verwaltung wirkende Faktoren und (5) auf Stadtwerke wirkende Faktoren. Bürgerschaft, Politik und Verwaltung erscheinen in seinen Untersuchungen als Promotoren für die Einführung von erneuerbare Energien (vgl. Bolay 2008: 231); einen weiteren Erfolgsfaktor stellt der Konsens zwischen Politik und Verwaltung dar (vgl. Bolay 2008: 231).

Folgende Handlungsempfehlungen leitet Bolay aus diesen Faktoren ab: (1) „viele Mitstreiter gewinnen", um die Anzahl der Promotoren zu erhöhen; (2) die „Politik überzeugen", durch internen Druck von der Verwaltung und durch externen Druck der Bürger; (3) einen „Konsens zwischen Politik und Verwaltung" herstellen und politische Ziele zu setzen; (4) „Umweltamt und Hochbau/Liegenschaften" gewinnen, um die Einführung von erneuerbaren Energien nicht unnötig zu verzögern. Der Umweltverwaltung werden Aufgaben wie die Öffentlichkeitsarbeit zugeschrieben. Abschließend empfiehlt Bolay (5) die Zuständigkeiten „erneuerbarer Energien an das Energiemanagement" anzusiedeln. Idealerweise sei diese wiederum an die Liegenschaftsverwaltung gekoppelt und (6) Stadtwerke einzubeziehen, welche, da sie eine eher passive Einstellung gegenüber erneuerbaren Energien haben, von der Politik überzeugt werden müssen. Bolay unterstreicht, dass es bisher kaum Veröffentlichungen gibt, die sich auf breiter Basis mit erneuerbaren Energien beschäftigen (vgl. Bolay 2008: 4).

Tischer, Stöhr et al. (2006) beschreiben in ihrem Buch „Auf dem Weg zur 100%-Region" regionale Handlungsmöglichkeiten beim Ausbau von erneuerbaren Energien. Als besonders hilfreich für die Umsetzung der regionalen Vollversorgung mit erneuerbaren Energien erachten sie Kooperationen und Netzwerke. Als Elemente der idealtypischen Umsetzung für regionale Energieinitiativen identifizieren sie (1) ein heterogenes (von einer Vielzahl unterschiedlicher Akteure getragenes) Netzwerk zur ideellen Unterstützung des regionalen Wechsels zu erneuerbarer Energien, (2) eine wirtschaftlich orientierte Firma, (3) einen „*Kümmerer*" als zentralen Antreiber und als Integrationsfigur für die repräsentativen und strategischen Aufgaben sowie (4) ein zentrales Koordinationsbüro als operative Einheit der Erneuerbare-Energie-Initiative (vgl. Tischer, Stöhr et al. 2006: 103 ff.). Diese Untersuchungen sind jedoch nicht wissenschaftlich fundiert, sondern richten sich eher im Stile eines Praxisführers an kommunale Akteure.

Das Projekt „100% Erneuerbare-Energien-Regionen[14]" hat im Jahr 2008 eine Befragung unter regionalen Akteuren zum Ausbau der erneuerbaren Energien durchgeführt (vgl. Projekt 100%-Erneuerbare-Energie-Regionen 2009). Die Gesamtentwicklung im Bereich der erneuerbaren Energien haben verschiedene regionale Akteure geprägt. Ansprechpartner für das Projekt „100% Erneuerbare-Energie-Regionen" und damit auch Akteure, die mit dem Ausbau der erneuerbaren Energien auf regionaler Ebene befasst sind, waren aber in Gemeinden vor allem Bürgermeister, in Landkreisen Mitarbeiter aus der Verwaltung und in Regionalverbünden Akteure aus Initiativen. 39 der befragten 100%-Erneuerbare-Energie-Regionen (100ee-Regionen) haben einen politischen Beschluss zur Umstellung auf erneuerbare Energien gefasst (vgl. Projekt 100%-Erneuerbare-Energie-Regionen 2009: 28). In einem Aufsatz, der im Kontext der Arbeit im Projekt 100ee-Regionen geschrieben worden ist, halten Moser und Hoppenbrock (2008) für einen erfolgreichen Ausbau von erneuerbaren Energien das Zusammenwirken von regionalen Energieversorgern mit regionalen Schlüsselakteuren sowie die Akzeptanz in der Bevölkerung für wesentlich.

Das DFG-Forschungsprojekt „Mobilisierungs- und Umsetzungskonzepte für verstärkte kommunale Energiespar- und Klimaschutzaktivitäten" (Hennicke, Jochem et al. 1999) sieht Faktoren wie Kommunikation, Kooperation und Partizipation der Akteure als wesentlich für das Gelingen eines sozialen Prozesses Klimaschutz auf lokaler Ebene.

---

14 Zu einer Beschreibung des Projekts siehe Kapitel 1.4.1.

10 Einleitung

Auch Bielitza-Mimjähner (2008) untersucht in seiner Arbeit kommunalen Klimaschutz, bezieht dabei aber Globalisierungs- und Liberalisierungsbedingungen mit ein. Die Arbeit fragt speziell nach den Auswirkungen von Globalisierung auf die kommunale Ebene und zeigt die neuen Bedingungen auf, welche sich daraus für Kommunen und Stadtwerke ergeben.

Keppler, Walk et al. (2009) haben einen Band zu Erfahrungen mit dem Ausbau von erneuerbare Energien auf regionaler Ebene herausgegeben. Sie beziehen sich dabei auf ein Forschungsprojekt in der Energieregion Lausitz, welches bis zum Jahr 2007 am Zentrum Technik und Gesellschaft der Technischen Universität Berlin durchgeführt worden ist. Eine wichtige Rolle für den Ausbau erneuerbaren Energien spielt laut Forschungsprojekt vor allem die Akzeptanz der Bevölkerung, die u. a. auch durch den Dialog mit Gegnern des Ausbaus gestärkt werden kann. Von Bedeutung sind außerdem die Stärkung der Befürworter der erneuerbaren Energien und die Einbeziehung passiver Personengruppen. Der Band liefert vor allem Beispiele zum Ausbau erneuerbarer Energien aus der Region Lausitz, geht aber wenig auf vertiefende Fragestellungen ein, wie z. B. die veränderten Governance-Strukturen, die Vergleiche von Regionen etc.

Einen eigenen Forschungsstrang bilden inzwischen Beiträge im Bereich der Partizipationsforschung im Kontext des Ausbaus erneuerbarer Energien. Im Bereich der Energieforschung wird der Begriff vor allem mit der Beteiligung von Bürgern an Entscheidungen verbunden (vgl. Keppler, Nölting et al. 2011: 58); er betrifft aber auch die Akzeptanzforschung im Energiebereich. Das Forschungsprojekt des Instituts für Zukunftsstudien „Akzeptanz und Strategien für den Ausbau Erneuerbarer Energien auf kommunaler und regionaler Ebene" (Schlegel und Bausch 2007) beschäftigt sich mit diesen Fragestellungen, wie auch das Projekt „Aktivität und Teilhabe - Akzeptanz Erneuerbarer Energien durch Beteiligung steigern" von der Forschungsgruppe Umweltpsychologie in Zusammenarbeit mit dem Zentrum Technik und Gesellschaft der TU Berlin und dem Institut für Zukunftstechnologien (Schweizer-Ries, Rau et al. 2010) (siehe Kapitel 2.5).

Nicht zuletzt gibt es eine Reihe von Veröffentlichungen in Fachzeitschriften wie „Neue Energie" oder „Sonne, Wind und Wärme", die sich mit einzelnen Aspekten der Thematik auseinandersetzen. Auch im Internet entstehen verstärkt Portale zu dem Thema, wie z. B. von der Agentur für Erneuerbare Energien[15]

---

15 Z. B. im Portal www.kommunal-erneuerbar.de.

Einleitung 11

oder dem Projekt 100ee-Regionen[16]. Diese Publikationen richten sich aber vor allem an kommunale Entscheidungsträger in Form von Praxisbeispielen.

Die Anzahl der Veröffentlichungen zum Untersuchungsfeld der erneuerbaren Energien auf nationaler Ebene wächst stetig, ebenso die jener Veröffentlichungen, die sich mit der Entwicklung der regionalen Ebene beschäftigen. U. a. aufgrund der Heterogenität der regionalen Ebene ist es jedoch bislang nicht gelungen, eine wissenschaftliche Analyse zu regionalen Prozessen und Akteurskonstellationen im Bereich erneuerbarer Energien auf dieser Ebene anzufertigen. Die vorliegende Arbeit ist insofern in einem wissenschaftlich bislang nur am Rande untersuchten Forschungsfeld angesiedelt.

1.2 Fragestellung

Die vorliegende Arbeit untersucht in einem ersten Schritt, durch welchen analytischen Rahmen die Bedingungsgefüge für die Zusammenarbeit der Akteure zum regionalen Ausbau von erneuerbaren Energien kontextspezifisch und umfassend bestimmt werden können. In einem zweiten Schritt wird empirisch gezeigt, wie der Ausbau von erneuerbaren Energien in den Regionen praktisch vollzogen wird und wie die beteiligten Akteure den Ausbau bestimmen. Der Fokus der Arbeit liegt auf diesem zweiten Schritt.

Die **zentrale Forschungsfrage** leitet sich aus dem Untersuchungsinteresse und dem Aufbau der Arbeit ab: *Welche Faktoren tragen auf regionaler Ebene zum erfolgreichen Ausbau der erneuerbaren Energien bei?*

Für die Beantwortung wird ein besonderer Fokus auf die Analyse regionaler Prozesse und Schlüsselakteure beim Ausbau von erneuerbaren Energien gelegt. Die **Hypothese** lautet, *dass sich trotz unterschiedlicher Kontextfaktoren (z. B. regionale Zuschnitte, Zusammensetzung der Akteursstruktur und institutionelle Einflüsse) Aktionsmuster von Akteuren im Prozess des regionalen Ausbaus von erneuerbaren Energien identifizieren lassen.*

Aus diesem Zugang ergeben sich folgende **Teilfragen**:
- Welche Bedingungen (Institutionen, Strukturen, Prozesse, Verfahren) beeinflussen die Prozesse und die Zusammenarbeit von Akteuren beim regionalen Ausbau von erneuerbaren Energien?

---

16 Informationen sind zu finden unter www.100-ee.de. Das Projekt wird im Kapitel 1.4.1 beschrieben.

- Welches sind die grundsätzlich relevanten Akteure bei der Initiierung und Umsetzung eines regionalen Prozesses zum Ausbau von erneuerbaren Energien?
- Welche veränderten Governance-Strukturen entstehen in diesem Bereich?
- Wie wird der Prozess zum Ausbau der erneuerbaren Energien erfolgreich initiiert?
- Welchen Einfluss hat die Konstituierung der Region auf den dortigen Ausbau der erneuerbaren Energien?

Zur Untersuchung der Akteurskonstellationen werden jene Prozesse erfasst, die zum Ausbau der erneuerbaren Energien geführt haben, sowie die Bedingungen, die das Akteurshandeln beeinflussen (institutionelle Rahmenbedingungen, Machtbeziehungen, spezielle regionale Kontexte etc.). Es wird dabei der **Prämisse** gefolgt, *dass sich die Entwicklung des regionalen Energiesystems nicht im Sinne eines gouvernementalen Aushandlungsprozesses erklären lässt, insofern die Beteiligung regionaler Akteure ursächlich für die Entwicklung ist.*

Daneben soll ein breites Spektrum an Faktoren identifiziert werden, die den Grad der Nutzung erneuerbarer Energien auf regionaler Ebene beeinflussen. Dazu zählen neben der Berücksichtigung der politisch-rechtlichen Faktoren und der bisherigen Entwicklung der erneuerbaren Energien auch wirtschaftliche, technische und kognitive Faktoren.

Aus den Antworten auf diese Frage sollen schließlich Empfehlungen für die Gestaltung von politischen Prozessen in diesem Rahmen gewonnen werden.

1.3 Gliederung der Arbeit

Die vorliegende Arbeit analysiert auf der Basis von Fallstudien den Ausbau von erneuerbaren Energien auf regionaler Ebene und verknüpft diese Analyse mit der Frage, welche Umstände in jeder Region die unterschiedliche Herausbildung des Politikfelds bedingen. Ansatzpunkte der Fallstudien sind Ausbau- und Diskussionsprozesse in den zentralen Handlungsfeldern im Bereich der erneuerbaren Energien. Die Arbeit ist wie folgt gegliedert:

Zunächst werden in dem Unterkapitel 1.4 die Methodik und das Forschungsdesign beschrieben.

In Kapitel 2 werden die Rahmenbedingungen und Kontextfaktoren dargestellt, welche auf internationaler, nationaler und auf Bundesländerebene auf den regionalen Bereich zum Ausbau der erneuerbaren Energien einwirken.

In Kapitel 3 wird der theoretisch-konzeptionelle Rahmen vorgestellt, welcher den akteurszentrierten Institutionalismus, die Politikfeldanalyse und

Governance-Konzepte umfasst. Außerdem werden durch die Beschreibung von Governance-Formationen im Bereich der erneuerbaren Energien Akteursgruppen und mögliche Akteursrollen herausgearbeitet.

Im Kapitel 4 wird mithilfe von vier Fallstudien empirisch die Fragestellung der vorliegenden Arbeit beantwortet. Die Bearbeitung der Fallstudien erfolgt zunächst separat für jede Region, das Vorgehen ist jedoch analog und gliedert sich anhand der in der Operationalisierung bestimmten Variablen. Nach der Konstituierung der Region wird der institutionelle Kontext beschrieben, in welchem sich die jeweilige Region befindet. Anschließend erfolgt eine Analyse der beiden zentralen Untersuchungsvariablen, zum einen des Prozesses zum Ausbau der erneuerbaren Energien in der jeweiligen Region, zum anderen der Akteure, welche an dem Ausbau beteiligt sind.

Weitere Erkenntnisse aus der Fallanalyse werden abschließend reflektiert und die Konzepte, die der vorliegenden Arbeit zugrunde liegen, kritisch betrachtet. Bereiche, in denen weitere Forschung notwendig ist, werden identifiziert.

1.4 Methodik und Forschungsdesign

Die vorliegende Arbeit hat als Ziel, den erfolgreichen Ausbau von erneuerbaren Energien auf regionaler Ebene zu analysieren. Anhand von Fallstudien werden Prozesse zum Ausbau von erneuerbaren Energien und damit verbundene Akteurskonstellationen in Regionen, die erneuerbare Energien ausbauen möchten (EE-Regionen), dargelegt und erklärt. Dafür werden Faktoren entwickelt, welche das Zusammenwirken von Akteuren deutlich machen. Sie werden aus einer Operationalisierung möglicher Einflussfaktoren abgeleitet.

Eine zentrale Annahme ist, dass der Ausbau von erneuerbaren Energien in den zu untersuchenden Regionen erfolgreich stattfindet, dieser Erfolg jedoch auf unterschiedliche Art und Weise definiert und ausgestaltet wird, weshalb auch die Auswirkungen unterschiedlich ausfallen. Ob eine Vollversorgung mit erneuerbaren Energien mittelfristig in den Regionen erreicht werden kann, wird hingegen nicht untersucht.[17]

Die methodische Herangehensweise wird durch Forschungsgegenstand und Erkenntnisinteresse bestimmt. Insofern ist sie als qualitative Fallstudie (vgl. Gerring 2004) konzipiert, in der unterschiedliche Materialgrundlagen und Beobachtungs- und Erhebungsmethoden der Analyse zugrunde liegen. In diesem Fall werden methodenübergreifende Verfahren angewendet, zum einen (1) die

---

17 Mögliche Veränderungen im Prozess und erfolgreiche Prozessschritte können im Rahmen einer Langzeitstudie untersucht werden.

Triangulation (vgl. Kritzinger und Michalowitz 2008; Pickel 2009), um verschiedene Methoden oder Sichtweisen auf das gleiche Phänomen anzuwenden oder unterschiedliche Daten zur Untersuchung des Phänomens heranzuziehen. Zum anderen (2) das **Mixed Method Design** (vgl. Johnson und Onwuegbuzie 2004), welches versucht, die Mirko- und Makroebene miteinander zu verbinden (vgl. Pickel, Pickel et al. 2009: 12). Durch diese kontrastierende methodische Herangehensweise können unterschiedliche Perspektiven und Wahrnehmungen zur Analyse von Akteurskonstellationen in EE-Regionen erfasst werden.

Die Herleitung des Analyseinstrumentes für die unterschiedlichen Materialsorten (Interviews, Dokumente, teilnehmende Beobachtungen etc.) erfolgte vor dem Hintergrund des theoretischen Rahmens in Kapitel 3. Zur Analyse der EE-Regionen wurden dabei unterschiedliche Materialien vor dem Hintergrund ihres Erkenntnisgewinns bezüglich der Variablen des Analyseinstruments ausgewählt.

Es wurde darauf geachtet,

- dass Informationen zu allen Variablen gefunden wurden,
- dass unterschiedliche und sich widersprechende Perspektiven und Informationen durch minimale und maximale Kontrastierung in einen direkten Zusammenhang gesetzt wurden,
- dass mit dem Hinzufügen neuer Variablen erst aufgehört wurde, als die bestehenden Positionen und Informationen durch neue Materialien nur noch bestätig wurden. Erst dann wurde angenommen, dass eine empirische Sättigung der Variablen bezüglich des vorliegenden Falls (der jeweiligen Region) gegeben war.

1.4.1 Projektkontext 100ee-Regionen

Die Arbeit ist im Rahmen[18] des Forschungs- und Kommunikationsprojekts „Entwicklungsperspektiven für nachhaltige 100%-Erneuerbare-Energie-Regionen" (100ee-Projekt)[19] verfasst worden. Von Oktober 2007 bis Dezember 2011 führte das Kompetenznetzwerk dezentrale Energietechnologien (deENet) das Projekt durch, zusätzlich war bis Oktober 2010 die Universität Kassel betei-

---

18 Die Verfasserin der vorliegenden Arbeit war von November 2008 bis Dezember 2012 als wissenschaftliche Mitarbeiterin im 100ee-Projekt tätig.

19 Weitere Informationen zum Projekt finden sich unter www.100-ee.de (Letzter Zugriff 02.03.2013).

ligt. Ab Januar 2012 wurde es von dem zu der Zeit neu gegründeten Institut dezentrale Energietechnologien (IdE) weitergeführt. Das Projekt wurde vom Bundesministerium für Umwelt, Naturschutz und Reaktorsicherheit (BMU) gefördert und vom Umweltbundesamt fachlich beraten. Die zweite Projektphase begann im Oktober 2010 und ist im März 2013 ausgelaufen. Das Projekt wird vom Institut dezentrale Energietechnologien fortgeführt.

Das Projekt verfolgt das Ziel, Regionen und Kommunen, die sich vollständig aus erneuerbaren Energien[20] versorgen möchten (100 % Erneuerbare-Energien-Regionen – 100ee-Regionen), wissenschaftlich zu untersuchen und strategisch zu begleiten. Im Rahmen des Projektes sind mehr als 200 Regionsbesuche durchgeführt worden. Mit Stand zum September 2012 wurden 74 Regionen als 100ee-Regionen identifiziert, die sich auf fast alle Bundesländer verteilen, 56 weitere als Starterregionen, was eine Vorstufe zur 100ee-Region darstellt. Ferner wurden zwei Städte unter der Kategorie 100ee urban als Vorreiter der Energiewende in städtisch geprägten Gebieten gelistet.

Langfristiges Ziel des Projekts ist die Entwicklung eines sich selbst tragenden Netzwerks aus 100ee-Regionen, wofür ein bundesweiter Überblick über 100ee-Regionen erstellt worden ist. Das Konzept 100ee-Regionen schließt eine Unterstützung regionaler Ausbauprozesse der erneuerbaren Energien ein und dient dazu, energiepolitisch aktiven Regionen eine gemeinsame Vision zu geben.

Eine 100ee-Region wird wie folgt charakterisiert:

„100ee-Regionen sind Vorreiter der regionalen Energiewende. Sie bieten Raum für Erprobungen innovativer regenerative Energietechnologien, schaffen neuartige Organisations- und Kooperationsformen und erweitern dadurch regionale Handlungsspielräume. Darüber hinaus verfügen sie über ein umfassendes regionales Akteursnetzwerk, umfangreiche planerische und konzeptionelle Vorarbeiten sowie erprobte Instrumente zur Öffentlichkeitsarbeit. Die Energie wird bilanziell überdurchschnittlich aus erneuerbaren Energiequellen bezogen" (Hoppenbrock und Fischer 2012: 6).

Die Bestimmung der 100ee-Regionen erfolgte zunächst ohne ein formales Aufnahmeverfahren durch das 100ee-Projekt. Erste Regionen wurden im Jahr 2008 ernannt, Grundlagen der Auszeichnungen waren Dokumentenanalyse, Mund-zu-Mund-Propaganda und Besuche der jeweiligen Region. Seit Ende 2010 können sich Regionen um den Status einer 100ee-Region beim 100ee-Projekt direkt bewerben.

---

20 Betrachtet werden die Bereiche Strom, Wärme und Mobilität.

Eine solche Bewerbung erfolgt mit Hilfe eines Fragebogens, dem bestehende Konzepte, Beschlüsse etc. zur Information beigefügt sind. Die Regionen werden anhand von 33 Kriterien bewertet, für jedes Kriterium werden maximal drei Punkte vergeben, so dass insgesamt 99 Punkte erreicht werden können. Zur Aufnahme als 100ee-Region müssen 40 Punkte erreicht werden.

Die 33 Kriterien sind in fünf Gruppen zusammen gefasst:

- **Definitorische Merkmale**: Zuschnitt und Größe der Region sowie ihre institutionelle Verfasstheit
- **Zielebene**: Ziele im Strom- und Wärmebereich, Qualität und Verbindlichkeit der Ziele, alternative Ziele und Besonderheiten
- **Handlungsebene**: Datengrundlage für erneuerbare Energien und Treibhausgasemissionen, Nutzung der Planungsinstrumente und Verwaltungshandeln, Öffentlichkeitsarbeit, Konfliktmanagement, regionale Netzwerkbildung, Beratungsangebote für Bürger und Unternehmen, regionales Engagement der Energiewirtschaft sowie von Unternehmen und Handwerk, regionale Finanzierung und Bürgerbeteiligung, zivilgesellschaftliche Aktivitäten, Kontinuität des Energiewendeprozesses, nachhaltige Mobilität
- **Zustandsebene**: Anteil erneuerbarer Energien am Strom- und Wärmebedarf, installierte Leistung von Photovoltaik und Solarthermie pro Einwohner, Sanierung und Energieeffizienz, Flächenanteil des Maisanbaus an Landwirtschaftsfläche, Zusammensetzung des erneuerbaren Energiemixes
- **Besonderheiten**: Informationsbasis, Bekanntheit der Region und zusätzliche Merkmale/Besonderheiten

Am meisten Gewicht hat die Handlungsebene: Sie wird mit über 15 Kriterien abgefragt, d. h. energiepolitische Aktivitäten stehen im Mittelpunkt der Beurteilung.

Die vorliegende Arbeit nutzt teilweise Ergebnisse aus dem Projekt wie z. B. eine Befragung unter ca. 50 regionalen Akteuren, die zwischen 2008 und 2009 durchgeführt und ausgewertet wurde (Projekt 100%-Erneuerbare-Energie-Regionen 2009). Ferner ist die Datenbank des Projekts, in der vor allem statistische Angaben zu den bisher identifizierten Regionen vermerkt sind, als Informationsquellen genutzt worden, auch bestehende Kontakte zu regionalen Akteuren wurden aufgegriffen.

1.4.2 Begründung der Fallauswahl

Aufgrund der bislang kaum vorhandenen Literatur mit Bezug auf Akteurskonstellationen und Prozessen zum regionalen Ausbau von erneuerbaren Energien (siehe Kapitel 1.1) bieten sich als Quelle besonders Fallstudien von Regionen an. An ihnen können Prozesse zum Ausbau von erneuerbaren Energien und damit verbundene Akteurskonstellationen in EE-Regionen darleget und analysiert werden.

Zur Auswahl der Fallstudien wurde vorhandene Literatur, vor allem aber das im Forschungsprojekt 100ee-Regionen bereits vorhandene oder über Kontakt zu den regionalen Akteuren ergänzend generierte Wissen ausgewertet.

In der vorliegenden Arbeit werden „erfolgreiche" Regionen[21] analysiert, das heißt, dass die untersuchten Regionen ausnahmslos als 100ee-Regionen vom Projekt 100ee-Regionen klassifiziert worden sind.[22] Damit wird im Sinne von Good-Practice gezeigt, auf welche Art und Weise Prozesse und Akteurskonstellationen zu einem regionalen Ausbau von erneuerbaren Energien führen.

Die Auswahl der Bundesländer, in welchen die 100ee-Regionen verortet sind, erfolgte nach dem Prinzip der Differenz (vgl. Lijphart 1971; Sartori 1991; Schmidt 1995; Jahn 2010). Dafür sind Länder ausgesucht worden, die abgesehen von der abhängigen Variabel (die Verortung einer erfolgreichen EE-Region) möglichst unterschiedlich sind.

Eine Orientierung erfolgte ebenso anhand der Klassifizierung und Einordnung der Bundesländer hinsichtlich der Nutzungsmöglichkeiten von erneuerbaren Energien, die von Mez, Schneider et al. (2007: 27 ff.) erstellt worden ist. Die Autoren haben die Bundesländer (unter Ausklammerung der Stadtstaaten) hinsichtlich der vorhandenen Bedingungen für erneuerbare Energien und der Wirtschaftlichkeit der Energieträger analysiert und in drei Gruppen eingeteilt:

---

21 Es ist nicht möglich, in der vorliegenden Arbeit alle Regionen in Deutschland (es gibt 13.844 Gemeinden, 323 Landkreise und 117 kreisfreie Städte) zu untersuchen. Aufgrund der Daten- und Literaturlage erfolgte eine Begrenzung auf Good-Practice-Regionen.

22 Die Regionen sind bereits seit 2008/2009 als 100ee-Region klassifiziert und wurden daher nicht anhand der in Kapitel 1.4.1 vorgestellten 33 Kriterien ausgewählt, obwohl sie mindestens die Grundanforderungen für die Klassifikation als 100ee-Region erfüllen.

18 Einleitung

- **Gruppe 1** beinhaltet die neuen Bundesländer. Diese zeichnen sich durch eine geringe Bevölkerungsdichte und eine hohe Flächenverfügbarkeit aus. Die Landwirtschaft hat in dieser Gruppe gute Möglichkeiten für die Erzeugung von Biomasse, auch (geringe) Wasserkraftpotenziale sind vorhanden. Die Windgeschwindigkeit ist vergleichsweise gut (in Mecklenburg-Vorpommern, Brandenburg, Sachsen-Anhalt) bzw. durchschnittlich (Sachsen und Thüringen); Forstwirtschaft hat nur eine geringe bis mittlere Bedeutung. Die Standortbedingungen für Neuansiedlungen in der EE-Wirtschaft sind gut. Haushalte und Betrieben befinden sich jedoch tendenziell in einer schwierigen wirtschaftlichen Lage.

- **Gruppe 2** beinhaltet die Bundesländer Bayern, Baden-Württemberg und Nordrhein-Westfalen. Diese Bundesländer haben hohe Bevölkerungszahlen, eine hohe Wirtschaftsleistung und damit einhergehend eine hohe Energieerzeugung, aber auch einen hohen Energieverbrauch. Bei den generellen Nutzungsbedingungen für die einzelnen Energieträger unterscheiden sich diese Bundesländer jedoch teilweise erheblich.

- **Gruppe 3** beinhaltet die Länder Schleswig-Holstein, Niedersachsen, Hessen, Rheinland-Pfalz sowie das Saarland. In diesen Bundesländern gibt es gute Bedingungen für die Biomassenutzung, außerdem haben einzelne Bundesländer verschiedene Schwerpunktsetzungen wie Wasserkraft (Rheinland-Pfalz) oder Windenergie (Schleswig-Holstein und Niedersachsen).

Eine weitere Orientierung erfolgt anhand der unterschiedlichen administrativen Regionsgrenzen. Die Fallstudien sollen Regionen auf Landkreisebene umfassen, ohne jedoch die unterschiedlichen Zuschnitte wie Landkreise, Teillandkreise und Zusammenschlüsse von Landkreisen außer Acht zu lassen. Zur Kontrastierung und Vergleichbarkeit wurde daher ein Fallbeispiel nach dem Prinzip der Konkordanz ausgesucht (ähnliches Bundesland, gleiche administrative Struktur).

Zusammenfassend gibt es erste Merkmale, nach denen Regionen für die Fallstudie in dieser Arbeit ausgewählt werden:

- **100ee-Region**: Die Region ist eine erfolgreiche Region, also eine 100ee-Region im Sinne der Projektdefinition.

- **Räumliche Verteilung**: Es soll mindestens eine Region aus den oben genannten Gruppen 1-3 analysiert werden. Dies schließt auch die Betrachtung von Regionen aus unterschiedlichen Bundesländern und der Unterscheidung von Nord/Süd und Ost/West ein.

- **Regionszuschnitt**: Die Region befindet sich oberhalb der Gemeindeebene und gliedert sich in Teillandkreise, Zusammenschlüsse von Landkreisen oder einzelne Landkreise.

Zwei wichtige pragmatische Kriterien bei der Auswahl sind gewesen:

- Es bestand durch das 100ee-Projekt bereits Kontakt[23] zu einem Akteur der Region oder zu einer Nachbarregion, um einen ersten Ansprechpartner für die Interviews benennen zu können.
- Die Region sollte noch nicht „*überforscht*" sein, damit diese Arbeit sich nicht mit anderen Projekten überschneidet, die ebenso anhand von Fallstudien arbeiten.[24]

Der untenstehenden, nach Mez, Schneider et al. (2007) gegliederten Tabelle kann man die Landkreise (Regionen) entnehmen, die als 100ee-Regionen bezeichnet werden.[25] In 11 Bundesländern gibt es auf Kreisebene 100ee-Regionen, ein Großteil dieser Landkreise liegt in Bayern. Auffällig ist, dass in der zweiten Gruppe am meisten 100ee-Regionen auf Landkreisebene vorhanden sind. Am wenigsten 100ee-Regionen gibt es in den ostdeutschen Bundesländern.

---

23 Dieser Kontakt muss nicht persönlich vor Ort erfolgt sein, sondern kann auch telefonisch oder schriftlich stattgefunden haben.

24 So werden z. B. die 100ee-Regionen Landkreis Lüchow-Dannenberg, Landkreis Schwäbisch-Hall, Gemeinde Morbach im Rahmen des Projekts „EE-Regionen: Sozialökologie der Selbstversorgung. Erfolgsbedingungen und Diffusion von Konzepten zur vollständigen Energieversorgung von Kommunen und Regionen auf der Basis erneuerbarer Energien - Schwerpunkt Bioenergie" an der Universität Freiburg bereits spezifisch untersucht.

25 Der abgebildete Stand der 100ee-Regionen ist Dezember 2009. Seitdem werden kontinuierlich neue 100ee-Regionen bestimmt. Eine Übersicht findet sich unter www.100-ee.de.

20 Einleitung

Tabelle 1: 100ee-Regionen auf Landkreisebene, Stand Dezember 2009[26]

REGIONSNAME	BUNDESLAND	ADMINISTRATIVE BEZEICHNUNG
Gruppe 1		
Annaberger Land	Sachsen	Landkreis
Barnim	Brandenburg	Landkreis
Uckermark	Brandenburg	Landkreis
BINGO	Sachsen-Anhalt	Zusammenschluss aus (Teil-)Landkreisen
Harz	Sachsen-Anhalt	Landkreis
Lübow-Krassow	Mecklenburg-Vorpommern	Teil eines Landkreises

REGIONSNAME	BUNDESLAND	ADMINISTRATIVE BEZEICHNUNG
Gruppe 2		
Altötting LK	Bayern	Landkreis
Amberg-Sulzbach	Bayern	Landkreis
Bad Tölz-Wolfratshausen	Bayern	Landkreis
Berchtesgadener Land LK	Bayern	Landkreis
Dachau LK	Bayern	Landkreis
Ebersberg LK	Bayern	Landkreis
Freising	Bayern	Landkreis
Fürstenfeldbruck	Bayern	Landkreis
Miesbach LK	Bayern	Landkreis
München LK	Bayern	Landkreis
Oberland	Bayern	Zusammenschluss von Landkreisen
Ostallgäu LK	Bayern	Landkreis
Starnberg	Bayern	Landkreis
Traunstein	Bayern	Landkreis
Hegau Bodensee	Baden-Württemberg	Region
Schwäbisch-Hall	Baden-Württemberg	Landkreis
Rhein-Sieg	Nordrhein-Westfalen	Landkreis
Steinfurt	Nordrhein-Westfalen	Landkreis

---

26 Quelle: Institut dezentrale Energietechnologien

REGIONSNAME	BUNDESLAND	ADMINISTRATIVE BEZEICHNUNG
Gruppe 3		
Alzey-Worms	Rheinland-Pfalz	Landkreis
Cochem-Zell	Rheinland-Pfalz	Landkreis
Emden	Niedersachsen	Landkreis
Hameln-Pyrmont	Niedersachsen	Landkreis
Lüchow-Dannenberg	Niedersachsen	Landkreis
Hersfeld-Rotenburg	Hessen	Landkreis
Kassel LK	Hessen	Landkreis
Marburg-Biedenkopf	Hessen	Landkreis
Nordfriesland	Schleswig-Holstein	Landkreis
Uthlande	Schleswig-Holstein	Insel-Zusammenschluss

Einige der 100ee-Regionen werden oder wurden bereits erforscht, so aus der Gruppe 1:

- Die Region Annaberger Land ist im Rahmen des Projekts „Energieautarke Modellregionen in Sachsen" untersucht worden[27].
- Barnim und Uckermark sind im Rahmen der „Nachwuchsforschung Erneuerbare Energie Barnim-Uckermark" an der FH Eberswalde untersucht worden.[28]
- Die Region Harz wird in dem Projekt „Regenerative Modellregion" Harz[29] untersucht.

Aus der Gruppe 2:

- Die Region Schwäbisch-Hall wird in dem Projekt „ee-Regionen- Sozialökonomie der Selbstversorgung" der Uni Freiburg untersucht.

---

27 Weitere Informationen dazu sind zu finden unter: http://www.energieregion-erzgebirge.de/fileadmin/user_upload/Downloads/Konzepte_Studien/Bericht-Modell-region_Energieautarkie_Annaberger_Land-Teil1.pdf (Letzter Zugriff 02.11.2012).

28 Weitere Informationen zu dem Projekt finden sich unter: http://www.hnee.de/Projekte-aktuell/Erneuerbare-Energien/Aktuelle-Projekte/NFG-BarUm/NFG-BarUmNachwuchs-forschung-Erneuerbare-Energien-Barnim-Uckermark-E4157.htm (Letzter Zugriff 02.11.2012).

29 Mehr Informationen dazu sind unter: http://regmodharz.de/ zu finden (Letzter Zugriff 02.11.2012).

- Die Region Steinfurt wird von zahlreichen Projekten der FH-Münster, der Energieagentur Nordrhein-Westfalen und anderen Institutionen untersucht.

Aus der Gruppe 3:
- Die Lüchow-Dannenberg wird ebenfalls vom Freiburger Projekt „ee-Regionen- Sozialökonomie der Selbstversorgung" untersucht.

Aus jeder Gruppe sollte mindestens eine Region unter Berücksichtigung der unterschiedlichen Regionszuschnitte ausgewählt werden. Auf Grundlage der Erfahrungen mit den Regionen, der durch persönliche Gespräche gewonnenen Informationen und weiterer Dokumentenrecherche haben sich folgende Regionen für die Untersuchung ergeben:
- Gruppe 1 (neue Bundesländer): **Lübow-Krassow** (Teil des Landkreises Nordwestmecklenburg in Mecklenburg-Vorpommern)
- Gruppe 2 (Bayern, Baden-Württemberg, Nordrhein-Westfalen): **Oberland** (Zusammenschluss von den drei Landkreisen Bad Tölz Wolfratshausen, Miesbach und Weilheim-Schongau in Bayern)
- Gruppe 3 (Schleswig-Holstein, Niedersachsen, Hessen, Rheinland-Pfalz, Saarland): **Marburg-Biedenkopf** und **Hameln-Pyrmont** (Landkreise in Niedersachsen und Hessen)

Über die genannten Kriterien hinaus ist der Fall in Gruppe 2 deswegen interessant, weil dort mit Hilfe einer Bürgersstiftung die drei Landkreise koordiniert werden. In der Gruppe 3 bieten sich die Fälle ihrerseits auch noch aufgrund der relativen Vergleichbarkeit an; vorteilhaft war schließlich ein intensiverer Kontakt zu der Region Marburg-Biedenkopf durch das Projekt 100ee-Regionen.

1.4.3 Material, Erhebungs- und Auswertungsmethoden

Die Analyse einzelner Regionen in Form von Fallstudien soll detaillierte Einblicke in die Prozesse zum Ausbau von erneuerbaren Energien und das Zusammenwirken von Faktoren und Wirkungsmustern der Akteurskonstellationen gewähren. Sie ist auf das Aufdecken typischer Vorgänge gerichtet und soll auf diese Weise die theoretischen Überlegungen prüfen und absichern.

Die Arbeit basiert auf einer multiplen Materialgrundlage. Es werden zunächst Berichte aus der Literatur, Zeitungen, Zeitschriften und dem Internet ausgewertet. Als zentrale Ergänzung dazu werden Interviewtranskripte und teilnehmende Beobachtungen analysiert.

Die Interviews zur Analyse der regionalen Strukturen sind mit regionalen Schlüsselakteuren und Experten im Bereich der erneuerbaren Energien geführt worden. Als Interview- und Gesprächspartner wurden Personen ausgewählt, die durch ihre berufliche oder ehrenamtliche Tätigkeit über spezifisches Wissen zu Perspektiven, Rahmenbedingungen und Bedeutungen der erneuerbaren Energien in ihrer jeweiligen Region verfügen und in Anbetracht ihrer Kenntnisse als Experten[30] für die vorliegende Fragestellung gelten können[31]. Dabei ist darauf geachtet worden, möglichst Experten aus den fünf im Kapitel 3.4 definierten Akteursgruppen (Politik, Verwaltung, Wirtschaft, Zivilgesellschaft, Forschung) zu interviewen[32].

Ein erster Zugang zum Feld in den jeweiligen Untersuchungsregionen und damit auch eine erste Bestimmung von möglichen regionalen Experten erfolgte zum einen durch bestehende Kontakte durch das Projekt 100ee-Regionen, zum anderen durch Dokumentenanalysen und teilnehmende Beobachtungen. Nachdem der erste Feldzugang stattgefunden hatte, wurden weitere Interviewpartner nach dem Schneeballprinzip ausgewählt. Sukzessive wurden die in den jeweils vorausgegangenen Interviews erwähnten Experten befragt. Typische Gesprächspartner waren Landräte, Bürgermeister, Leiter und Mitarbeiter der Verwaltung im Bereich Klimaschutz, Koordinatoren von regionalen/ nationalen Projekten, Vertreter von Verbänden oder Initiativen, Unternehmensvertreter und Geschäftsführer von Stadtwerken sowie weitere engagierte Akteure in der Region; auch externe Wissenschaftler sind befragt worden. Die ersten Interviews wurden

---

30 "Der Experte verfügt über technisches, Prozess- und Deutungswissen, das sich auf ein spezifisches Handlungsfeld bezieht, in dem er in relevanter Weise agiert (etwa in einem bestimmten organisationalen oder in seinem professionellen Tätigungsbereich)." (Bogner und Menz 2009) Als Experten werden folglich in der vorliegenden Arbeit solche verstanden, die aktiv an kommunalen Angelegenheiten im Feld der erneuerbaren Energien partizipieren oder sich beruflich mit dem Feld der erneuerbaren Energien beschäftigen. Diese berufliche Beschäftigung ist nicht zwangsläufig auf den kommunalen Kontext beschränkt, die Experten sind aber, je nach Handlungsfeld, stets gleichermaßen Betroffene und Mitgestalter in ihren Regionen.

31 Ausführliche Informationen zu Experteninterviews finden sich u. a. bei Bogner und Menz (2009); Liebold und Trinczek (2009); Meuser und Nagel (2009b); Meuser und Nagel (2009a); Gläser und Laudel (2010).

32 Die Experten wurden in ihrer Rolle als aktive Mitgestalter des Prozessen zum Ausbau der erneuerbaren Energien befragt. Gleichzeitig vertreten sie auch ihre Akteursgruppe und gelten insofern als ein Repräsentant dieser Gruppe.

24 Einleitung

im April 2010 geführt, die eigentliche Erhebungsphase fand von Oktober 2010 bis Dezember 2011 statt.[33]

Da den interviewten Personen Anonymität zugesichert worden ist, werden sie in der vorliegenden Arbeit als Experten bezeichnet und durchnummeriert, ohne dass sich Rückschlüsse auf die Akteursgruppen ziehen lassen. Auch wird durchgängig die männliche Beschreibung Experte verwendet, unabhängig davon ob eine Frau[34] oder ein Mann interviewt wurde.

- Im Landkreis Hameln-Pyrmont wurden fünf Personen interviewt: jeweils eine Person aus Zivilgesellschaft, Verwaltung und Politik und zwei Personen aus der Wirtschaft.

- Im Landkreis Marburg-Biedenkopf wurden sieben Personen interviewt: eine Person aus der Forschung/Politik, zwei Personen aus der Verwaltung, zwei Personen aus der Zivilgesellschaft/Forschung, eine Person aus der Wirtschaft, eine Person aus der Politik.[35]

- In der Region Lübow-Krassow wurden fünf Personen interviewt: eine Person aus der Zivilgesellschaft, zwei Personen aus der Verwaltung, eine Person aus Verwaltung/Politik und eine Person aus der Wirtschaft.

- In der Region Oberland wurden fünf Personen interviewt: eine Person aus der Zivilgesellschaft/Forschung, zwei Personen aus der Wirtschaft, eine Person aus der Zivilgesellschaft, eine Person aus der Verwaltung.

Die Gesprächspartner sind über halbstandardisierte (vgl. Gläser und Laudel 2010: 41) Leitfrageninterviews[36] zu den operationalisierten Variablen des Unter-

---

33 Die Interviews wurden in der Regel direkt vor Ort geführt. Zwei Interviews wurden jedoch als Telefoninterviews im Nachgang zu Veranstaltungen in den Regionen geführt.

34 Insgesamt wurden fünf Frauen interviewt.

35 Die Interviews in Marburg-Biedenkopf wurden zusammen mit Katharina Schenk geführt. Sie entstanden im Rahmen der Betreuung ihrer Masterarbeit.

36 Zur Vorbereitung auf die Interviews gehörten zunächst die Konzeption des Fragebogens und die theoretischen Überlegungen zur Auswahl der Befragungspersonen. Danach folgte die organisatorische Vorbereitung mit der Kontaktaufnahme und dem Einlesen in die regionalen Strukturen und Besonderheiten. Beim Interview musste schließlich immer wieder abgewogen werden, ob es sinnvoll war, das Gespräch zu lenken oder die Experten frei reden zu lassen. Nach Abschalten des Aufnahmegerätes war oftmals zu beobachten, dass persönliche Äußerungen nachgeliefert wurden. Dies floss mit in die Bewertung der Konstellationen in der Region ein.

suchungsgegenstandes befragt worden. Die Interviews dauerten in der Regel ca. eine Stunde. Sie wurden aufgezeichnet und nach Wortlaut vollständig transkribiert.[37]

Der Leitfaden für die Interviews befindet sich im Anhang (vgl Anhang 7.1).[38] Er gliedert sich in acht Bereiche: (1) Fragen zum Interviewpartner, (2) Fragen in Hinblick auf die Abgrenzung der EE-Region; (3) Fragen zum EE-Prozess; (4) Klärung der IST-Situation in Hinblick auf eventuell vorhandene Klimaschutz-/ Energiekonzepte und (5) politische Beschlüssen zur Umstellung der Energieversorgung; (6) Fragen zur Beschäftigung mit vorhandenen Akteurskonstellationen in der Region; (7) Fragen zu den Rahmenbedingungen im Bereich der erneuerbaren Energien und (8) Fragen zu anderen Einflussfaktoren im Bereich der erneuerbaren Energien.

Neben den Interviews wurden vor allem auf regionalen Veranstaltungen im Bereich der erneuerbaren Energien teilnehmende Beobachtungen durchgeführt, um tiefere Einblicke in die regionalen Prozesse und Akteurskonstellationen zu erlangen. Es ist dabei darauf geachtet worden, als teilnehmender Beobachter einerseits in das Geschehen integriert zu werden, andererseits aber den normalen Ablauf des Geschehens durch eigene Initiativen und Aktivitäten nicht zu verändern.

Die Vorteile dieser Methode liegen darin, dass sie im natürlichen Lebensumfeld stattfindet, eine aktive Teilnahme des Beobachters am Geschehen möglich macht, die Beobachtungen mehrerer Variablen gleichzeitig erlaubt und neue Einsichten und Beobachtungen einräumt (vgl. Bortz und Döring 2003: 321 f.).

Die teilnehmenden Beobachtungen erfassen einen Untersuchungszeitraum von November 2008 bis November 2011. Eine Liste der besuchten regionalen Veranstaltungen ist dem Anhang 7.2 zu entnehmen.

Der Dokumentenanalyse sind Leitfragen der Dokumentenanalyse nach Krumm, Kuckartz et al. (2009: 327 ff.) zugrunde gelegt worden: Fragen zum Adressaten, zum Verfasser, zum Inhalt, zur Form und zum Grund. Dabei fand eine Unterteilung innerhalb der unterschiedlichen Phasen des Forschungsprozesses statt (vgl. Krumm, Kuckartz et al. 2009: 327 ff.):

---

37 Pausenlängen oder andere Äußerungen (z. B. Lachen) sind ausgelassen worden.

38 Die Konstruktion und der Aufbau der Leitfragen orientiert sich an in der Literatur vorgeschlagenen Verfahren (vgl. Gläser und Laudel 2010).

- **Explorative Phase**: Sichtung der für die Untersuchungsfrage relevanten Dokumente
- **Hauptuntersuchung**: gezielte Auswahl von Dokumenten
- **Auswertungsphase**: Bilanzierung der Ergiebigkeit der untersuchten Dokumente für die Ausgangsfrage

Es sind vor allem Vorträge regionaler Vertreter während bundesweiter oder regionaler Konferenzen ausgewertet worden. Die Vorträge waren entweder auf (regionalspezifischen) Internetseiten zu finden oder konnten durch die Tätigkeit im Projekt 100ee-Regionen eingesehen werden. Daneben wurden andere Dokumente wie Zeitungsartikel zu regionalen Ereignissen im Bereich der erneuerbaren Energien, politische Beschlüsse zur Umstellung der Energieversorgung auf erneuerbare Energien oder Klimaschutz-/Energiekonzepte analysiert.

Das Datenmaterial der Interviews liegt sowohl im Audioformat als auch in transkribierter Form vor. Zur Auswertung der Interviewdaten ist die qualitative Inhaltsanalyse[39] genutzt worden (vgl. Gläser und Laudel 2010; vgl. Mayring 2010).

In der vorliegenden Arbeit wird eine induktive Kategorienentwicklung durchgeführt, d. h. die Interviews sind nach ihrer Transkription in vorher festgelegte Definitionskriterien unterteilt worden, worauf die dadurch entwickelten Kategorien überarbeitet und zu Oberkategorien zusammengefasst werden konnten.

---

39 Durch die qualitative Inhaltsanalyse wird es möglich, Informationen getrennt vom Text weiterzuverarbeiten (vgl. Gläser und Laudel 2010: 46) und das Kategoriensystem ex ante zu entwickeln. Dadurch wird ein Fokus auf zentrale, forschungsrelevante Inhalte möglich. Mit Hilfe der qualitativen Inhaltsanalyse können die Kategorien (1) deduktiv oder (2) induktiv entwickelt werden (vgl. Mayring 2010). Bei der (1) deduktiven Kategorieauswertung werden Auswertungsaspekte aufgrund von theoretischen Gesichtspunkten festgelegt und Kategorien methodisch abgesichert zu Textstellen zugeordnet. Bei der (2) induktiven Kategorieentwicklung findet eine systematische Reduktion statt. Definitionskriterien und damit beachtenswerte Aspekte im Material werden auf Grundlage der Fragestellung theoretisch begründet festgelegt und das Material schrittweise danach durchgearbeitet. In einer Rückkopplungsschleife werden die entwickelten Kategorien überarbeitet, auf Reliabilität überprüft und können später zu Oberkategorien zusammengefasst werden.

1.4.4 Methodische Herausforderungen

Der Forschungsprozess war zum Teil durch eine Doppelrolle der Verfasserin der Arbeit gekennzeichnet: Die in den Fallstudien analysierten Regionen sind vom Projekt 100ee-Regionen definierte 100ee-Regionen. Die Verfasserin arbeitete zum Zeitpunkt der Interviews und teilnehmenden Beobachtungen im Projekt 100ee-Regionen, weshalb einige der regionalen Experten sie sowohl als Mitarbeiterin im 100ee-Projekt als auch als Forscherin betrachteten.

Die teilnehmenden Beobachtungen bieten den Vorteil, nicht als „Forscher", sondern als „Unterstützer" wahrgenommen zu werden und besseren Zugang zu relevanten regionalen Informationen zu erhalten. Besonders im Hinblick auf sensible (politische) Informationen erwies sich dies zwar als nützlich, doch blieb die Wahrnehmung der Situation vor Ort immer eine externe. Einige Kommunikationsprozesse und Akteurskonstellationen konnten so sicherlich nicht vollständig erfasst werden.

Ihre Forschungsperspektive hat die Verfasserin oftmals nicht explizit dargelegt, um die Gesprächs- oder Vortragssituation nicht zu verfälschen[40] und dadurch eventuell andere Eindrücke zu gewinnen. Insofern ihre unterschiedlichen Rollen aber sowohl bei der Führung der Interviews als auch bei den teilnehmenden Beobachtungen in den Regionen bewusst waren, wurde versucht, diese Rollen möglichst abzuschwächen.[41]

Der Untersuchungszeitraum der Fallstudien zur Darstellung des EE-Prozesses und der damit verbundenen Akteurskonstellationen soll zwar möglichst den gesamten EE-Prozess bis zur aktuellen Entwicklung nachzeichnen, er hat seinen Schwerpunkt aber im Zeitraum der Interviews (2010 und 2011). Die ersten Interviews in Hameln-Pyrmont wurden vor der Nuklearkatastrophe von Fukushima im März 2011 geführt, andere nur in geringem zeitlichen Abstand der Katastrophe. Der Einfluss der Nuklearkatastrophe auf die Einstellung gegenüber erneuerbaren Energien in den Regionen ist bei der Auswertung der Interviews beachtet worden.

---

40 Zu ausgewählten Fehlerquellen bei Befragungen siehe Westle (2009: 210 f.).
41 Zu den verschiedenen Rollen im Interview siehe auch Bogner und Menz (2009: 77 ff.).

2 Entwicklung und Rahmenbedingungen der Energiewende

Die Entwicklung der erneuerbaren Energien in Deutschland, besonders die jüngeren Entwicklungen mit dem national beschlossenen Ausstieg aus der Atomenergie und dem zunehmenden Ausbau von erneuerbaren Energien, sind abhängig von komplexen regionalen, nationalen und internationalen Einflussfaktoren. Eine „Biographie des Innovationsgeschehens" im Feld der erneuerbaren Energien in Deutschland haben Bruns, Ohlhorst et al. (2009) geschrieben. Sie identifizieren Krisen als Auslöser für gesellschaftliches Umdenken, welches sie wiederum als einen wichtigen Grund für den Ausbau von erneuerbaren Energien sehen.

Eine entscheidende Krise ist die Umwelt- und Klimakrise gewesen. Das wachsende Umweltbewusstsein in der deutschen Bevölkerung in den 1960er Jahren und der Bericht „Die Grenzen des Wachstums" des Club of Rome 1972 sind Merkmale dieser Phase. Weiterhin gründeten sich Ende der 1970er zahlreiche Bürger- und Umweltinitiativen (vgl. Bruns, Ohlhorst et al. 2009: 54). 1971 verabschiedet die Bundesrepublik Deutschland ein erstes Umweltprogramm, welches einem modernen Umweltaktionsplan ähnelte (vgl. Jänicke 2003). Im Jahr 1980 wurde die Partei Die Grünen gegründet, die 1983 in den Bundestag einzog:

> "Sie trugen maßgeblich dazu bei, dass sich in dieser Phase die Umweltpolitik verstärkt als Politikfeld in der Bundesregierung konstituierte" (Bruns, Ohlhorst et al. 2009: 54).

Von Bedeutung war auch die Ölpreiskrise, besonders in den 1970er Jahren: Versorgungssicherheit und Unabhängigkeit von Energieimporten wurden vor diesem Hintergrund als Leitmotive der Energiepolitik definiert (vgl. Bruns, Ohlhorst et al. 2009: 56).

Ein weiterer Einflussfaktor ist ferner die Kernenergiekrise gewesen. Erster Prostest gegen den Ausbau der Kernenergie begann im Jahr 1975 mit der Bauplatzbesetzung in Wyhl (Bruns, Ohlhorst et al. 2009: 57), verstärkt wurde er durch Zwischenfälle wie in Harrisburg 1979 und die Reaktorkatastrophe von Tschernobyl 1986. Letztere wird als

> „das zentrale Schlüsselereignis genannt, das einen Wendepunkt in der Umweltschutz- und Energiedebatte markiert (...) Vor diesem Hintergrund wurden Potenziale der regenerativen Energien in der energiepolitischen Diskussion ernster genommen" (Bruns, Ohlhorst et al. 2009: 58).

Andere Autoren wie Pamme (2003: 188) oder Müller-Rommel (2001: 2) beschreiben ebenso den Einfluss von Tschernobyl auf den Wandel der Problemwahrnehmung in der Öffentlichkeit.

Auch die Energieversorgungskrise[42] und Stromlückendebatte sowie die Nahrungsmittelkrisen[43] sind Einflussfaktoren.

Für die Entwicklungen im erneuerbaren-Energie-Bereich spielen nicht zuletzt internationale Klimaschutzpolitiken eine Rolle, welche im Wechsel mit den nationalen Prozessen stehen (vgl. Bruns, Ohlhorst et al. 2009: 18) (siehe Kapitel 2.6.1). Auf wirtschaftlicher Seite zählen die Liberalisierung der Energiemärkte (siehe Kapitel 2.2), welche den Zugang erneuerbarer Energien im Stromsektor erleichtert haben (vgl. Bruns, Ohlhorst et al. 2009: 18) und die Europäischen Emissionshandelsrechte als Faktoren.

Der nationale Prozess hat sich auch durch fortschreitende Institutionalisierungen im Bereich der Umwelt weiterentwickelt, maßgeblich im Jahr 1986, als das Bundesministerium für Umwelt, Naturschutz und Reaktorsicherheit gegründet wurde (vgl. Bruns, Ohlhorst et al. 2009: 58). Die Bundesregierung passte energie- und klimapolitische Zielsetzungen auf nationaler Ebene an (siehe Kapitel 2.6.3). Wichtige Etappen waren dabei die Energiepolitischen Leitlinien der Bundesregierung im Jahr 1991, der Regierungswechsel zu Rot-Grün 1998, Nationale Klimaschutzprogramme, der Atomausstiegsbeschluss im Jahr 2001, die Nachhaltigkeitsstrategie im Jahr 2002 und der erneute Beschluss zum Ausstieg aus der Atomenergie im Jahr 2011 (vgl. Bruns, Ohlhorst et al. 2009).

Auch in der Politik und Verwaltung begann man in Deutschland, sich mit dem Ausbau der erneuerbaren Energien zu beschäftigen. Den Kommunen als Instanzen der Umsetzung staatlicher Umwelt- und Energiepolitik und als Feld möglicher Bürgerbeteiligung wird seit Mitte der 1980er Jahre verstärkte Aufmerksamkeit geschenkt (vgl. Keppler, Walk et al. 2009: 12 f.).

Weitere Einflussfaktoren sind staatliche Förderungen im Bereich der erneuerbaren Energien (siehe Kapitel 2.6.3.2). Zentrale Steuerungsimpulse sind dabei das StrEG und das EEG (vgl. Bruns, Ohlhorst et al. 2009). Auch das Umwelt- und Planungsrecht für erneuerbare Energien, Raumordnungsrecht, Bauplanungs-

---

42 U. a. hervorgerufen durch die Einstellung der Gaslieferungen an die Ukraine zwischen 2006 und 2008. Dies löste auch in Deutschland Reaktionen aus (vgl. Bruns, Ohlhorst et al. 2009: 58).

43 Als ein Grund für den im Jahr 2006 weltweiten Anstieg der Preise für Nahrungsmittel wird in der Debatte immer wieder die Nachfrage nach Biosprit angeführt (vgl. Bruns, Ohlhorst et al. 2009: 58).

recht, Baugenehmigungsrecht und die Rechtsgrundlagen für Netzanschluss und Netzausbau wurden im Ausbau-Prozess angepasst.

Mautz, Byzio et al. (2008) teilen die Entwicklung der Stromproduktion aus erneuerbaren Energien in verschiedenen Phasen. Als erste definieren sie die Zeit von Mitte der 1970er Jahre bis Mitte der 1980er Jahre, in welcher die Stromproduktion aus erneuerbaren Energien „wiederentdeckt" worden sei. Als zweite Phase die „Herausbildung tragfähiger Umsetzungsformen und Institutionalisierungen dezentraler Diffusionssysteme" bis Ende der 1990er Jahre. Die dritte, „Stromproduktion aus erneuerbaren Energien auf Erfolgskurs", ist immer noch aktuell. Die Autoren beschreiben unter anderem das EEG als wichtigen Einflussfaktor und gehen auf eine „Erweiterung des sozialen Spektrums alternativer Stromproduzenten" ein.

Bruns, Ohlhorst et al. (2009) teilen die Innovationsverläufe der EE-Technologien in unterschiedliche Phasen.

Den Ausbau der Windenergie untergliedern sie in sechs Phasen: (1) die Pionierphase Mitte der 1970er Jahre bis 1986; (2) Aufbruch – Veränderungen im energiepolitischen Umfeld von 1986 bis 1990; (3) Durchbruch zwischen 1991 und 1995; (4) Entwicklungsknick Mitte der 1990er Jahre; (5) Windenergieboom und Reorganisation von 1997/98 bis 2002; (6) Konsolidierung und Gabelung des Entwicklungspfads ab 2002.

Auch die solare Stromerzeugung teilen sie in sechs Phasen: (1) Pionierphase von 1970 bis 1985; (2) Stagnation industriellen Engagements, Forschung und Entwicklung 1986 bis 1991; (3) Breitentests von 1991 bis 1994; (4) Unsicherheit und Slow down zwischen 1994 und 1998,; (5) Durchbruch zwischen 1999 und 2003; (6) Entwicklungsboom ab 2004.

Die Erzeugung und Verstromung von Biogas unterteilen sie in fünf Phasen: (1) Pionierphase von 1970 bis 1990; (2) Erste Aufbruchsphase zwischen 1990 und 1999; (3) Verstärkter Aufbruch zwischen 2000 und Mitte 2004; (4) Take-off von Mitte 2004 bis Ende 2006; (5) Entwicklungsknick 2007/2008; (6) Konsolidierung ab Mitte 2008 und Ausblick.

Deutlich wird bei der Gesamtbetrachtung der Phasen sowohl über die gesamte Stromerzeugung als auch für einzelne EE-Technologien, dass die Pionierphase in den 1970er Jahren begonnen hat. Einen ersten Durchbruch der EE-Technologien verzeichnen Bruns, Ohlhorst et al. (2009) in den 1990er Jahren, Mautz, Byzio et al. (2008) bis Ende der 1990er Jahre. Diese Entwicklungen und

Phasen finden sich auch in den Fallbeispielen wieder, die in Kapitel 4 beschrieben werden.

2.1 Nachhaltigkeit und Agenda 21

Das Leitbild einer nachhaltigen Entwicklung ist erstmals im Jahr 1987 durch die Brundlandt-Kommission definiert worden. Danach gilt eine Entwicklung als nachhaltig, wenn sie nicht die Möglichkeiten der künftigen Generationen gefährdet, die eigenen Bedürfnisse zu befriedigen (vgl. Hauff 1987). Aus dem Versuch der Entwicklung eines einheitlichen Konzepts hat sich eine Debatte über die Nachhaltigkeit entwickelt, ohne einen allseits anerkannten Ansatz zu bestimmen (vgl. Benz und Meincke 2007: 7). Der Begriff der Nachhaltigkeit wird schon seit einigen Jahren in verschiedenen Kontexten immer wieder verwendet, erscheint wegen seiner Allgegenwärtigkeit jedoch oft als „Leerformel" (Benz und Meincke 2007: 7).

Definitionen und Zielwerte für eine weniger umweltverbrauchende Wirtschafts- und Konsumweise wurden in den folgenden Jahren weiterentwickelt (vgl. Pamme 2003: 192). Dennoch besteht u. a. Uneinigkeit bei der zeitlichen, räumlichen, sachlichen oder auch der strategischen Dimension des Begriffs (vgl. Benz und Meincke 2007: 7). Unter die strategische Dimension fallen u. a. auch Überlegungen zu Effizienz-, Konsistenz- und Suffizienzstrategien (vgl. Benz und Meincke 2007: 7). Dabei sollen sich Elemente der nachhaltigen Entwicklung auch auf institutionelle und prozessuale Aspekte von Gesellschaft erstrecken – Ziel ist zum Beispiele eine umfangreiche Partizipation der Bevölkerung bei der Entwicklung (vgl. Benz und Meincke 2007: 7). Benz und Meincke (2007: 8) folgern, das nachhaltige Entwicklung u. a. räumliche Strukturen, die ausgewogenen Einbeziehung relevanter Akteure sowie ökonomische, soziale, ökologische und kulturelle Aspekte der Entwicklung umfassen muss.

Für einzelne Sektoren und Bereiche sind spezielle Kriterien und Kategorien der Nachhaltigkeit entwickelt worden, so auch für den Energiebereich. Beispielsweise haben Nitsch, Krewitt et al. (2004: 5) ein Leitbild nachhaltiger Energienutzung entwickelt. Elemente sind u. a.: gleichberechtigter Zugang zu Energieressourcen und Verteilungsgerechtigkeit, Umwelt-, Klima- Gesundheits- und Sozialverträglichkeit, Risikoarmut bei der Energieerzeugung und -nutzung sowie internationale Kooperation zur friedlichen Nutzung der jeweiligen Fähigkeiten und Potenziale.

Auch Suck hat Kriterien für die Energiewirtschaft entwickelt, diese jedoch verkürzend auf zwei Wege der Nachhaltigkeit beschränkt (Suck 2008: 23): (1) Die möglichst langfristige Nutzung nicht-erneuerbarer fossiler Ressourcen für die Energieerzeugung. Daraus folgt, dass der Verbraucher dieser Ressourcen erheblich gemindert werden muss und sich gleichzeitig die Energieeffizienz erhöhen soll. (2) Die nachhaltige Nutzung der erneuerbaren Ressourcen, damit sie auch erneuerbar bleiben und ihre Nutzung nicht den Erhalt der Lebensgrundlage gefährdet.

Das Leitbild einer nachhaltigen Entwicklung wurde auf der Konferenz der Vereinten Nationen für Umwelt und Entwicklung (UNCED) im Jahr 1992 in Rio de Janeiro aufgegriffen. 178 Staaten haben dort die Agenda 21 beschlossen, ein entwicklungs- und umweltpolitisches Aktionsprogramm. Zur Unterstützung einer nachhaltigen Entwicklung werden in der Agenda 21 soziale und wirtschaftliche Dimensionen betrachtet (vgl. Vereinte Nationen 1992), u. a. mit dem Zielt, nichtstaatliche Akteure stärker an politischen Entscheidungen zu beteiligen. Die kommunale Umsetzung dieses Vorhabens ist die Lokale Agenda 21.

In Kapitel 28 der Agenda 21 (Vereinte Nationen 1992) wird gefordert, dass jede Kommunalverwaltung in einen Agendadialog mit ihren Bürgern, den örtlichen Organisationen und der Privatwirtschaft eintreten soll. Bogumil und Holtkamp (2006: 116) unterscheiden daher drei Dimensionen des Agendaprozesses auf regionaler Ebene: (1) die Erarbeitung eines Handlungsprogramms durch die Gemeinden mit festgelegten Zielen, (2) einen Dialogprozess zwischen verschiedenen gesellschaftlichen Akteuren und (3) die systematische Umsetzung der Ziele in konkrete Handlungsschritte und Projekte.

Die Zahl der Städte und Gemeinden, welche die Lokale Agenda beschlossen haben, ist in den letzten Jahren stark angestiegen: Im Dezember 1997 waren es noch 205, im Mai 2002 schon 2297 Städte und Gemeinden (Bogumil und Holtkamp 2006: 116 f.). Demnach haben viele Kommunen sich im Rahmen der Agenda 21-Bewegung engagiert. Nicht wenige der ursprünglichen Bündnisse firmieren inzwischen jedoch unter einem anderen Namen:

> „Die schleichende Verabschiedung vom ursprünglichen 'Agenda'- Label kann dabei durchaus auch als ein Anzeichen dafür gewertet werden, dass sich kommunale Nachhaltigkeit als politisches Handlungsfeld etabliert hat und daher mit dem täglichen Sprachgebrauch näheren Begriffen überschrieben wird." (Kuhn und Rok 2011: 15).

Diese Entwicklungen, die im Bereich der Nachhaltigkeits- und Agenda 21-Bewegung beschrieben werden, sind vor allem auf regionaler Ebene zu beobachten und spielen im Zuge der Analyse von EE-Regionen eine bedeutende Rolle.

2.2 Zentraler und dezentraler Ausbau der erneuerbaren Energien

In Deutschland war die Stromversorgung lange Zeit zentral organisiert, wozu immer größere Kraftwerke geplant, gebaut und von großen Energieversorgern betrieben wurden.

„Unser heutiges Energieversorgungssystem wurde für die Aufgabe konzipiert, mit wenigen großen, zentralen Erzeugungsanlagen eine große Anzahl räumlich verteilter Lasten, bzw. Verbraucher zuverlässig und kostengünstig mit Energie zu versorgen" (Hoppe-Kilpper 2001: 4).

Neben diesen zentralisierten technischen Strukturen ist die Marktkonzentration charakteristisch für den Energiesektor (vgl. Mautz, Byzio et al. 2008: 12). Von Bedeutung für die Organisation der Stromversorgung waren vor allem die wirtschaftlichen Rahmenbedingungen und die Sicherstellung der Versorgungssicherheit (vgl. Karl 2012: 1). Im Schutze eines stark regulierten Energiemarktes entwickelten sich große Energiekonzerne[44], aber auch viele kleine, kommunale Energieversorger, die jedoch mit den großen Energieversorgern zusammenarbeiten (vgl. Karl 2012: 1).

Eine Reihe von Faktoren führten zu einer Abkehr dieser zentralistischen Strukturen, so die Ölpreiskrisen der 1970er Jahre oder Umweltschutz- und Anti-Atomkraftdebatten (siehe Kapitel 2). Ausgelöst wurde eine Änderung des Systems durch die EU-Richtlinie zur Deregulierung der Energiemärkte, die in einer Liberalisierung der Strommärkte mündete (siehe Kapitel 2.6.2).

Der Wärmemarkt war schon immer von dezentralen Strukturen geprägt (vgl. Karl 2012: 1). Analog zu den elektrischen Netzen entstanden weitverzweigte Gasversorgungsnetze, die mit Nahwärmenetzen und den Vertriebsorganisationen für den Verkauf von Heizöl konkurrierten (vgl. Karl 2012: 1).

Bei einer dezentralen Stromerzeugung wird die elektrische Energie dort erzeugt, wo sie verbraucht wird.

„Insofern bedeutet "Integration" von Erneuerbaren Energien bei tatsächlicher Umsetzung der im politischen Raum diskutierten Ausbauszenarien letztendlich eine "Transformation" des bestehenden Versorgungssystems hin zu mehr Dezentralität, das heißt zu mehr verbrauchernaher Erzeugung. Neben dieser zu erwartenden Regionalisierung der Energieversorgung wird darüber hinaus die zunehmende Erschlie-

---

44 Die Energiekonzerne mit den größten Umsätzen sind E.ON, RWE, EnBW und Vattenfall Europe.

Entwicklung und Rahmenbedingungen der Energiewende 35

ßung großer EE-Potenziale in großen Entfernungen zu Verbrauchszentren bis hinein in andere Klimazonen eine wichtige Rolle spielen" (Hoppe-Kilpper 2001: 4).

Als Vorteile der Dezentralität werden u. a. die Erhöhung der regionalen Wertschöpfung (siehe Kapitel 2.4) und auch die Demokratisierung von Produktions- und Verteilungsstrukturen sowie eine gesteigerte Akzeptanz für die Energieerzeugung (siehe Kapitel 2.5) gesehen.

Gleichwohl werden auch die nationalen Strukturen weiterentwickelt, um die Integration der erneuerbaren Energien zu ermöglichen. Diskutiert werden besonders die Erfordernisse im Bereich des Netzausbaus (vgl. dena 2010) und die Notwendigkeit, nationale Gesetze wie das EEG zu ändern, z. B. zur Anpassung von Fördersätzen für einzelne Technologien.

Dieser eher dezentralen Energieerzeugung stehen jedoch auch zentrale Ansätze entgegen wie Offshore-Windparks[45] und das Desertec-Konzept[46], die in der vorliegenden Arbeit jedoch nicht diskutiert werden.

2.3 Aktueller Ausbaustand der erneuerbaren Energien in Deutschland

Der Anteil der erneuerbaren Energien hat in Deutschland in den letzten Jahren stetig zugenommen. Im Jahr 2011 betrug ihr Anteil am Endenergieverbrauch 12,5 Prozent, am Bruttostromverbrauch 20,3 Prozent und im Bereich Wärme 10,7 Prozent (Böhme, Dürrschmidt et al. 2012: 12). Nachfolgend ist die Struktur der Strombereitstellung aus erneuerbaren Energien in Deutschland abgebildet. Den größten Anteil hat die Windenergie mit 39,7 Prozent, an zweiter Stelle steht die Photovoltaik mit 15,7 Prozent.

---

45 Offshore-Windparks haben ihr Fundament in der See, um den dort auftretenden Wind zu nutzen. Die erste Anlage wurde im Jahr 1991 in Dänemark errichtet, der erste Offshore-Windpark in Deutschland im Jahr 2010. Der Bau weitere Anlagen stockt jedoch, u. a. wegen des fehlenden Netzanschlusses.

46 Desertec ist ein 2009 beschlossenes Konzept zur Erzeugung von v.a. Solarenergie in der Mittelmeerregion und im Nahen Osten. Vorbehalte gegenüber dem Konzept liegen u. a. in der unklaren politischen Situation jener Länder, in denen die Großanlagen gebaut werden sollen, unklaren Rechten zur Landnutzung sowie in den möglichen hohen Kosten des Projekts.

36 Entwicklung und Rahmenbedingungen der Energiewende

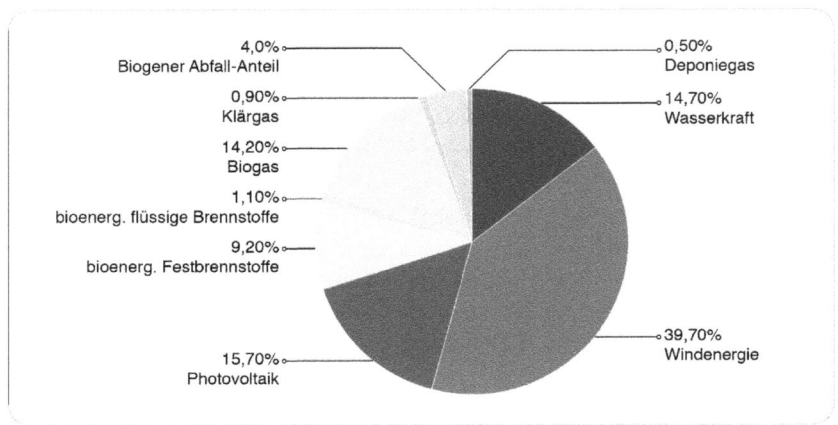

Abbildung 1: Struktur der EE-Strombereitstellung in Deutschland 2011[47]

In den einzelnen Bundesländern ist die Struktur der Erzeugung von erneuerbaren Energien unterschiedlich. So wird im Norden Deutschlands vor allem Windenergie erzeugt, im Süden findet eine Konzentration auf Photovoltaik statt.[48]

2.4 Wirtschaftliche Betrachtung erneuerbarer Energien

Ein Motiv vieler regionaler Akteure, sich für den Ausbau erneuerbarer Energien einzusetzen, ist die mögliche Steigerung der regionalen oder kommunalen Wertschöpfung (vgl. Projekt 100%-Erneuerbare-Energie-Regionen 2009: 46).

Das Institut für ökologische Wirtschaftsforschung definiert Wertschöpfung als Summe aus „den erzielten Gewinnen (nach Steuern) beteiligter Unternehmen, den Nettoeinkommen der beteiligten Beschäftigten und den auf Basis der betrachteten Wertschöpfungsschritte gezahlten Steuern" (Hirschl, Aretz et al. 2010: 1). Durch die Ansiedlung möglichst viele Anlagen, Betreibergesellschaften, Hersteller oder Zulieferer vor Ort können Regionen die regionale Wertschöpfung steigern (vgl. Hirschl, Aretz et al. 2010).

---

47 Quelle: Böhme, Dürrschmidt et al. (2012: 17)

48 Eine Übersicht mit aktuellem Ausbaustand auf Länderebene ist nicht vorhanden. Ungefähre Zahlen, die jedoch nicht immer aktuell, vor allem nicht immer vergleichbar sind, liefert das Internetportal www.foederal-erneuerbare.de.

Eine Form der finanziellen Beteiligung von Bürgern am Ausbau der erneuerbaren Energien sind Bürger-Energiegenossenschaften. Sie sind vor allem auf der regionalen Ebene angesiedelt und bieten Bürgern Anlage- und Investitionsmöglichkeiten in Energieprojekte. Genossenschaften haben dabei Alleinstellungsmerkmale gegenüber anderen Formen, wie einen geringeren Eigenkapitalbedarf, Personenmitbestimmungsrecht oder eine geringere Gefahr von fremdgesteuerter Übernahme (vgl. Stöhr 2008: 55). Viele Genossenschaften erreichen ausschließlich regionale Märkte, einige sind sogar mit diesem Ziel gegründet worden. Eine erste Gründungswelle von Energiegenossenschaften gab es ab dem Jahr 2007 (vgl. Kaehlert 2011: 26), im Jahr 2012 belief sich ihre Zahl auf mehr als 600 (vgl. Maron, Maron et al. 2012: 12). Die höchste Dichte an Genossenschaften weisen dabei Bayern, Niedersachsen und Baden-Württemberg auf (vgl. Maron, Maron et al. 2012: 12). Der Schwerpunkt der Energiegenossenschaften liegt im Bereich Photovoltaik (vgl. Kaehlert 2011: 27).

Untersuchungen des Klaus-Novy-Instituts zeigen, dass die Energiewende von der Bürgerschaft getragen und vorwiegend im Privateigentum von Bürgern vollzogen wird (vgl. Maron, Maron et al. 2012: 11). Durch die Bürgerbeteiligung besteht auch die Chance, die Akzeptanz für erneuerbare Energien zu steigern.

2.5 Akzeptanz erneuerbarer Energien

Im Bereich der Energieforschung wird der Begriff der Akzeptanz von erneuerbaren Energien vor allem mit der Beteiligung der Bürgern an (politischen) Entscheidungen verbunden, der u. a. durch die Gründung von Bürgerenergiegenossenschaften Ausdruck findet (vgl. Keppler, Nölting et al. 2011: 58). Allgemein steht die Bevölkerung erneuerbaren Energien positiv gegenüber, wie Studien und Umfragen zeigen. So halten 93 Prozent der Bürger den Ausbau erneuerbarer Energien für wichtig (vgl. Agentur für Erneuerbare Energien 2012: 1). Besonders viel Zustimmung erhalten Solarparks mit 77 Prozent, dahinter Windenergieanlagen mit 61 Prozent, während Biomasseanlagen lediglich eine Zustimmungsrate von 36 Prozent bei der Bevölkerung haben (vgl. Agentur für Erneuerbare Energien 2012: 1). Bei der Bioenergie gibt es häufig Beschwerden gegen Geruchs- oder Lärmbelästigung durch den Transport von Gülle und Abfällen. Außerdem fehlten bei einigen Anlagen Abwärmekonzepte.

Einfluss auf die Akzeptanz können u. a. der Wissensstand/die Kenntnisse über erneuerbare Energien, die mediale Berichterstattung oder auch die Risikowahrnehmung, allgemein die Darstellung der Vor- und Nachteile des Einsatzes erneuerbarer Energien haben (vgl. Fischedick, Arnold et al. 2010: 293).

2.6 Mehrebenenbetrachtung des Ausbaus der erneuerbaren Energien

Verschiedene Ebenen spielen eine Rolle beim regionalen Ausbau der erneuerbaren Energien und bedürfen daher einer Analyse. Besondere Betrachtung finden in diesem Kapitel Gesetze und Verordnungen sowie Förderinstrumente auf den unterschiedlichen Ebenen, die Einfluss auf den regionalen Ausbauprozess der erneuerbaren Energien ausüben können. Die Art und Weise der Einflussnahme auf die regionale Ebene und die damit verbundenen Faktoren werden im Folgenden dargestellt.

2.6.1 Internationale Ebene

Auf internationaler Ebene gibt es bisher wenige Bestrebungen, Einfluss auf den (regionalen) Ausbau von erneuerbaren Energien zu nehmen.

Weder in der Klimarahmenkonvention noch im Kyoto-Protokoll sind erneuerbare Energien explizit erwähnt worden (vgl. Fischedick, Arnold et al. 2010: 294 ff.).

„Mit der „renewables"-Regierungskonferenz 2004 in Bonn startete auf internationaler Ebene erstmals ein politischer Prozess, der sich explizit der Förderung erneuerbarer Energien widmete" (Hirschl 2008: 415).

Ursprünglich hatte daher vor allem die Energie- und Klimapolitik Auswirkungen auf die Entwicklungen erneuerbarer Energien. Hirschl (2008: 415) zeigt in seiner Analyse, dass das Thema erneuerbare Energien, anders als die Klimapolitik, in der internationalen Energiepolitik keinem stetigen Politikprozess unterliegt, besonders Krisenzeiten jedoch zu verstärkten internationalen Aktivitäten geführt haben. Auch Fischedick, Arnold et al. (2010) bemerken, dass die internationale Klimapolitik im Feld der erneuerbaren Energien keine entscheidende Rolle spielt, im Gegensatz zu Fragen der Versorgungssicherheit, regionaler Wertschöpfung oder der Energieträgerpreise. Für den dezentralen Ausbau von erneuerbaren Energien ist die internationale Ebene daher nicht von entscheidender Bedeutung.

Durch Klimaverhandlungen auf internationaler Ebene werden jedoch Rahmen für staatliches Handeln geschaffen. Wichtige Stationen sind u. a. die erste Weltklimakonferenz, die im Jahr 1979 in Genf stattfand und „als Geburtsstunde der neueren Klima(wirkungs)forschung" (Fischedick, Arnold et al. 2010: 7) gilt, und der Brundtland-Bericht von 1987 gewesen, der ein internationales Regime zum Schutz des Klimas entworfen hat. Im Jahr 1988 ist das IPCC durch die

WMO und das UNEP etabliert worden (vgl. Bruns, Ohlhorst et al. 2009: 60). Der erste Bericht des IPCC im Jahr 1990 wies auf den zu beobachtenden Klimawandel hin und stellte den Zusammenhang mit dem Treibhauseffekt her, worauf die meisten Teilnehmerstaaten der Konferenz für Umwelt und Entwicklung in Rio de Janeiro 1992 die Klimarahmenkonvention unterzeichneten. Als ein bedeutendes Abkommen der internationalen Klimaverhandlungen gilt die Kyoto-Konferenz von 1997, die auf Basis des zweiten IPCC-Reports CO_2-Minderungen beschloss. Dadurch wurden die Klimarahmenkonventionen um stärkere und zum Teil rechtlich verbindliche Maßnahmen wie (unterschiedliche) Emissionsreduktionsziele der beteiligten Staaten erweitert; so hat sich Deutschland um eine Reduktion von 21 Prozent bis zum Jahr 2012 gegenüber 1990 verpflichtet.[49] Auf der Konferenz von Kopenhagen im Jahr 2009 sollte das Kyoto-Protokoll zwar weiterentwickelt und fortgeschrieben werden. Es wurde jedoch kein verbindlicher Beschluss getroffen und das 2-Grad-Ziel lediglich zur Kenntnis genommen, das erst ein Jahr später in Cancún offiziell anerkannt wurde. Eine Weiterentwicklung des Kyoto-Protokolls steht allerdings noch aus. Durch dieses wiederholte Scheitern internationaler Verhandlungen und Konferenzen hat die Glaubwürdigkeit verbindlicher Absprachen internationaler Ziele indes stark abgenommen.

Als Organisation zur weltweiten Förderung der nachhaltigen Nutzung erneuerbarer Energien ist 2009 die Internationale Organisation für Erneuerbare Energien (IRENA) gegründet worden, deren Hauptsitz Masdar City in den Vereinigten Arabischen Emiraten ist. Die IRENA wirkt vor allem als Informations- und Vernetzungsplattform der beteiligten Staaten. Sie liefert u. a. Daten zum weltweiten Ausbaustand der erneuerbaren Energien[50]. Im Jahr 2012 haben 100 Staaten und die Europäische Union das Statut der IRENA ratifiziert (IRENA o.J.).

2.6.2 Europäische Ebene

Die europäische Ebene spielt im Zuge der Mehrebenenbetrachtung des Ausbaus der erneuerbaren Energien eine bedeutende Rolle. Kompetenzen und Ressourcen liegen auch auf der europäischen Ebene und üben so Einfluss auf die natio-

---

49 Eine Übersicht über internationale Klimakonferenzen haben u. a. Fischedick, Arnold et al. (2010: 13) erstellt.

50 Damit steht sie anders als z. B. als die Internationale Energieagentur (IAE) für den weltweiten Ausbau von erneuerbaren Energien.

nale, Bundesländer- und regionale Ebene aus. Daher ist es nötig, Gesetze und Verordnungen sowie Förderprogramme auf europäischer Ebene vorzustellen.

2.6.2.1 Gesetze und Verordnungen

Bereits im Jahr 1951 strebt die damals gegründete Europäische Gemeinschaft für Kohle und Stahl (EGKS) eine europäische Energiepolitik an. Doch erst seit Mitte der 1990er Jahre wurde die Europäische Union im Bereich der Verringerung der Treibhausgase und beim Umweltschutz aktiv (Art. 6 und 174 EGV). Bis heute jedoch sind die EU-Mitgliedsstaaten nicht bereit, ihre Kompetenzen im Energiebereich vollständig der Europäischen Union zu übertragen.

In den 80er Jahren wurden erste Überlegungen und Konzeptionen zu einem europäischen Energiebinnenmarkt angestellt (vgl. Bruns, Ohlhorst et al. 2009: 61). Darauf aufbauend entstand die EU-Binnenmarktrichtlinie „Elektrizität und Gas", die mit dem novellierten Energiewirtschaftsgesetz im Jahr 1998 in nationales Recht umgesetzt wurde. Zentraler Bestandteil der Liberalisierung ist die Entflechtung von Erzeugung, Übertragung und Verteilung von Strom gewesen.

> „Die Ausgestaltung der Richtlinie ermöglichte erhebliche Gestaltungsspielräume für eine den nationalen Situationen angepasste Implementation. Dies führte allerdings dazu, dass in der Praxis von dem ursprünglichen Ziel einer Harmonisierung und Integration der Energiemärkte abgewichen wurde" (Bruns, Ohlhorst et al. 2009: 71).

Seitdem ist der Markt für leitungsgebundene Energie geöffnet und sind die staatlich eingerichteten Gebietsmonopole ihrerseits abgeschafft worden.

Auch in Deutschland wurden, infolge der Aufhebung des Gebietsmonopols und der unternehmerischen Trennung entsprechender Versorgungsaufgaben, Schritte zur Umstrukturierung des Energieversorgungssystems unternommen (vgl. Hoppe-Kilpper 2001: 4). Mit der Liberalisierung im Stromsektor im Jahr 1998 scheinen sich die Marktstrukturen verfestigt zu haben (vgl. Mautz, Byzio et al. 2008: 12). Es wurde vor allem die Zahl der großen Energieversorger reduziert, gleichzeitig erhöhte sich die Anzahl der kleinen Energieversorger sowie von Bürgern, die eigene Anlagen bauen und betreiben. Mit einer Neuregelung des Energiewirtschaftsgesetzes wurde im Jahr 2003 die EU Richtlinie zum Erdgasbinnenmarkt umgesetzt.

Im Jahr 1997 veröffentlichte die EU das Grünbuch „Energie für die Zukunft: Erneuerbare Energiequellen". Darin wurde das Ziel vorgeben, den Anteil von erneuerbaren Energien auf 12 Prozent zu verdoppeln (vgl. Bruns, Ohlhorst et al. 2009: 73). 2001 wurde die „Richtlinie zur Förderung der Stromerzeugung aus erneuerbaren Energiequellen im Elektrizitätsbinnenmarkt" verabschiedet (vgl. Europäische Union 2001), welche die Mitgliedsstaaten verpflichtete, sich selbst

Ziele zum Ausbau der erneuerbaren Energien zu setzen, die mit den EU-Richtlinien in Einklang stehen. Die Richtlinien sahen ebenso vor, dass die Mitgliedsstaaten einen freien Netzzugang für Strom aus erneuerbaren Energien sicherstellen. Im Jahr 2003 verabschiedete die EU die Richtlinie zur Förderung der Verwendung von Biokraftstoffen oder anderen erneuerbaren Kraftstoffen im Verkehrssektor. 2007 stellte sie ihren Fahrplan für erneuerbare Energien als Teil des Energie-Klimawandel-Paktes vor. Darin hat sie sich drei energiepolitische Ziele gesetzt, welche, neben den Emissionszielen, ebenfalls bis zum Jahr 2020 erreicht werden sollen. Dazu gehören eine 20 prozentige Senkung des Energieverbrauchs durch gesteigerte Energieeffizienz, eine Erhöhung des Marktanteils erneuerbarer Energieträger auf 20 Prozent sowie ein Anteil von 10 Prozent nachhaltig produzierter Biokraftstoffe bei Benzin und Diesel in allen EU-Ländern (vgl. Europäische Kommission 2007).

Verbindlich sind die Ziele mit der Erneuerbare-Energien-Richtlinie aus dem Jahr 2009 zur Förderung der Nutzung von erneuerbaren Energien geworden. Seitdem gelten individuelle Ziele für die EU-Mitgliedsstaaten, jedes Mitgliedsland hat gesonderte Vorgaben für den Anteil der erneuerbaren Energien am Endenergieverbrauch. Für Deutschland ergibt sich ein Anteil von 18 Prozent, damit in der gesamten EU 20 Prozent erneuerbare Energien erreicht werden (vgl. Amtsblatt der Europäischen Union 2009: L 140/146).

2.6.2.2 Förderprogramme

Auf der europäischen Ebene existieren eine Reihe von Fördermaßnahmen zur Unterstützung des Ausbaus von erneuerbaren Energien.

Seit Mitte der 1980er Jahre werden durch die EU Gelder für die Unterstützung regionaler Entwicklungsprozesse im Rahmen von *LEADER* bereit gestellt; zeitlich befristet können generell Personalmittel oder spezifische Projekte gefördert werden. In Deutschland setzen die Bundesländer diese Förderung unterschiedlich um, z. B. indem lokale Aktionsgruppen in ländlichen Regionen unterstützt werden, welche innovative Pilotstrategien für eine nachhaltige Regionalentwicklung umsetzen sollen.

Im Rahmen des Programms „Intelligente Energie – Europa II" können kommunale Behörden bei der Etablierung von Energieagenturen gefördert werden. Auch durch die „Europäischen territorialen Zusammenarbeit" (INERREG) können Aktivitäten im Bereich des Klimaschutzes gefördert werden.

Schließlich gibt es rein punktuelle Fördermaßnahmen wie das Programm „*Towards 100% RES rural communities*"[51] der Europäischen Kommission, welches ausgewählte europäische Regionen von April 2012 bis März 2015 auf dem Weg zur Vollversorgung mit erneuerbaren Energien unterstützt.

2.6.3 Nationale Ebene

Die nationale Ebene nimmt auf verschiedene Arten Einfluss auf den regionalen Ausbau von erneuerbaren Energien. Den institutionellen Rahmen bildet der Föderalismus, welcher Kompetenzen für Bund[52] und Länder zuweist. Der Schwerpunkt der Gesetzgebung liegt beim Bund, der Vollzug der Gesetze bei den Ländern. Durch Rechtsverordnungen und Verwaltungsvorschriften haben die Länder jedoch Gestaltungsspielräume. Gesetzgebungskompetenz hat auch die europäische Ebene, die im vorhergegangenen Kapitel beschrieben wurde.

Neben der Gesetzgebung spielen auch finanzielle Anreize, Informationsmaßnahmen und freiwillige Vereinbarungen eine Rolle. Hirschl (2008) analysiert die Einflussfaktoren auf die nationale EE-Politik. Begünstigende Faktoren sieht er u. a. in der heimischen Verfügbarkeit der erneuerbaren Technologien sowie in der gesellschaftlichen Verankerung, den institutionellen Rahmengebungen und politischen Rahmenbedingungen, beispielsweise dem Regierungswechsel zu Rot-Grün im Jahr 1998, sowie situativen Bedingungen. Hemmende Faktoren können lokale Akzeptanzprobleme sein und einseitige Diskurse, die nicht ausreichend über Kosten und technische Machbarkeiten des steigenden EE-Anteils informieren.

---

51 Informationen gibt es unter: http://www.res-league.eu/european-league/european-news/100-res-communities-are-networking-all-over-europe?Itemid=1 (letzter Zugriff 05.12.2012).

52 Beteiligte Ministerien auf nationaler Ebene sind vor allem das Bundesministerium für Umwelt, Naturschutz und Reaktorsicherheit (BMU), das Bundesministerium für Wirtschaft und Technologie (BMWI), das Bundesministerium für Ernährung, Landwirtschaft und Verbraucherschutz (BMELV) und zum Teil auch das Bundesministerium für Verkehr, Bau- und Wohnungswesen (BMWA) sowie nachgeordnete Behörden wie das Umweltbundesamt (UBA). Beteiligt sind auch das Bundesamt für Naturschutz (BfN), das Bundesamt für Wirtschaft und Ausfuhrkontrolle (BAFA), die Kreditanstalt für Wiederaufbau (KfW), der Projektträger Jülich (PTJ), das Bundesministerium für Verkehr, Bau- und Wohnungswesen (BMWA) und die Deutsche Energieagentur (dena).

2.6.3.1 Gesetze und Verordnungen

Auf nationaler Ebene gibt es eine Reihe von Gesetzen und Verordnungen, die einen Einfluss auf den Ausbau der erneuerbaren Energien auf regionaler Ebene haben.

1991 ist das „Stromeinspeisungsgesetz" (StrEG) in Kraft getreten, das für die Öffnung des Strommarktes für private Erzeugung regenerativen Stroms sorgte, indem es Elektrizitätsversorgungsunternehmen verpflichtete, den in ihrem Versorgungsgebiet erzeugten Windstrom abzunehmen und ein geregeltes Entgelt dafür vorsah. Damit stieg sowohl die durchschnittliche Nennleistung der Windenergieanlagen als auch die installierte Leistung (vgl. Bruns, Ohlhorst et al. 2009: 82). Aufgrund der relativ geringen Vergütung handelte es sich jedoch um ein tendenziell schwaches Gesetz mit geringem quantitativem Ausbaueffekt (vgl. Bruns, Köppel et al. 2008: 43), dessen Einführung dennoch als wichtig angesehen wird für die Forderung einer stärkeren Förderung von erneuerbaren Energien (vgl. Brunnengräber, Dietz et al. 2008: 135). Das StrEG gilt als Vorläufer des Erneuerbaren-Energien-Gesetzes.

Das „Gesetz für den Vorrang erneuerbarer Energien" (EEG), im Jahr 2000 als Novelle des Stromeinspeisegesetzes in Kraft getreten[53], hat die Förderung und den Ausbau von erneuerbaren Energien zum Ziel und legt u. a. feste Vergütungssätze nach Sparten fest. Außerdem werden Netzbetreiber zum Anschluss und zur Abnahme von Strom aus erneuerbaren Energien verpflichtet. Die Vergütungssätze sind mit Laufzeiten von 20 Jahren nach Technologien und Standorten differenziert und sollen einen wirtschaftlichen Betrieb der Anlagen ermöglichen. Das EEG wurde in den Jahren 2004, 2009 und 2012 novelliert, mit zahlreichen Neuerungen für Windenergie, aber auch für Photovoltaik und Bioenergie.

Weitere einflussreiche Gesetze und Verordnungen sind die Biomasseverordnung[54], das Energiewirtschaftsgesetz[55], das Erneuerbare-Energien-

---

53 Einzelheiten zur Entstehung des Gesetzes können u. a. in dem Buch „Energiepolitik & Lobbying: Die Novellierung des Erneuerbare-Energien-Gesetzes (EEG) 2009" von Dagger (2009) nachgelesen werden.

54 Die Biomasseverordnung (BiomasseV) regelt im Rahmen des EEG, welche Stoffe als Biomasse gelten und definiert technische Verfahren und Umweltanforderungen.

55 Im Jahr 1998 wurde das Energiewirtschaftsgesetz (EnWG) neu geregelt: Die Betreiber der Übertragungs- und Verteilungsnetze sind seitdem verpflichtet, Konkurrenten Zugang zu ihren Netzen zu gewähren. Eine Verweigerung des Netzzugangs ist nur dann

44 Entwicklung und Rahmenbedingungen der Energiewende

Wärmegesetz[56], die Energieeinsparverordnung[57] oder das Kraft-Wärme-Kopplungsgesetz[58].

Auch planungsrechtliche Instrumente können den Ausbau der erneuerbaren mitbestimmen wie die 1997 in Kraft getretene Änderung des Baugesetzbuches[59], die großen Einfluss auf die Entwicklung der Windenergie hatte (vgl. Bruns, Köppel et al. 2008: 74).

2.6.3.2 Förderprogramme

Zur Förderung der erneuerbaren Energien stützt sich die deutsche Politik auf einen breiten Policy-Mix (vgl. Reiche 2004: 182). Die historische Pfadabhängigkeit stellt jedoch laut Reiche (2004) ein mögliches Hemmnis für den Ausbau der erneuerbaren Energien dar, etwa in Form der Unterstützung der Kohlewirtschaft; speziell die massive Subventionierung der Steinkohlegewinnung ist problematisch, insofern die Regionen und Kommunen dadurch zunehmend auf die Förderprogramme von Bund und Ländern angewiesen sind (Reiche 2004: 190 ff.). Dieser Einfluss der nationalen Förderung auf die regionalen Entwicklungen im Energiebereich wird in den Fallstudien gezeigt (siehe Kapitel 4).

---

möglich, wenn das Netz nicht die erforderlichen Kapazitäten für die Durchleitung aufweist. Die Netznutzungsentgelte können staatlich reguliert werden.

56 Das Erneuerbare-Energien-Wärmegesetz (EEWärmeG) wurde im Jahr 2008 mit dem Ziel des weiteren Ausbaus der Nutzung von Wärme aus erneuerbaren Energien beschlossen. Es verpflichtet Gebäudeeigentümer, die einen Neubau errichten, zum anteiligen Mindesteinsatz von Wärme aus regenerativen Energiequellen.

57 Die Energieeinsparverordnung (EnEV) gibt vor allem den gesetzlichen Rahmen hinsichtlich des Wärmebedarfs von Gebäuden vor. Die EnEV gilt für Wohngebäude, Bürogebäude und gewisse Betriebsgebäude und formuliert Standardanforderungen zum effizienten Betriebsenergieverbrauch.

58 Das Kraft-Wärme-Kopplungsgesetz (KWKG) regelt die Förderung für den Aus- und Neubau von Wärmenetzen sowie die Abnahme und Vergütung von Kraft-Wärme-Kopplungsstrom (KWK-Strom) aus Kraftwerken mit KWK-Anlagen auf Basis von Steinkohle, Braunkohle, Abfall, Abwärme, Biomasse, gasförmigen oder flüssigen Brennstoffen. Durch das Gesetz soll der KWK-Anteil an der Stromerzeugung in Deutschland auf 25 Prozent erhöht werden.

59 Nach der Änderungen sind Vorhaben im Außenbereich zulässig sind, solange sie der Erforschung, Entwicklung oder Nutzung der Wind- und Wasserenergie dienen (§35 Absatz 1 Baugesetzbuch).

Bedeutsame Förderprogramme auf nationaler Ebene beschränken sich oftmals nicht nur auf erneuerbaren Energien, sondern sollen auch andere Aspekte fördern, um die Entwicklung der regionalen Ebene zu unterstützen.

So hat sich aus dem Bundeswettbewerb „Regionen der Zukunft"[60] ein Netzwerk mit gleichem Namen herausgebildet, das den gegenseitigen Austausch erleichtern soll. Das Programm „Regionen aktiv – Land gestaltet Zukunft"[61] ist seinerseits vom Bundesministerium für Ernährung, Landwirtschaft und Verbraucherschutz (BMELV) initiiert worden.

Seit 2008 gibt es die Klimaschutzinitiative[62] des BMU mit einem nationalen und einem internationalen Teil. Das vorrangige Ziel ist, Potenziale zur Treibhausgasminderung zu erschließen und innovative Modellprojekte zu fördern. Die „nationale Klimaschutzinitative" richtet sich an Wirtschaft, Verbraucher, soziale und kulturelle Einrichtungen sowie Kommunen. Auf regionaler Ebene sind die Förderungen zur Erstellung von Klimaschutzkonzepten von besonderer Bedeutung. Zwar sind die jährlichen Förderbeiträge für Kommunen von anfangs 85 auf aktuell 65 Prozent Zuschuss gekürzt worden, aber gerade die Finanzierung von Klimaschutzkonzepten hat sich dennoch als Erfolg herausgestellt. Außerdem wird z. B. LED-Straßenbeleuchtung gefördert. Seit dem Jahr 2008 wurden über 3000 Klimaschutzprojekte in über 1700 Kommunen mit insgesamt rund 191 Millionen Euro gefördert (vgl. Bundesministerium für Umwelt 2012).

Seit 2012 fördert das Bundesumweltministerium zusätzlich für vier Jahre 19 ausgewählte Regionen durch den „Masterplan 100 % Klimaschutz" (Service- und Kompetenzzentrum Kommunaler Klimaschutz o.J.). Die geförderten Kommunen verpflichten sich, bis 2050 eine Reduktion ihrer Treibhausgase von 95 % gegenüber dem Stand von 1990 zu erreichen (vgl. Service- und Kompetenzzentrum Kommunaler Klimaschutz o.J.). Dafür müssen sie in einem ersten Schritt einen kommunalen Masterplan erstellen und diesen in einem zweiten durch einen Klimaschutzmanager umsetzen lassen. Gefördert wird auch eine

---

60 Ziel des Wettbewerbs war es, integrierte regionale Entwicklungsprogramme mit Nachhaltigkeitszielsetzung zu entwickeln und kommunale, staatliche Ansätze mit Forschung und Praxis abzustimmen. Die Förderung richtet sich auf Beratungshilfe.

61 In einem Wettbewerb wurden hier Modellregionen ausgezeichnet. In diesem Rahmen sollen 18 deutsche Regionen mit partnerschaftlichen Konzepten Beispiele für zukunftsfähige Entwicklung erarbeiten.

62 Informationen zur Klimaschutzinitiative finden sich unter http://www.bmu-klimaschutzinitiative.de (letzter Zugriff 27.01.2013).

ausgewählte Klimaschutzmaßnahme, die ein CO_2-Minderungspotenzial von mindestens 80 Prozent aufweisen muss (vgl. Service- und Kompetenzzentrum Kommunaler Klimaschutz o.J.).

Der „Wettbewerb Bioenergie-Regionen"[63] ist vom BMELV initiiert worden. Durch eine finanzielle Förderung soll auf regionaler Ebene der Ausbau von Bioenergie unterstützt werden. Im Rahmen des Wettbewerbs wurden im Juni 2009 aus 210 Regionen 25 ausgewählt, die drei Jahre lang mit bis zu 400.000 Euro für die Umsetzung der regionalen Entwicklungskonzepte gefördert werden. Fördermittel sollen u. a. für den Aufbau von Netzwerk- und Kooperationsstrukturen, Veranstaltungen, Qualifizierungsmaßnahmen und Studien verwendet werden. In einer zweiten Förderphase werden 21 der Regionen bis zum Jahr 2015 weiter gefördert.

Andere Förderprogramme richteten sich nicht bevorzugt an Kommunen, sondern an die breite Bevölkerung. Auf Bundesebene wurde 1989 das Förderprogramm „100-MW-Wind" aufgelegt und 1991 wegen der großen Nachfrage auf „250-MW-Wind" aufgestockt (vgl. Reiche 2004: 177), das die Betreiber von Windkraftanlagen für die Dauer von 15 Jahren unterstützt hat. Die ersten Photovoltaik-Anlagen wurden Anfang der 1990er Jahre mit dem „1000-Dächer-Programm" gefördert. Das „100.000-Dächer-Programm" vergab zwischen 1999 und 2003 zinsgünstige Darlehen für Photovoltaik-Anlagen über die Kreditanstalt für Wiederaufbau (KfW). Die KfW fördert außerdem mit zinsgünstigen Darlehen Solaranlagen und kombinierte Anlagen zur Strom- und Wärmeerzeugung (KWK-Anlagen). Auch andere Förderprogramme stehen von der KfW zur Verfügung. Das „Marktanreizprogramm zur Förderung von Maßnahmen zur Nutzung erneuerbarer Energien" unterstützt in erster Linie die Errichtung von Anlagen zur Erzeugung von Wärme aus erneuerbaren Energien. Kleinere Anlagen privater Investoren werden durch Zuschüsse, größere Anlagen mit zinsverbilligten Darlehen und Teilschuldenerlass unterstützt. Investitionszuschüsse werden über das Bundesamt für Wirtschaft und Ausfuhrkontrolle (BAFA) gewährt, Darlehen und Tilgungszuschüsse über das KfW-Programm.

2.6.4 Ebene der Bundesländer

Neben der nationalen Ebene, die vor allem für die Rahmengebung zuständig ist, spielen auch die Bundesländer eine entscheidende Rolle für den Ausbau der er-

---

63 Informationen zum Wettbewerb Bioenergieregionen finden sich unter http://www.bioenergie-regionen.de (letzter Zugriff 27.01.2013).

neuerbaren Energien. Die Bundesländer sind vor allem dann im nationalen Policy-Prozess entscheidend, wenn bei der Gesetzgebung im Bundesrat ein zustimmungspflichtiges Gesetzesvorhaben bei unterschiedlichen Mehrheitsverhältnissen zwischen Bundesrat und –tag vorliegt. Außerdem spielen die Bundesländer bei der Implementation von Gesetzen und Maßnahmen eine Rolle. Nach einer Studie von Bruns, Köppel et al. (2008) hängen die von der Landesregierung ausgehenden Aktivitäten zum EE-Ausbau direkt mit der Verwaltungsorganisation zusammen. Die EE-Förderung steht dabei typischerweise – wie auch auf nationaler Ebene – im Spannungsfeld zwischen verschiedenen Fachressorts wie Energiepolitik, Klimaschutz, Umweltschutz und Wirtschaftsförderung.

2.6.4.1 Gesetze und Verordnungen

Die Situation in Bezug auf Gesetzgebungen und Verordnungen im Bereich der erneuerbaren Energien ist auf Länderebene sehr heterogen. Einfluss wird vor allem durch die Bereiche des Energie-, Bauordnungs- und Planungsrechts ausgeübt. So haben die Bundesländer verschiedene Vorgaben für einzelne Energiearten erlassen. Besonderen Einfluss auf den Ausbau der erneuerbaren Energien haben die Vorgaben im Rahmen der Windkraft, die unterschiedliche Flächenbereitstellungen für den Neubau von Anlagen bestimmen. Weiterhin können Länder bei der Raumordnungsplanung durch das Ausweisen von Vorranggebieten, Abstands- oder Höhenregelungen für Wind großen Einfluss ausüben. Durch Regionalpläne werden Flächen und Standorte gesichert, während planungsrechtliche Blockaden oder auch restriktive Ausrichtungen von Raumordnungsplänen den Ausbau der erneuerbaren Energien verzögern oder sogar verhindern können.

2.6.4.2 Förderprogramme

Die Bundesländer können über eigene Förder- und Anreizprogramme Einfluss auf den Ausbau der erneuerbaren Energien nehmen. Es gibt verschiedene Initiativen zur Förderung des Ausbaus, die sich jedoch zum Teil erheblich unterscheiden. Da sich die Rahmenbedingungen und Initiativen schnell ändern, werden in der vorliegenden Arbeit die durch die Fallstudien relevanten Bundesländer (Niedersachsen, Hessen, Bayern und Mecklenburg-Vorpommern) vorgestellt. Die Darstellung erfolgt im Rahmen der Analyse der Fallbeispiele in Kapitel 4.

48 Entwicklung und Rahmenbedingungen der Energiewende

2.6.5 Kommunen im politisch-administrativen Staatsaufbau

Die regionale Ebene ist die Umsetzungsebene für den Ausbau der erneuerbaren Energien. Eine Kommune ist dabei eigentlich nur eine Ausgestaltung einer Region[64]; eine Klärung des Begriffs ist gleichwohl notwendig, um das Aufgabenspektrum klar abgegrenzter administrativer Regionen darstellen zu können.

Eine Kommune ist die kleinstmögliche räumliche Einheit innerhalb des politisch-administrativen Systems. Der Begriff „Kommune" bezeichnet sowohl Gemeinden, als auch kreisfreie Städte, kreisangehörigen Städte und Landkreise (vgl. Bogumil und Holtkamp 2006: 9). In Deutschland gab es Ende 2011 11.292 Städte und Gemeinden, die zu 295 Landkreisen mit 16 Regierungsbezirken zusammengefasst wurden (Statistisches Bundesamt 2011).

Rein juristisch betrachtet stellen Kommunen keine eigenständige Ebene im Staatsaufbau dar, sondern sind Teil der Länder und unterliegen damit ihrem Aufsichts- und Weisungsrecht. Gemeinden ihrerseits sind Teil der mittelbaren Staatsverwaltung mit dem Recht, alle Angelegenheiten der örtlichen Gemeinschaft eigenverantwortlich zu regeln (Art. 28, Abs. 2 GG). Im Rahmen der föderalstaatlichen Ordnung sind Kommunen eine eigene Ebene im Verwaltungsaufbau als Träger der grundsätzlich garantierten kommunalen Selbstverwaltung. Die konkrete Ausgestaltung der kommunalen Aufgaben, Befugnisse und Strukturen wird durch die jeweiligen Landesverfassungen und durch von den Ländern erstellte Kommunalverfassungen geregelt (vgl. Bogumil und Holtkamp 2006: 50).

Kommunen werden durch die beiden Organe Gemeinderat[65] und -verwaltung[66] gesteuert.

---

64 Siehe Kapitel 1.4 zum der in dieser Arbeit gebrauchten Definition von Region.

65 Der Gemeinderat wird per Wahl von den Bürgern der Gemeinde bestimmt. Die Größe des Rates hängt von der Einwohnerzahl ab. Die Ausgestaltung liegt in den Händen der Bundesländer, die daher sehr unterschiedlich ausfallen kann.

66 Die Kommunalverwaltung ist je nach Bundesland monokratisch oder kollegial ausgerichtet. In einer monokratischen Gemeindeverfassung ist der Bürgermeister die alleinige Verwaltungsspitze, in einem kollegialen System steht er dem Magistrat vor. Im Zuge der Gemeindeordnungsreform wurde in allen Bundesländern die Direktwahl der hauptamtlichen Bürgermeister eingeführt. Durch die Direktwahl und somit die direkte Legitimation durch die Bevölkerung erhält der Bürgermeister/die Verwaltungsspitze eine deutlich stärkere Machtposition innerhalb der Verwaltung und gegenüber den Kommunalvertretern (vgl. Bogumil und Holtkamp 2006: 124). Zwischen den Kommunalverfas-

Das Aufgabenspektrum und die Organisationsstruktur der Landkreise stimmen grundsätzlich mit denen der Kommunen überein, auch der Ablauf der Entscheidungsstrukturen ist ähnlich. Ein Landkreis verwaltet die in ihm enthaltene Kommune nach den Grundsätzen der gemeindlichen Selbstverwaltung (vgl. Deutscher Landkreistag 2006). Aufgabe der Landkreise ist es, die kreisangehörigen Gemeinden zu unterstützen, um zu einem gerechten Ausgleich ihrer Lasten beizutragen. Auch überörtliche Aufgaben wie die Leitung der Krankenhäuser oder den Bau von Kreisstraßen nimmt der Kreis wahr. Die kreislichen Aufgaben werden aus der Kreisumlage, Kreissteuern, Gebühren, Entgelten und Zuschüssen bezahlt. Die Stellung und Wahl des Landrats unterscheidet sich je nach Bundesland.

Informationen zu den Besonderheiten der jeweiligen Länderverfassung bezüglich der Landräte finden sich in den jeweiligen Analysen der Untersuchungsregionen in Kapitel 4.

---

sungen der Ländern bestehen jedoch große Unterschiede (vgl. Bogumil und Holtkamp 2006: 61), so kommen den direkt gewählten Bürgermeistern in Baden-Württemberg und in den meisten neuen Bundesländern deutlich mehr Kompetenzen zu als in Hessen, Nordrhein-Westfalen und Niedersachsen. Informationen zu den politischen Systemen in den Regionen, die für die Fallstudien betrachtet werden, finden sich in den jeweiligen Kapiteln.

3 Theoretisch-Konzeptionelles Design

Das vorliegende Kapitel zum theoretisch-konzeptionellen Design gliedert sich in fünf Abschnitte.

Der **akteurszentrierte Institutionalismus** gibt Leitlinien dafür vor, wie die Entscheidungsprozesse der Akteure innerhalb einer Kooperation oder eines Netzwerks analysiert werden. Er führt die handlungstheoretischen und strukturell/systemischen Faktoren in eine gemeinsame Perspektive.

Mit Hilfe der **Politikfeldanalyse** lassen sich abgegrenzte Bereiche u. a. zur Analyse von Akteurskonstellationen und Prozessen bestimmen.

Die **Governance-Analyse** ermöglicht eine Beschreibung des Wandels gesellschaftlicher Steuerungs- und Regelsysteme. So kann die Zusammensetzung des Politikfeldes inhaltlich-konzeptionell erfasst und die Perspektive für die Betrachtung des Untersuchungsfeldes festgelegt werden. Im Rahmen der Governance-Analyse werden Definitionen und Kategorien von Regionen geklärt.

Im Bereich der erneuerbaren Energien werden schließlich Governance-Formationen kategorisiert. Dafür werden zunächst Akteursgruppen und -kategorien geklärt, bevor Steuerungsformen und Akteursrollen dargelegt werden.

Die Skizzierung des Forschungsdesigns erfolgt im letzten Teil dieses Kapitels.

Die in diesem Kapitel vorgestellten Theorieansätze finden im empirischen Teil der vorliegenden Arbeit Anwendung, um anhand von Fallstudien regionale Prozesse zum Ausbau der erneuerbaren Energien, die daran beteiligten Akteure und die mit diesem Ausbau verbundene Konstituierung der Region zu analysieren.

3.1 Akteurszentrierter Institutionalismus

Der Ansatz des akteurszentrierten Institutionalismus hilft, Akteure im politischen Entscheidungsfeld, Mechanismen der politischen Handlungskoordination und Instrumente der politischen Regulierung und Politik-Implementierung, also sowohl Akteurshandeln als auch institutionelle Rahmenbedingungen, analysierbar zu machen. Damit können Entscheidungsprozesse von Akteuren innerhalb einer Kooperation oder eines Netzwerks sowie Zustände, Bedeutungen und Rahmenbedingungen regionaler Politik in ihrer Steuerungsform und Koordination mit anderen Politiken untersucht werden (vgl. Derichs 2007: 11). Elemente der Politikfeldanalyse werden dafür mit dem Governance-Ansatz verbunden.

Zentrale Annahme ist, dass soziale Phänomene ein Ergebnis von Interaktionen zwischen intentional handelnden – individuellen, kollektiven oder kooperativen – Akteuren sind. Diese Interaktionen werden durch den institutionellen Kontext, in dem sie stattfinden, strukturiert und beeinflusst (vgl. Scharpf 2000: 17).

Der akteurszentrierte Institutionalismus misst den strategischen Handlungen und Interaktionen zweckgerichteter Akteure dieselbe Bedeutung zu wie den Effekten gegenüber institutionellen Strukturen (die aber auch veränderbar sind) und institutionalisierten Normen (vgl. Scharpf 2000: 72). Von dieser Annahme ausgehend wird der Staat als ein institutionalisierter Handlungskontext betrachtet, in dem Akteure zusammenwirken, um bestimmte gesellschaftliche Probleme zu lösen oder Aufgaben zu erfüllen (vgl. Scharpf 2000). Als Akteure gelten nicht nur die Amtsinhaber im Staat wie beispielsweise gewählte Abgeordnete in Parlamenten, Regierungen und Verwaltungen, sondern alle Bürger in ihrer Eigenschaft als politisch handelnde Mitglieder des Staates sowie Organisationen der gesellschaftlichen Interessenvermittlung (vgl. Benz 2001: 74). Die Prozesse im Staat werden durch die Interessen, Ziele, Motive, Kompetenzen und Ressourcen der Akteure vorangetrieben und durch institutionelle Regeln gelenkt. Akteure reagieren dabei unterschiedlich auf Drohungen, Beschränkungen und Möglichkeiten von außen. Ihre unterschiedlichen Wahrnehmungen und Präferenzen werden stark durch den jeweiligen institutionellen Kontext, in dem sie interagieren, beeinflusst (vgl. Scharpf 2000: 74).

Individuelle Fähigkeiten, in diesem Kontext als Handlungsressourcen bestimmt, ermöglichen einem Akteur, ein Ergebnis durch seine Handlung zu beeinflussen (vgl. Scharpf 2000: 86). Diese umfassen

> „persönliche Merkmale wie physische Stärke, Intelligenz, Human- und Sozialkapital, materielle Ressourcen (Geld, Land oder militärische Macht), technologische Ressourcen, privilegierten Informationszugang" (Scharpf 2000: 86).

Die spezifische Handlungsorientierungen von Akteuren wie Wahrnehmungen und Präferenzen können entweder relativ stabil sein oder sie können durch Lernen oder Argumentation verändert werden (vgl. Scharpf 2000: 86).

Das Konzept des akteurszentrierten Institutionalismus ist im deutschsprachigen Raum vor allem von Mayntz und Scharpf entwickelt worden (Mayntz und Scharpf 1995; Scharpf 2000). Andere Forscher gehen jedoch in eine ähnliche Richtung, wie z. B. Ostrom, Gardner et al. (1994) mit dem Ansatz der institutionellen Analyse und Entwicklung, oder auch Zürn (1992), der seinen Ansatz als situationsstrukturell bezeichnet und Akteurshandlungen hauptsächlich durch Situationsstrukturen und Interessenkonstellationen bestimmt.

In der Policy-Forschung werden mit Hilfe des akteurszentrierten Institutionalismus hauptsächlich kollektive und korporative Akteure untersucht. In beiden Fällen sind mehrere Akteure beteiligt, welche ein gemeinsames Ziel verfolgen oder ein gemeinsames Produkt schaffen wollen (vgl. Scharpf 2000: 101).

Ein kollektiver Akteur ist der Zusammenschluss mehrerer Akteure, um gemeinsam ein Ziel zu erreichen, deren Integrationsgrad jedoch deutlich variiert. Die Entscheidungen sind von den Präferenzen der Mitglieder abhängig und dienen vor allem ihren Interessen (vgl. Scharpf 2000: 101). Bei der Unterscheidung nach handlungsleitenden Präferenzen bilden sich verschiedene Verbindungen:

Koalitionen sind relativ dauerhafte Arrangements zwischen Akteuren, die getrennte, aber miteinander vereinbare Ziele verfolgen und separate Handlungsressourcen im Rahmen koordinierter Strategien einsetzen. Koalitionen handeln normalerweise auf der Grundlage von Vereinbarungen, ihre Entscheidungen werden durch Verhandlungen getroffen. Ihre große Einschränkung liegt darin, dass sie sich nur auf Strategien einigen können, von denen alle Mitglieder gleichzeitig glauben, dass sie ihren separaten Eigeninteressen förderlich sind.

Soziale Bewegungen sind auf die freiwillige Kooperation ihrer Mitglieder angewiesen. Sie unterscheiden sich von Koalitionen dadurch, dass durch ihre große Mitgliederzahl Koordination durch Verhandlungen oder Abstimmungen kaum möglich ist. Die Mitglieder teilen ein gemeinsames Ziel, das sie durch moralisches oder ideologisches Engagement verfolgen. Eine institutionalisierte Führungsstruktur ist dabei nicht vorhanden.

In Clubs und Verbänden hingegen sind Mehrheitsentscheidungen mögliche.

Korporative Akteure entstehen durch die Zusammenlegung von Ressourcen auf eine Rechtsperson, Beispiele sind Parteien oder Unternehmensverbände. Sie sind top-down geführte Organisationen mit einem Eigentümer oder einer hierarchischen Führung, die, anders als die beim kollektiven Akteur, unabhängig von den Präferenzen der Mitglieder hierarchisch über den Einsatz der zentralisierten Handlungsressourcen entscheiden kann (vgl. Mayntz und Scharpf 1995: 49). Gleichwohl kann die Führung von den Mitgliedern jedoch eventuell abgewählt oder abberufen werden (vgl. Scharpf 2000: 105).

Interaktionsformen der Akteure sind einseitiges Handeln, Verhandlungen, Mehrheitsentscheidungen und hierarchische Steuerung (vgl. Mayntz und Scharpf 1995: 61). Während es in einer hierarchischen Organisationen alle Arten von Interaktionsformen geben kann, gibt es in selbst organisierten Netzwerken weder hierarchische Interaktionen noch Mehrheitsentscheidungen. Durch die Kombination von Analysen der Akteurskonstellationen und Interaktionsformen können durch den akteurszentrierten Institutionalismus die Ergebnisse bestimmter politischer Interaktionen erklärt werden.

Gesellschaftliche und politische Prozesse werden demnach gleichermaßen durch Institutionen und durch das Handeln und die Interaktion von Akteuren beeinflusst. Institutionen sind das Ergebnis kollektiver Entscheidungen und Interaktionen (vgl. Benz 2001: 74) und werden so als Kontext des Handelns und als Erklärungsgegenstand aus Handlungen heraus gefasst. Akteure können dagegen aus einer institutionellen Perspektive, aber auch unter Handlungsfähigkeitsaspekten betrachtet werden (vgl. Mayntz und Scharpf 1995).

Der Begriff der Institutionen wird von Scharpf (2000: 77) auf Regelsysteme beschränkt, die Handlungsverläufe strukturieren, welche einer Gruppe von Akteuren offen stehen. Diese Regelsysteme umfassen formale rechtliche Regeln, die durch das Rechtssystem und den Staat sanktioniert sind, und soziale Normen, deren Verletzung u. a. durch soziale Ächtung sanktioniert wird (vgl. Scharpf 2000: 77). Aus diesen institutionellen Regelungen erwächst somit erst die Erwartungssicherheit, durch die das Handeln mit anderen Akteuren möglich gemacht wird (vgl. Mayntz und Scharpf 1995).

Folgende Elemente spielen bei der interaktionsorientierten Policy-Forschung nach Scharpf (2000: 85) folglich eine Rolle: der institutionelle Kontext, Probleme, Akteure (Handlungsorientierung und Fähigkeiten), Akteurskonstellationen, Interaktionsformen und politische Entscheidungen. Dabei sind Institutionen die wichtigste Einflussgröße auf Akteure und Interaktionen. Untenstehende Abbildung beschreibt die Elemente der Analyse im Rahmen des akteurszentrierten Institutionalismus.

Theoretisch-Konzeptionelles Design 55

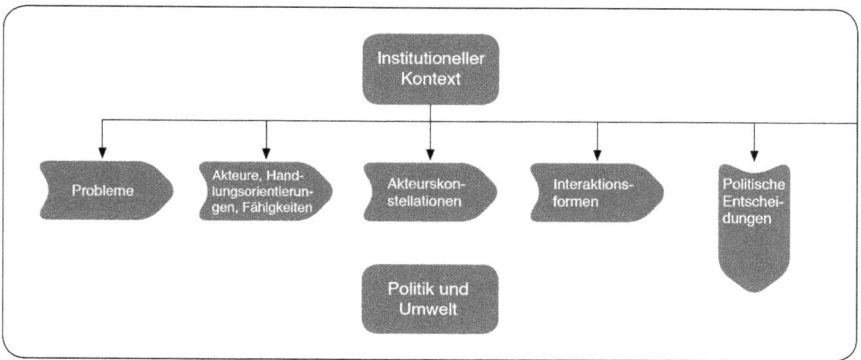

Abbildung 2: Analyse im Rahmen des akteurszentrierten Institutionalismus[67]

Der akteurszentrierte Institutionalismus lässt durch die Wahl seiner Forschungsperspektive besonders praxisnahe Forschungsergebnisse erwarten, institutionelle und akteursbedingte Einflussfaktoren können effizient miteinander verknüpft werden. Handlungen und Interaktionen haben in dem Ansatz die gleiche Bedeutung wie institutionelle Strukturen und Normen (vgl. Scharpf 2000: 72). Dabei bestehen mögliche Wechselwirkungen zwischen Akteur und Struktur auf den verschiedenen Ebenen.

Eine Gefahr dieses Ansatzes ist jedoch, dass der damit einhergehende hohe Abstraktionsgrad eine wenig spezifische Analyse des empirischen Anwendungsbereichs ermöglicht (vgl. Schwickert 2011: 88 ff.). Daher ist es notwendig, das analytische Grundgerüst mit komplexreduzierten Prämissen auf den Untersuchungsgegenstand zu transferieren (vgl. Schwickert 2011: 88 ff.).

Durch den Ansatz des akteurszentrierten Institutionalismus lassen sich im Rahmen der Analyse vom regionalen Ausbau der erneuerbaren Energien sowohl Akteure in den Regionen und die mit ihnen verbundenen Akteurskonstellationen und Interaktionsformen untersuchen, als auch der institutionelle Kontext darstellen, welcher Einfluss auf das Handeln der Akteure hat. Der Prozess wird nicht als Ganzes betrachtet, sondern Problemwahrnehmungen und Interaktionsverhalten werden in den Fokus genommen, um zu sehen, wie individuelle und kollektive Akteure die vom institutionellen Kontext vorgegebene Möglichkeiten

---

67   Quelle: in Anlehnung an Scharpf (2000: 85)

wahrnehmen, um den Prozess zum Ausbau der erneuerbaren Energien zu beeinflussen.

3.2 Politikfeldanalyse

Durch die Politikfeldanalyse[68] lassen sich innerhalb eines abgegrenzten Bereichs – dem Politikfeld – Akteurskonstellationen, die Interaktionen und Rollen der Akteure analysieren. Erfasst werden vor allem die inhaltlichen Dimensionen von Politik und konstante Charakteristika wie z. B. Konfliktfelder und rechtlich verankerte Entscheidungsprozesse (vgl. Schubert und Bandelow 2003: 3 ff.). Ziel der Analyse ist die Erklärung des Zustandekommens und der Wirkung öffentlicher Politik. In der vorliegenden Arbeit findet sie daher zur Analyse von Akteuren innerhalb des Politikfeldes „Energiepolitik"[69] und den damit einhergehenden regionalen Prozessen Anwendung.

Eine oft zitierte Definition der Politikfeldanalyse[70] stammt von einem Buchtitel Thomas Dyes (1976):

„What governments do, why they do it, and what difference it makes".

Aus dieser Definition ergeben sich drei Dimensionen der Analyse:

- Handlungsinhalt (policy-Dimension),
- Motive für das Handeln (Konflikt- und Kooperationsprozesse, Politics-Dimension),
- Folgen und Wirkungen der Handlungen (institutionellen Regelungsbedingungen und -formen, polity-Dimension).

Die Politikfeldanalyse ist auf den zentralen Begriff der Policy fokussiert, worunter die Konstituierung eines Politikfeldes durch zwei Charakteristika gemeint ist: (1) durch eine besondere, von anderen abgrenzbare öffentliche Aufgabe sowie (2) einer größere Kommunikationsdichte der Entscheidungsträger des jeweiligen Politikfeldes gegenüber nicht dazugehörigen politisch-administrativen und sonstigen Akteuren (vgl. Grunow 2003: 23). Die Zusammensetzung ist nicht auf die

---

68 Andere Bezeichnungen sind Policy-Analyse bzw. Policy-Forschung.

69 Das Politikfeld „Energiepolitik" ist eingebettet in den weiteren Kontext der Umwelt- und Ressourcenpolitik, welche „kein abgrenzbares policy Feld" darstellen, sondern ein Querschnittsthema bilden (Flitner und Görg 2008: 164).

70 Oder auch Policy-Analyse.

Theoretisch-Konzeptionelles Design 57

öffentliche Verwaltung oder politisch-parlamentarische Institutionen beschränkt, sondern kann auch Vertreter gesellschaftlicher Institutionen oder verbandliche Träger öffentlicher Aufgaben einschließen.

> „Politikfelder sind durch das „besondere" Ensemble politisch vermittelter gesellschaftlicher Anforderungen und Probleme, durch Interessenten und Entscheidungsträger als besondere Arrangements der Problemwahrnehmung sowie der Strategie der Problembewältigung zu beschreiben" (Grunow 2003: 24).

Darüber hinaus können die prozessorientierten Politics-Aspekte und der stärker auf Institutionen bezogene Polity-Aspekt mit der Politikfeldanalyse erfasst werden.

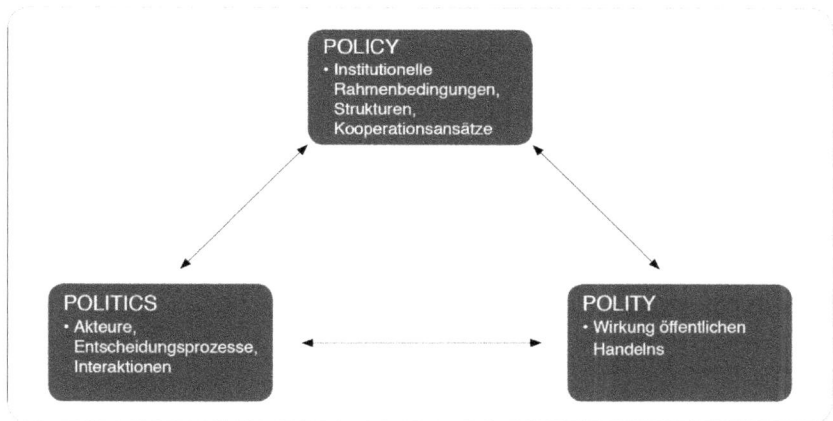

Abbildung 3: Das politische Dreieck[71]

Diese Dreiteilung des Politikbegriffs ist analytisch hilfreich, insofern komplexe Vorgänge durch die Unterscheidung verständlich gemacht werden können. In der Praxis jedoch sind die drei Dimensionen miteinander verknüpft.

Policies – also institutionelle Rahmenbedingungen, Strukturen und/oder Kooperationsansätze – lassen sich nach unterschiedlichen Kriterien klassifizieren. Die unterschiedlichen Merkmale von Policies dienen als Ausgangspunkt für die

---

71 Quelle: in Anlehnung an von Prittwitz (1994: 13)

Analyse politisch-administrativer Prozesse und Institutionen (vgl. Windhoff-Heritier 1987: 21 ff.).

Durch die Unterscheidung von Policies nach (1) Nominalkategorien – der Unterscheidung nach institutionellen Zuständigkeiten und sachlicher Zusammengehörigkeit – lassen sich Policy-Netze analysieren.

Die Unterscheidung nach (2) Wirkungskategorien wendet das Konzept der Politikarena an, d. h. die Beschreibung des politischen Prozesses und von Konflikt und Konsens während Entstehung und Durchführung einer Policy (vgl. Windhoff-Heritier 1987: 43). Einbezogen werden müssen in den Arena-Begriff auch konkrete Elemente wie die beteiligten Akteure und Institutionen, deren Anzahl und die Art der formalisierten Beziehungen (Policy-Netz) (vgl. Windhoff-Heritier 1987: 50).

Die Unterscheidung nach (3) Steuerungsprinzipien findet Verwendung für die Analyse von Implementationsprozessen und für Prozesse der Politikformulierung. Untersucht wird, welche Einwirkungsweisen bestimmte Verhaltens- und Umgebungsveränderungen hervorrufen. Von Prittwitz (1994: 73) unterscheidet drei grundlegende Instrumente direkter politischer Steuerung: psychisch/informationelle, rechtlich-politische und finanzielle Instrumente, welche jeweils positiver und negativer Art sein können. Daneben verweist von Prittwitz auch auf die Möglichkeiten indirekter Steuerung (Infrastruktursteuerung) und Selbstkoordination der Akteure.

Die Unterscheidung nach (4) Beschaffenheit – zum Beispiel der materiellen oder immateriellen Leistungen der Policy – eignet sich für die Analyse von Durchführungsprozessen.

In der Praxis lassen sich diese unterschiedlichen Kategorien von Policies nicht immer eindeutig anwenden. Oftmals sind Policys zu vielschichtig, um analytisch eindeutig in eine Kategorie eingeteilt werden zu können, zumal auch die Sichtweise einer Policy sich im Laufe der Zeit ändern kann. Als Ausgangspunkt der Analyse eines politischen Prozesses, hier des Ausbaus der erneuerbaren Energie, eigenen sich diese Kategorien nichtsdestoweniger.

Um Veränderungen von Politikinhalten zu analysieren und Politikprozesse analytisch zu strukturieren, kann die Policy-Analyse an einem Zyklus orientiert werden (vgl. Lasswell 1956; Windhoff-Heritier 1987: 64 ff.). Durch diese Gliederung des Politikprozesses in mehrere Phasen wird der Fokus auf Prozessorientierung und Dynamik in dem Politikfeld gelegt, wodurch eine unabhängige Betrachtung von Institutionen anhand des Politikprozesses erfolgen kann.

In der ersten Phase des Modells, der Problemdefinition und des Agenda-Settings/der Problemthematisierung wird eine Situation als problematisch identifiziert und auf die Agenda gesetzt (vgl. Windhoff-Heritier 1987: 65). Der Zyklus beginnt in dem Moment, in dem der Entschluss gefasst wird, sich mit dem Problem zu beschäftigen. Diese Phase wird vor allem von Interessenverbänden oder anderen gesellschaftlichen Gruppen initiiert (vgl. Windhoff-Heritier 1987: 67 f.). Anschließend wird das zuvor definierte Problem auf die Agenda gesetzt, was oftmals durch die Parteien geschieht. Ein Problem kann jedoch auch über veränderte Rahmenbedingungen oder öffentlichen Druck auf die Tagesordnung kommen.

In der zweiten Phase, der Politikformulierung, geht es um das Erreichen einer politisch-administrativen Entscheidung. Der Übergang ist, wie auch in die dritte Phase der Implementation, fließend. Die Akteure dieser Phase versuchen schon zuvor Einfluss zu nehmen. Wenn es ein bestimmtes Thema schafft, auf der politischen Agenda positioniert zu werden, stimmen sich relevante Akteure über das Problem ab. Das Problem wird anschließend z. B. anhand von Gesetzen rechtlich verankert.

Evaluation, Policy-Terminierung oder Neuformulierung sind folgende Phasen, die zur Rückkopplungsschleife zählen. Wird bei der Evaluation festgestellt, dass Veränderungsbedarf besteht, kommt es zu einem erneuten Prozess oder das Programm wird beendet.

Das Modell eignet sich, um die Prozesse in den EE-Regionen im Ansatz zu strukturieren und vergleichbar zu machen. Bei der Anwendung des Modells muss jedoch beachtet werden, dass die Phasen statisch dargestellt werden, während in der Realität einzelne Phasen parallel durchlaufen oder auch ausgelassen werden und sich selten klar voneinander abgrenzen. Dies zeigt sich in der vorliegenden Arbeit fast ausnahmslos in den Fallstudien. Dort unterliegen die regionalen Prozesse zwar einem generellen Phasenmodell, die einzelnen Phasen sind jedoch nicht immer voneinander abgrenzbar und gehen ineinander über. Es kann auch diskutiert werden, inwieweit das Modell mit der Problemdefinition beginnen kann oder ob der Prozess der Problemwahrnehmung als erste Phase thematisiert werden müsste.

3.3 Governance

Als Mittel, den Wandel gesellschaftlicher Steuerungs- und Regelsysteme zu beschreiben, eignet sich der Governance-Begriff für die Analyse der Prozesse auf regionaler Ebene zum Ausbau der erneuerbaren Energien und der Akteure, welche die Prozesse prägen und dominieren.

Der Governance-Begriff ist aus dem angelsächsischen Raum übernommen worden[72], seit den 1990er Jahren findet in der deutschen Forschungslandschaft eine vermehrte Beschäftigung mit ihm statt. Mittlerweile ist die Governance-Debatte ist weit verzweigt und es existieren eine Reihe von Überblicksdarstellungen wie beispielsweise von Benz (2004), Mayntz (2004b), Schuppert (2006; 2008) oder Walk und Demirovic (2011).

Der Governance-Begriff wird jedoch unscharf verwendet[73] und eine anerkannte Übersetzung existiert nicht. Die Diskussion des Konzepts schafft

„kein neues Paradigma zur Beschreibung oder Analyse gesellschaftlicher Steuerungsvorgänge, sondern stellt lediglich einen Perspektivwechsel dar: Es geht jetzt weniger um Akteure und Prozesse, sondern um Regelsysteme (deren Entstehung, Wirkung und Fehlentwicklung) und um die Steuerung kollektiven Handelns über paradigmatische Änderungen im Handlungssystem der Akteure (Veränderungen der Handlungs- und Interaktionsordnung)" (Fürst 2007: 355).

Bei Governance-Analysen geht es mehrheitlich um die Untersuchungen einzelner Politikfelder, wobei sich die Governance-Untersuchungen wie auch die zuvor beschrieben Politikfeldanalysen auf die Problemlösung konzentrieren. Benz spricht sogar davon, dass Governance den Gesamtzusammenhang von Polity, Politics und Policy umfasst (vgl. Benz 2004: 15); andere Autoren sprechen jedoch von einer notwendigen Unterscheidung von Governance und der Steuerungstheorie. Mayntz (2004b) begreift die Steuerungstheorie als akteurszentriert und die Governance-Theorie als institutionalistisch.

---

[72] Bei der Entwicklung der Governance-Perspektive hat ein Dreischritt stattgefunden von Planung über Steuerung zu Governance (Mayntz 1996): Mit dem Begriff der Planung wurde in den Jahren 1960 und 1970 die Vorstellung einer primäre hierarchischen Gestaltung gesellschaftlicher Felder mit einem dirigistischen Hereinwirken von oben verbunden. Mit dem Begriff der Steuerung wurde schließlich auf Widerstände gesellschaftlicher Teilsysteme gegen politische Interventionen verwiesen. Die Steuerungstheorie greift Ergebnisse der Implementationsforschung auf. Diese Entwicklung hat u. a. dazu geführt, dass Governance mit unterschiedlichen Steuerungsmodi und institutionellen Arrangements, welche das Handeln koordinieren, etabliert wurde (vgl. Benz, Lütz et al. 2007: 13).

[73] Es existieren unterschiedliche Kategorien von Governance. Die Ansätze der Governance-Forschung nehmen insgesamt eine tendenziell institutionalistischere Perspektive ein als die klassischen Ansätze der Steuerungstheorie, welche einem akteursorientierten Ansatz folgen.

Der Governance-Begriff beschreibt den Wandel gesellschaftlicher Steuerungs- und Regelsysteme. Analysiert werden vor allem neue Formen der Steuerung, politische Instrumente und die netzwerkähnliche Zusammenarbeit von öffentlichen und privaten Akteuren. Die Regelungsstrukturen beziehen sich auf Institutionen und Akteurskonstellationen und bilden damit eine strukturelle Komponente. Akteure sind sowohl staatlich (Staat, Verwaltung, Kommunen etc.) als auch privat sowie öffentliche Organisationen. Durch den Begriff rücken folglich die drei Sektoren Staat, Markt und Zivilgesellschaft gleichermaßen ins Blickfeld. Die Koordinations- oder Interaktionsprozesse zielen auf Verhaltensänderungen der beteiligten Akteure ab und bilden die prozessuale Komponente.

Governance-Strukturen fehlt eine klare Regelungsinstanz und eine klar definierte Bezugseinheit für politische Entscheidungen (vgl. Walk und Demirovic 2011: 8). Der politische Prozess wird durch diese Mechanismen in den gesellschaftlichen Raum ausgedehnt. Folgen sind u. a. die veränderte Regulierung der Verteilung öffentlicher und privater Mittel, die Neugestaltung der Interessenbildung und -äußerung sowie die Reorganisation der Verhandlungssysteme (vgl. Walk und Demirovic 2011). Im Unterschied zur Steuerungstheorie, bei welcher das handelnde Steuerungssubjekt im Vordergrund steht, werden bei der Governance-Theorie die Regelungsstrukturen betont (vgl. Mayntz 2004b).

Der Steuerungsmodus des Netzwerks, der vor allem in Hinblick auf zivilgesellschaftliche Akteure eine Rolle spielt, lässt sich weiter aufschlüsseln (vgl. Sack 2005: 135):

Mit der Nutzung des Begriffs wird ein problemlösungsorientiertes Konzept verknüpft und ein normativer Geltungsanspruch verbunden.

Auch analytische Ansätze, welche vor allem veränderte Steuerung und Regulierung untersuchen, beziehen den Begriff auf Netzwerkregieren, also auf die Analyse einer spezifischen Steuerungsweise.

Governance wird als komplexes Gefüge unterschiedlicher Steuerungsmodi und institutioneller Arrangements, durch welches kollektives Handeln koordiniert wird, bezeichnet. Dadurch kann die handlungstheoretische und prozessuale Ebene von Steuerung und die Neugestaltung von Organisationen und Netzwerken erfasst werden.

Einige Autoren wie Fürst (2003), Benz (2004), Diller (2004), Knieling, Fröhlich et al. (2011: 28) oder Sack (2011) unterscheiden zwischen einer (1) weiten Begriffsverwendung, in der unterschiedliche Governancemodi charakterisiert werden wie Kooperation, Hierarchie oder Netzwerk und einer (2) engen, netzwerkorientierten Begriffsverwendung von Governance.

62 Theoretisch-Konzeptionelles Design

In der (1) weiten Verwendung wird Governance verstanden als Oberbegriff für

„das Gesamt aller nebeneinander bestehenden Formen der kollektiven Regelung gesellschaftlicher Sachverhalte: von der institutionalisierten zivilgesellschaftlichen Selbstregelung über verschiedene Formen des Zusammenwirkens staatlicher und privater Akteure bis hin zu hoheitlichem Handelns staatlicher Akteure" (Mayntz 2004a: 66).

Dieses weite Verständnis sieht Governance unter analytischen Gesichtspunkten, wodurch verschiedene Arten von Governance erfasst werden können. Damit werden sowohl Strukturen, die Handeln regeln, als auch Prozesse der Regelung beschrieben (vgl. Mayntz 2004b).

In der (2) engen Begriffsverwendung wird der Gegensatz zwischen hierarchischer Steuerung und kooperativer Regelung betont (vgl. Mayntz 2004b). Vereinfacht zusammengefasst wird Governance als Gegenbegriff zu Government verwendet, hier in der Form von Benz (2004):

Als hauptsächliche Steuerungsform bei Government gilt der Staat, weitere Formen sind der Markt und die Gesellschaft. In der Politiy-Dimension wird die Bedeutung von Mehrheitsdemokratie und Hierarchie als wichtige Institutionen betont; in der Politics-Dimension die des Wettbewerb zwischen Parteien um Machterwerb und zwischen Interessengruppen um politischen Einfluss. Konflikte werden durch Entscheidung der zuständigen staatlichen Organe geregelt. In der Policy-Dimension werden schließlich die Gesetzgebung durch Ge- und Verbote und die Verteilung öffentlicher Leistungen beschrieben.

Im Gegensatz dazu werden im Governance-Konzept Staat, Markt und Netzwerk als komplementäre Steuerungsformen betrachtet. In der Policy-Dimension geht es um institutionelle Strukturen, die Elemente von Hierarchie, Verhandlungssystemen und Wettbewerbsmechanismen verbinden und die Einrichtung von Netzwerken. Die Politics-Dimension betont die Konflikte zwischen regierenden/leitenden und regierten/betroffenen Akteuren. Steuerung und Koordination finden im Kontext institutioneller Regelungssysteme statt, es verhandeln staatliche und/oder gesellschaftliche Akteure. In der Policy-Dimension spielen die Verständigung in Netzwerken und Gemeinschaften, Kompromisse, Tauschgeschäfte, Koproduktion kollektiver Güter, Netzwerkmanagement und Institutionenpolitik eine wichtige Rolle.

Durch die engere Verwendung des Governance-Konzepts wird deutlich, dass Governance als neue Form des Regierens begriffen werden kann, ohne dass jedoch ein zu starker Fokus auf diese neue Form stattfindet - sowohl die „neuen" als auch die „alten" Formen des Regierens werden mit einbezogen. Die vorliegende Arbeit folgt diesem Fokus.

Die Governance-Forschung ist weit verzweigt und legt unterschiedliche Schwerpunkte. So wird auf der räumlichen Ebene zum Beispiel zwischen Local, Regional, Metropolitan[74] oder Global Governance unterschieden. Der Begriff kann sich auch auf unterschiedliche Formen der Steuerungen beziehen wie participatory Governance, co-governance, meta-governance (vgl. Fürst, Lahner et al. 2008: 77). In der vorliegenden Arbeit werden vor allem die Governance-Ansätze zur analytischen Betrachtung beschrieben, welche auf ebenen-, sektor- und grenzübergreifende Untersuchungen Bezug nehmen.

Zusammenfassend spielen folgende Elemente im Governance-Gefüge eine Rolle, um die handlungstheoretische und prozessuale Ebene von Steuerung und der Neugestaltung von Organisationen und Normen zu erfassen (vgl. Sack 2005: 135):

---

74 Der Ansatz zielt auf eine Verringerung oder Überwindung der institutionellen Fragmentierung von Verdichtungsräumen (Bogumil und Holtkamp 2006: 128). Genaueres dazu beim Blume (2009: 42 ff.).

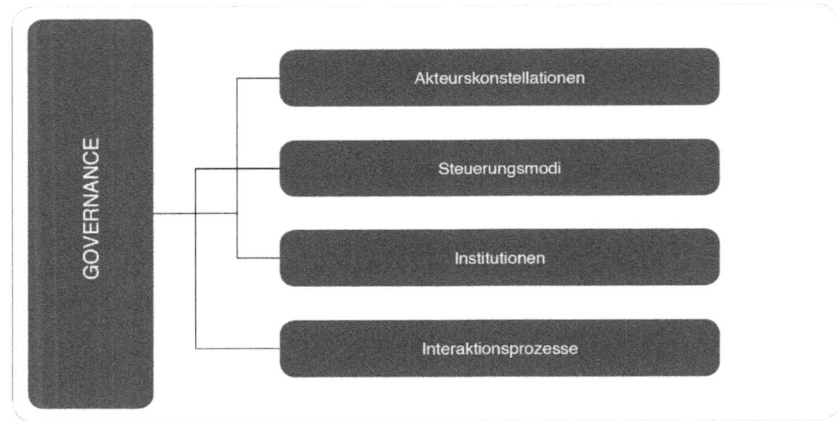

Abbildung 4: Elemente im Governance-Gefüge[75]

Im Folgenden wird Multi-Level-Governance dargestellt, damit die Einbettung des Untersuchungsfeldes in den unterschiedlichen Ebenen analysiert werden kann. Anschließend erfolgt die Darstellung der Regional Governance-Debatte, welche auf die Mitwirkung nichtstaatlicher Akteure auf regionaler Ebene stärker Bezug nimmt als dies unter dem Oberkonzept Governance geschieht.

3.3.1 Multi-Level-Governance

Bei der Analyse des regionalen Ausbaus von erneuerbaren Energien spielen sowohl grenzüberschreitende Auswirkungen auf die Regionen als auch die vielfältigen Formen der Steuerung auf unterschiedlichen politischen und planerisch-administrativen Ebenen eine Rolle. Diese Phänomene lassen sich mit Hilfe von Multi-Level-Governance analysieren.

Multi-Level-Governance beschreibt Entwicklungen, in denen die Akteursvielfalt, eine ebenenübergreifende Politik und neue Steuerungsformen auf komplexe Weise ineinander greifen (vgl. Brunnengräber, Burchardt et al. 2008: 9). Der Begriff wird oftmals synonym mit Mehrebenenpolitik verwendet (vgl. Brunnengräber, Dietz et al. 2008: 27).

---

75   Quelle: in Anlehnung an Sack (2005: 135)

„Mit dem Begriff der Ebenen sind in der Regel territoriale Einheiten, z. B. Gemeinden, Regionen, Bundesstaaten oder Nationalstaaten gemeint" (Knieling, Fröhlich et al. 2011: 32).

Zwischen den verschiedenen Ebenen sollen Interdependenzen und Wechselwirkungen aufgedeckt werden.

Benz (2009: 17) definiert ein Mehrebenensystem als ein

„politisches System, in dem Kompetenzen und Ressourcen auf „Ebenen" aufgeteilt sind. Mit Ebenen sind territoriale Einheiten gemeint, selbst wenn diese nur für spezifische Funktionen zuständig sind. Ebenen können durch staatliche oder staatsähnliche Institutionen gebildet werden (wie in Bundesstaaten oder in Internationalen Organisationen), oder sie entstehen als mehr oder weniger lose Zusammenschlüsse von in einem Gebiet interagierenden Akteuren, deren Zusammenwirken durch Institutionen und Regeln geordnet und stabilisiert ist (Staatenbund; interregionale oder interkommunale Zusammenarbeit)."

Analysiert werden durch das Konzept u. a. politische Strukturen, das Zusammenspiel der Ebenen, Kompetenzverteilungen oder Strategien der Akteure (vgl. Brunnengräber, Dietz et al. 2008: 27 f.). Durch das geographische bzw. politisch-administrative Verständnis des Ebenen-Begriffs wird eine Verbindung mit der Politikfeldanalyse deutlich (vgl. Brunnengräber 2007: 209). Gefragt wird nach den Strukturen und Prozessen, die zur Politikformulierung führen und daran anschließend, wie diese Instrumente auf der untergeordneten Ebene umgesetzt werden (vgl. Brunnengräber 2007: 209).

Neben der Verflechtung der verschiedenen Ebenen erscheint als Merkmal von Multi-Level-Governance das Vorhandensein besonderer Strukturen auf den einzelnen Ebenen, welche die Politik zwischen den Ebenen beeinflussen (vgl. Benz 2009: 17 f.). Diese Strukturen können zum Beispiel in Form von Gebietskörperschaften, Verbänden, Akteursnetzwerken oder einer Staatenzusammenarbeit auftreten. Die konkrete Form eines Mehrebensystems resultiert aus der Kombination von institutionellen Regelsystemen (vgl. Benz 2009: 18).

Marks und Hooghe (2003: 234) definieren Multi-Level-Governance als

"system of continuous negotiation among nested governments at several territorial tiers—supranational, national, regional and local".

Dabei beziehen sie sich auf verschiedene Netzwerkstrukturen, die sich auf den unterschiedlichen Ebenen gleichzeitig herausbilden. Politikverflechtungen sind folglich ein Merkmal von Multi-Level-Governance. Mittlerweile wird der Begriff jedoch auch für die Analyse föderativer Staaten und der Beziehungen zwischen Staat und Gemeinden genutzt (vgl. Benz 2009).

66 Theoretisch-Konzeptionelles Design

Mehrebenensysteme können nach verschiedenen Kriterien unterschieden werden (vgl. Brunnengräber, Dietz et al. 2008: 24): (1) nach der Reichweite bzw. der Art und Anzahl der räumlich-institutionellen Ebenen, (2) nach spezifischen Problemstellungen und (3) nach der zunehmenden Bedeutung und Berücksichtigung der Rolle nicht-staatlicher Akteure in politischen Prozessen und Strukturen.

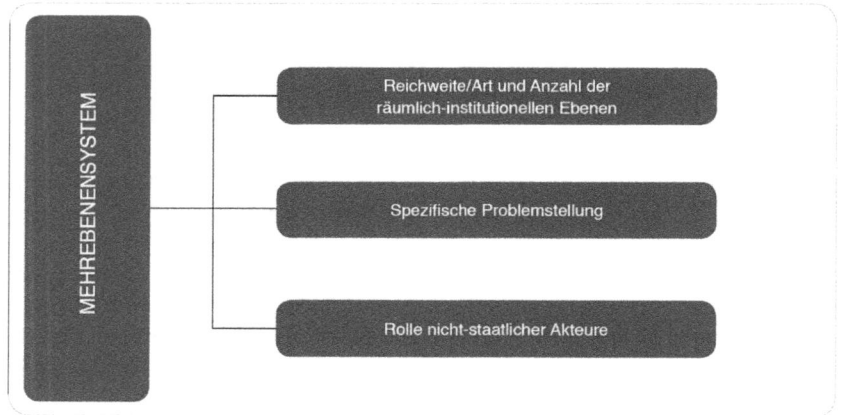

Abbildung 5: *Unterscheidung von Mehrebenensystemen*[76]

Eine Systematik des Mehrebenenregierens haben Hooghe und Marks (2003) entwickelt: Bei dem ersten Typ des Mehrebenenregierens (Typ 1 Governance) verlaufen Politikformulierung und Steuerung entlang einer geordneten (föderalen) Hierarchie, die durch Gebietskörperschaften mit allgemeiner und breit angelegter Gemeinwohlorientierung geformt wird. Im zweiten Typ des Mehrebenenregierens (Typ 2 Governance) gibt es dichte netzwerkartige Verflechtungen. Die Beteiligung an dieser Form des Mehrebenenregierens, z. B. in Form von Verbänden oder Körperschaften, ist interessengetrieben.

Empirisch zeigt sich jedoch, dass die Entscheidungsbetroffenen zwar theoretisch durch Multi-Level-Governance in neue, ebenenübergreifende Politikprozesse einbezogen werden, tatsächlich jedoch vor allem durch den Typ 1 Gover-

---

76 Quelle: in Anlehnung an Brunnengräber, Dietz et al. (2008: 24)

nance in Form von politisch und rechtlich stark verfasster Governance-Form eingebunden werden (vgl. Sack und Burchardt 2008: 55). Durch Typ 2 Governance werden schwach betroffene Interessen oft nicht hinreichend repräsentiert (vgl. Sack und Burchardt 2008: 55).

Auch regionale Entwicklungen sind geprägt von Entscheidungen und institutionellen Rahmenbedingungen, die auf anderen Ebenen getroffen werden (vgl. Osthorst und Pütz 2008: 61). In der vorliegenden Arbeit sind die regionalen Prozesse zum Ausbau der erneuerbaren Energien in ein weites System von europäischen, nationalen und bundesländerspezifischen Prozessen sowie politisch-administrativen und ökonomischen Handlungskontexten eingebunden (siehe Kapitel 2). Gleichwohl ist gerade auf der regionalen Ebene oftmals ein Spannungsverhältnis zwischen Autonomie und der Einbindung in Hierarchie zu beobachten (vgl. Osthorst und Pütz 2008: 68), welches in der vorliegenden Arbeit Berücksichtigung findet.

3.3.2 Regional Governance

Durch den dezentralen Ausbau der erneuerbaren Energien erfährt besonders die regionale Ebene einen Bedeutungszuwachs. Viele Autoren, wie z. B. Derichs, verweisen darauf, dass eine Region

> „als eine Handlungsebene und Handlungseinheit wahrgenommen und in der politischen Steuerung berücksichtigt [wird]" (Derichs 2007: 9).

In dezentralen Systemen wie dem Deutschen bleibt die Kommune als lokale Gebietskörperschaft trotz des Gewichts der Bundesländerebene ein entscheidender Akteur im Regionalisierungsprozess (vgl. Osthorst und Pütz 2008: 74).

Durch die Regionalisierung gibt es die Möglichkeit einer raumbezogenen Problembeschreibung, wodurch neue, dazu passende Steuerungs- und Handlungsformen entstehen, die nicht zuletzt die Rolle des Staates verändern (vgl. Benz, Fürst et al. 1999: 50). Durch die Beteiligung regionaler Akteure wird sowohl fachliches und regionales Wissen nutzbar gemacht als auch ein effizienter Politik- und Kommunikationsstil möglich: Auf der regionalen Ebene haben Akteure sachliche Nähe zu den Problemen, eine soziale-kommunikative und politisch-personelle Nähe mit potentiellem Vertrauen untereinander sowie eine emotionale Nähe mit einer schneller möglichen Identifikation mit den Themen (vgl. Derichs 2007: 44). Weitere positive Folgen, die mit der Regionalisierung einhergehen, sind (1) die Legitimation der Entscheidungen, die durch Bürgerbeteiligung und Interessenvermittlung erreicht wird, (2) die Effektivität der Handlungen durch die (räumliche) Problemnähe und Synergieeffekte durch Kooperationen, (3) Effizienz durch die Übereinstimmung von Entscheidungs- und Wirkungsraum und (4) Vorteile beim Ressourceneinsatz (vgl. Benz, Fürst et al. 1999: 57).

Nachteile der Regionalisierung treten vor allem wegen der schwächeren Stellung der Regionen im Mehrebenensystem auf. Regionen sind normalerweise

„schwächer institutionalisiert als verfasste Gebietskörperschaften" (Wiechmann 2008: 132).

Die lokale und regionale Ebene haben zwar im Rahmen der kommunalen Planungshoheiten vielfältige Gestaltungsmöglichkeiten, doch überfordern komplexe Detailfragen oftmals lokale Verwaltungsmitarbeiter oder andere Entscheider. Auch verfügen Regionen über ungleich verteilte Finanzkraft und sind mit räumlich unterschiedlichen Voraussetzungen konfrontiert. Individuelle und institutionelle Machtkonstellationen und Ressourcen stellen Herausforderungen dar. Maßgeblich ist, dass die Regionen nicht nur bei der Rahmengebung durch Gesetze, sondern auch finanziell etwa in Form von Förderprogrammen von der nationalen Ebene abhängig sind. Schließlich ist die Erfassung und Evaluierung der Ergebnisse von Regionalisierungsprozessen eine kritische Aufgabe, insofern dafür nicht beabsichtigte Wirkungen und exogene Einflüsse erkannt werden müssen (vgl. Sack 2005: 138).

Wie in dem vorhergehenden Kapitel dargestellt, beschreibt der Governance-Begriff den Wandel gesellschaftlicher Steuerungs- und Regelsysteme unter der Beteiligung von öffentlichen und privaten Akteuren (vgl. Pütz 2011: 178). Auch bei der Regional Governance[77] geht es um ein engeres Zusammenwirken von Akteuren, das nicht durch existierende formale Strukturen geregelt ist (vgl. Fürst 2007: 353). Dabei wird das Gewicht der Analyse auf die regionale Ebene gelegt.

„Die Region ist als gesellschaftlich relevante Handlungsebene aufgewertet bzw. neu entdeckt worden und wird als relevante Ebene der gesellschaftlichen Steuerung wahrgenommen" (Fürst 2007: 355).

Durch die Entwicklung von Steuerungsgefügen erfährt die Region eine zunehmende Konstitutionalisierung – dies beschreibt auch die Polity-Dimension (vgl. Sack 2005: 136).

Bei Regional Governance wird der Frage nachgegangen,

---

77 Regional Governance beinhaltet laut Pütz (2011: 178) auch andere räumliche Arten von Governance wie metropolitan, rural oder urban Governance.

„wie Entwicklungsprozesse auf regionaler Ebene in einer zunehmend fragmentierten und sektoralisierten Welt verwirklicht werden können" (Fürst 2007: 353). Der Bedeutungsgewinn der regionalen Ebene und die veränderten Rahmenbedingungen räumlicher Entwicklung sind im Kontext der veränderten Rolle des Staates zu sehen (vgl. Osthorst und Pütz 2008: 63 f.). So bekommen Akteure Zugang zu Entscheidungsprozessen, welche ihnen eigentlich durch formale Strukturen verwehrt waren. Maßgeblich ist die Forderung, dass Akteure gemeinsam Probleme lösen müssen: Auf regionaler Ebene beispielsweise gibt es eine Arbeitsteilung zwischen privaten Akteure und politischen Vertretungsorganen wie Gemeinderäten und Kreistagen.

Seimetz (2009: 4) definiert Regional Governance als

„einen Prozess der eigenverantwortlichen Organisation von Regionen und ihren Akteuren. Er steht für neue regionale Selbststeuerungsformen, die im Wesentlichen auf netzwerkartigen Kooperationen basieren. Das Zusammenspiel kommunaler und regionaler Akteure, das Zusammenspiel von Politik, Wirtschaft, Wissenschaft und Verwaltung entscheidet über Erfolg oder Misserfolg von Regionalentwicklung."

In der deutschen raumwissenschaftlichen Diskussion hat sich ein Konsens herausgebildet, was Regional Governance beinhaltet (vgl. Fürst 2007: 356): Es geht um netzwerkartige regionale Formen der Selbststeuerung unter Einbezug von Akteuren aus Politik, Verwaltung, Wirtschaft und/oder Zivilgesellschaft, um die regionale Entwicklung voran zu treiben. Auch Benz (2004: 24 ff.) versteht unter Regional Governance das Zusammenspiel zwischen Akteuren im Rahmen institutioneller Regelsysteme. Ihre Interessen setzen die Akteure mit Koordination und Kooperation durch. Pütz sieht folgende Stichworte im Kontext von Regional Governance als relevant an: Vielfalt, Komplexität der Strukturen, Beschaffenheit, Akteure und verschiedene räumliche Zuschnitte (vgl. Pütz 2011: 178).

Inhaltlich – im Sinne von Policy – lassen sich verschiedene Ausrichtungen für Regional Governance unterscheiden (Sack 2005: 136): (1) Werbung von Produktions- und Konsumtionspotenzial im Rahmen regionaler Standortkonkurrenz; (2) gesellschaftspolitisch integrierter Entwicklungspfad: integrative Modernisierungspolitik und Nutzung regionaler Wissenspotenziale, um Cluster langfristig zu pflegen, aber auch ökologische und soziale Zielsetzungen zu betrachten; (3) defensive Strukturanpassung in Regionen, in denen Passivität bei der Positionierung innerhalb der Re-Territorialisierung vorherrscht. In der vorliegenden Arbeit spielt besonders der gesellschaftspolitisch integrierte Entwicklungspfad eine Rolle, im Zuge dessen die regionalen Akteure durch den Ausbau der erneuerbaren Energien ökologische Ziele verwirklichen wollen.

Die Handlungslogiken im Regional Governance-Konzept sind kongruent zu denen im übergeordneten Governance-Konzept (Hierarchie, Markt und Netzwerk oder Solidarität) und können ebenfalls sich überschneidende Akteurskonstellationen aufweisen (vgl. Fürst, Lahner et al. 2008: 77). Wegen der schwachen Institutionalisierung der Regionen in Deutschland wird auf regionaler Ebene der jeweilige Steuerungsmodus der Akteure in Verhandlungen und Netzwerken in den Mittelpunkt gestellt (vgl. Wiechmann 2008: 139).

Begrifflich kann Regional Governance in verschiedenen Kategorien verwendet werden:

Analytisch bezeichnet Regional Governance als übergreifender steuerungstheoretischer Begriff alle Koordinationsformen mit dem Ziel des Managements von Interdependenzen (vgl. Benz 2004: 25). Damit wird weder ein besonderes Organisationsmodell noch ein bestimmtes Steuerungskonzept vertreten. Als analytischen Ansatz zur Bestimmung von wichtigen Strukturmerkmalen von Regional Governance greifen einige Autoren, z. B. Benz und Fürst (2003), auf den von Mayntz und Scharpf entwickelten akteurszentrierten Institutionalismus zurück (siehe Kapitel 3.1).

Im konzeptionellen Verständnis wird Governance von Government abgegrenzt. Danach thematisiert Regional Governance neue Phänomene einer veränderten Staatlichkeit auf regionaler Ebene und entwirft ein netzwerkbasiertes Gegenmodell zu den bestehenden Steuerungsformen (vgl. Wiechmann 2008: 138). Pütz (2011: 178) verweist auf die Verwendung des Begriffs auf der Meta-Ebene, um dadurch einen Wandel der Gesellschaft, Politik und Wirtschaft mit der Neueinführung von eher informellen Ansätzen zu beschreiben.

Auf der operativen Ebene geht es um das Konzept der Handlungen mit anwendungsorientierten Instrumenten zur räumlichen Planung (vgl. Pütz 2011: 178). Normativ verwendet zeigt Regional Governance auf, wie erfolgreiche regionale Steuerungsstrukturen aussehen können. Ansatzpunkte sind hierbei der institutionelle Rahmen und die Frage nach zweckdienlichen Steuerungsinstrumenten (vgl. Derichs 2007: 11).

Die Regional-Governance-Debatte hat jedoch keine einheitlichen Instrumente zur empirischen Analyse entwickelt (vgl. Pütz 2011: 179) und wird statt dessen vor allem normativ verwendet (vgl. Fürst 2003).

Zur Analyse im Rahmen von Regional Governance schlägt Pütz (2011: 179) die Untersuchung von Kriterien, Funktionsweisen/Abläufen und Evaluation mit Bewertung vor. Pütz (2004: 98) unterscheidet drei Hauptmerkmale von Regional Governance: (1) Akteurskonstellationen, (2) Steuerungsformen, (3) Regionsbezug (siehe unten stehende Abbildung).

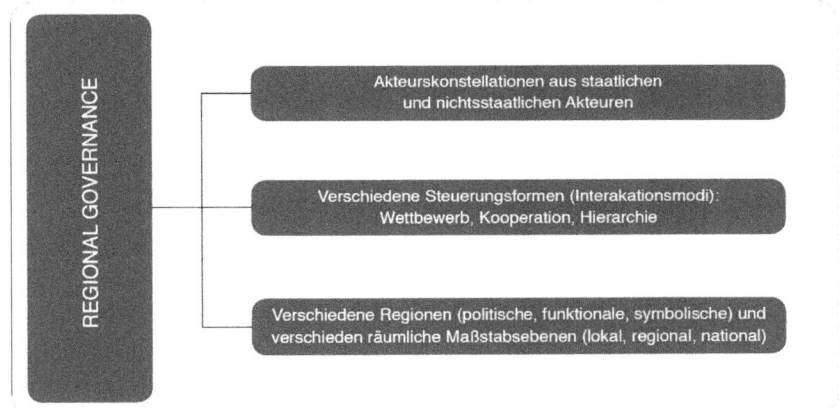

Abbildung 6: Merkmale von Regional Governance[78]

Die Akteurskonstellationen werden im Kapitel 3.4 zunächst theoretisch ausdifferenziert, bevor sie in den Fallstudien praktische Anwendung finden. Als Steuerungsform wird im folgenden Unterkapitel besonders die Kooperation hervorgehoben (siehe Kapitel 3.3.2.2). Auch der Regionsbegriff wird im folgenden Unterkapitel analysiert.

Fürst (2007: 358 ff.) hat folgende Merkmale von Regional Governance herausgearbeitet:

- Wettbewerb und Kooperation prägen mehrheitlich die Governance-Konstellationen.

---

78 Quelle: in Anlehnung an Pütz (2004: 98)

72 Theoretisch-Konzeptionelles Design

- Governance-Prozesse tendieren zu Institutionalisierung: Es bilden sich ein organisatorischer Kern und eine Lenkungsgruppe heraus, etwa in der Form von Entwicklungsagenturen. Dadurch werden Interaktionen verlässlicher, die Effizienz wird gesteigert.
- Es arbeiten unterschiedliche Akteure mit unterschiedlichen Handlungslogiken und institutionellen Einbindungen zusammen.
- Verhandlung ist eine dominante Interaktionsform.
- Eine Führungsinstanz kann den Governance-Prozess starten und wesentliche Definitionsaufgaben übernehmen.
- Institutionalisierte regionale Akteure können leichter solche Führungsaufgaben übernehmen als individuelle Akteure.
- Anreize, aber auch die Einsicht in wechselseitige Abhängigkeiten können Akteure veranlassen, Kooperation mit anderen Akteuren zu suchen.
- Nötig ist auch die Bereitschaft von Akteuren, sich für Gemeinschaftsaufgaben zu engagieren. Eine solche Bereitschaft ist größer, wenn es bereits Erfahrungen mit diesem Engagement gibt oder bereits Netzwerke existieren.
- Wenn Landkreise oder Großgemeinden durch Governance-Konstellationen Autonomie- oder Kompetenzverluste fürchten, können diese Wiederstände hervorrufen.

Diese Merkmale werden in der vorliegenden Arbeit mit bestehenden Analysen im Energie- und Umweltbereich zusammen gebracht und im empirischen Teil in Kapitel 4 Anwendung finden.

3.3.2.1 Definition und Kategorien von Regionen

Der Regionsbegriff lässt sich nicht eindeutig definitorisch bestimmen. Zur generellen Strukturierung der Diskussion um den Regionsbegriff schlägt Wiechmann (2008: 92 f.) zunächst eine Unterscheidung zwischen einem deskriptiven und einem normativen Verständnis des Regionsbegriffs vor. Das (1) **deskriptive Verständnis** beschreibt bestehende räumliche Einheiten mittlerer Größenordnung. Unterschieden wird zwischen Regionen mit homogenen Strukturen (mit beliebiger Sachdimension) oder Regionen mit funktionalen Verflechtungen (meist auf ökonomische Gesichtspunkte oder Daseinsgrundfunktionen gerichtet). Das (2) **normative Verständnis** beschreibt die für die Region relevanten Ergebnisse politischer Entscheidungen.

Im vorliegenden Kapitel wird zuerst die deskriptive Beschreibung des Regionsbegriffs geklärt, bevor es in einem späteren Schritt zu einer normativen Regionsbeschreibung kommt.

Das Handwörterbuch der Raumforschung und Raumordnung definiert eine Region als

> „einen durch bestimmte Merkmale gekennzeichneten, zusammenhängenden Teilraum mittlerer Größenordnung in einem Gesamtraum" (Akademie für Raumforschung und Landesplanung 2005: 805).

In dieser Definition stehen die bestimmten Merkmale des zusammenhängenden Raumes im Vordergrund. In eine ähnliche Richtung geht die Definition von Bathelt und Glückler, die als Unterscheidungskriterium einer Region Prinzipien und Strukturen vorschlagen. Sie verstehen eine Region

> „als einen konkret zusammenhängenden Ausschnitt, der aufgrund bestimmter Prinzipien oder Strukturen abgrenzbar ist und aufgrund dieser Prinzipien oder Strukturen von anderen Region unterscheidbar ist" (Bathelt und Glückler 2002: 45).

Zur Abgrenzung der Regionen wird der Regionsbegriff in vielfältigen Kontexten[79] gebraucht (vgl. Blume 2009: 15 ff.), in denen mit ihm unterschiedliche Raumeinheiten[80] bezeichnet werden. In der vorliegenden Arbeit sind vor allem die subnationalen Regionen als Orte der regionalen Energiewende von Interesse.

Blume (2009: 15) versteht den Begriff der Region in Deutschland als ein Gebilde unterhalb der Länderebene, das in der Regel größer als ein einzelner Landkreis oder eine kreisfreie Stadt ist. Gemeinden sind gewöhnlich zu klein, um regionalbedeutsame Funktionen alleine zu leisten, Bundesländer hingegen

---

79   Im politischen Kontext ist ein bekanntes Beispiel das „Europa der Regionen", während in ökonomischen Wirkungszusammenhängen beispielsweise auf Regionalisierung als Folgewirkung der Globalisierung Bezug genommen wird. Geographische Merkmale werden außerdem zur Charakterisierung und Abgrenzung von Regionen herangezogen, um sie anhand von Landschaftsmerkmalen zu bilden (Bsp. Alpenregion). Regionen können auch anhand historischer Merkmale benannt werden (Bsp. Herzogtum Franken), was sich laut Blume (2009) zur Analyse jedoch nur schwer verwenden lässt.

80   Das Spektrum reicht von kleinen Raumeinheiten auf lokaler Ebene bis hin zu Weltregionen aus mehreren Staaten oder gar Kontinenten (Benz und Meincke 2007: 8). Grundsätzlich können sub-nationale (Teilgebiete des Staates), supra-nationale (Zusammenfassung von Staaten) oder auch trans-nationale Territorien (Teilgebiete von mindestens zwei Staaten) beschrieben werden (vgl. Maier, Tödtling et al. 2012: 13 f.).

74 Theoretisch-Konzeptionelles Design

deutlich größer als einzelne Funktionsräume. Neben der Beschreibung der Region als subnationalem Territorium kann die Region auch als einzelner Raumpunkt, wie zum Beispiel Landkreis, Bezirk oder Gemeinde, bezeichnet werden. Die Ebene der Land-(kreise) ist aufgrund der Flächen- und Einwohnerzahl zwar nicht immer miteinander vergleichbar, bleibt aber gleichwohl die am besten geeignete gebietskörperschaftliche Größe für regionalbedeutsame Funktionen.

Zur konkreten Abgrenzung der Regionen können unterschiedliche Kriterien herangezogen werden. Üblich ist z. B. eine Abgrenzung der Regionen nach Homogenitäts- oder Funktionalitätskriterien, wie dies neben Wiechmann (2008) unter anderem auch von Maier, Tödtling et al. (2012: 15 f.) vorgenommen wird:

- Nach dem Homogenitätskriterium werden Gebiete zu homogenen Regionen zusammengefasst, die einander nach bestimmten Indikatoren sehr ähnlich sind. Beispiele für solche Indikatoren sind Arbeitslosenquote oder Einkommensniveau.

- Nach dem Funktionalitätskriterium werden Gebiete zusammengefasst, die im Hinblick auf bestimmte Indikatoren eng in Verbindung stehen. Die Gemeinsamkeiten liegen also in einer hohen wechselseitigen Abhängigkeit. So kann beispielsweise ein Pendlerkriterium (Gebiete, die in die Kernstadt pendeln) zur Abgrenzung der Regionen verwendet werden.

Beide Kriterien schließen sich nicht aus, sondern können in Kombination verwendet werden. Die Wahl eines Abgrenzungskriteriums sollte jedoch anhand der zu untersuchenden Problemstellung erfolgen (vgl. Maier, Tödtling et al. 2012: 15 f.).

In Richtung eines normativen Verständnisses des Regionsbezugs gehen jene Typologien, welche mehrere Eigenschaften von Regionen verwenden und nicht nur nach einem bestimmten Indikator unterscheiden. Blotevogel (2000: 499) unterschiedet so die deskriptive[81], normative und die Tätigkeits-, Wahrnehmungs- und Identitätsregion[82].

---

81 Realregion – Analyse und Beschreibung von z. B. Relief, Naturraum, Wirtschaftsraum etc.

82 Bezugsrahmen des politischen Handelns durch Identität, Image und Zweck sozialer Systeme.

Einer ähnlichen Definition folgen Osthorst und Pütz (2008: 64ff.). Sie stellen unterschiedliche Merkmale der Regionen heraus und bestimmen Regionen in Mehrebenensystemen auch als Ergebnis sozialer Prozesse. Regionen werden bei ihnen durch Raum-, Maßstabs- und Sachbezug charakterisiert.

Schmitt-Egner (2005: 63ff.) beschreibt in seiner Typologie Regionen nach unterschiedlichen Steuerungsprinzipien. Indem er regionale Akteure als die maßgeblichen Faktoren einer Region betrachtet, grenzt er die Regionenfunktion von einer reinen Planungs- und Raumeinheit ab. Die Grenze einer Region definiert er durch den Aktionsradius der Akteure und unterscheidet so drei Typen:

- Die administrative Region, die auf politische Akteure ausgerichtet ist,
- Die Identitätsregion, die durch kulturelle Aspekte geprägt wird,
- Die Strukturregion, die auf Materialität und Funktionalität ausgerichtet ist.

Auch Benz, Fürst et al. (1999) konstatieren, dass eine Region in Prozessen der Kooperation von Akteuren und Organisationen entsteht, insofern sie ihre Handlungen und Ressourcen mit dem Ziel einer gemeinsamen Förderung und Gestaltung regionalen Entwicklungen bündeln. Regionalisierungsprozesse erzeugen folglich neue Strukturen, Handlungsabläufe und veränderte Akteurskonstellationen, weshalb Regionen aus politikwissenschaftlicher Sicht nicht bloß geographische Räume sind: Sie werden als Arenen bezeichnet, in welchen Politik stattfindet und umgesetzt wird (vgl. Benz und Holtmann 1998: 18).

Beim regionalen Ausbau der erneuerbaren Energien erfolgt oftmals eine Abstimmung mit benachbarten Regionen oder sogar ein gemeinsamer Ausbau, indem sich Regionen zu Erneuerbare-Energie-Regionen zusammenschließen (siehe Kapitel 1.4.1).

Neben einer deskriptiven Beschreibung von Regionen ist jedoch auch immer eine normative Beschreibung notwendig, um der Komplexität von regionalen Strukturen und Prozessen Rechnung zu tragen. Regionen werden konstruiert und entstehen nicht zuletzt durch Interaktionen innerhalb gesellschaftlicher, sozialer, politischer und wirtschaftlicher Prozesse. Sie bilden sich vor allem durch die Zusammenarbeit zwischen Akteuren, weniger durch Zuständigkeiten (vgl. Benz und Meincke 2007: 9). Zur Beschreibung einer Region ist daher zunächst eine sinnvolle Definition der regionalen Reichweiten, Aufgaben und Interdependenzen nötig, bevor eine Orientierung an den Grenzen von Gebietskörperschaften stattfinden kann (vgl. Benz und Meincke 2007: 9).

Das Ergebnis der Konstruktion von Regionen hängt von Charakteristiken oder Entscheidungen ab, die sich wiederum auf die Aufgaben, Ziele oder Funktionen der Regionen beziehen (vgl. Benz und Meincke 2007: 9). So benötigt beispielsweise die Regionalplanung präzise Regionsgrenzen zur Bestimmung der Reichweite der Vorschriften. Für regionalpolitische Steuerungs- und Entwicklungsaufgaben hingegen kann es sogar Vorteilhaft sein, keine klar definierte Regionsabgrenzung zu bestimmen, um die Zusammenarbeit mit relevanten Akteuren zu erleichtern und die Interdependenzen zwischen den Raumeinheiten zu nutzen (vgl. Benz und Meincke 2007: 9).

3.3.2.2 Regionale Netzwerke und Kooperationen

Auf regionaler Ebene haben Netzwerke an Bedeutung gewonnen und spielen im Kontext des regionalen Ausbaus der erneuerbaren Energien eine wichtige Rolle. Wie anhand der Fallbeispiele sichtbar wird, werden regionale Prozesse zum Ausbau von erneuerbaren Energien häufig mit Hilfe von Akteursnetzwerken organisiert. Daher bedürfen sie in diesem Kapitel einer besonderen Betrachtung.

Vertretern der formalen Netzwerkanalyse definieren ein Netzwerk als

„eine durch Beziehungen bestimmten Typs verbundene Menge von sozialen Einheiten wie Personen, Positionen, Organisationen" (Pappi 1987: 13).

Nach von Prittwitz (2007: 212) sind Netzwerke

„lockere Zusammenschlüsse nach bestimmten Kriterien der Zusammengehörigkeit",

deren Grad der Offenheit stark variiert.

Zentrale Element von Netzwerken sind (vgl. Powell 1990; Scharpf 1993; Diller 2002: 50 ff.): (1) der Kopplungsgrad der Elemente von Netzwerken, (2) die Intensität der Kommunikationsbeziehungen, (3) die Enge der Bindungen der Akteure im Netzwerk, (4) Vertrauen zwischen den Akteuren und die Existenz gemeinsamer Wertemuster, (5) Machtstrukturen sowie (6) strukturelle und situative Rahmenbedingungen. Netzwerke sind in der Regel informell, dezentral und horizontal organisiert.

Der akteurszentrierte Institutionalismus unterscheidet verschiedene Verbindungen von Akteuren, die z. B. durch Koalitionen netzwerkartig zusammenarbeiten. Auch durch die Politikfeldanalyse ist der Netzwerkbegriff bestimmt worden. Ein Politikfeld lässt sich in ein Policy-Netz unterteilen, das somit die objektive Struktur einer Policy ist, die Politikarena: Es bezieht sich auf Akteure und institutionalisierte Beziehungen der Akteure[83]. Auf der Vertikalen erstrecken sich Policy-Netze über verschiedene Ebenen des politisch-administrativen Systems, auf der Horizontalen reichen sie von legislativen und exekutiven Institutionen und Interessensverbänden bis tief in die Gesellschaft hinein (vgl. Windhoff-Heritier 1987: 45).

Innerhalb eines Policy-Netzes kann es Konflikte zwischen den beteiligten Akteuren geben, nach außen hin solidarisieren sie sich.

„Der Umstand, dass sich Angehörige verschiedener politischer Institutionen und Verwaltungseinrichtungen in der Interessen-Sphäre eines Policy-Bereichs bewegen, ihre wechselseitige Kontrolle vermindern und nach außen zusammenhalten, hat zu einer Erstarrung und gegenseitigen Abschottung von Policy-Netzen geführt" (Windhoff-Heritier 1987: 47).

Wie im vorangegangen Kapitel gezeigt wurde, stellen Markt und Hierarchie die Referenzmodelle der Steuerungsform Netzwerk[84] dar (vgl. Powell 1990: 295; Diller 2002: 50). Die Enge der Bindung zwischen den Netzwerkakteuren ist längerfristiger angelegt als zwischen Marktakteuren; im Vergleich zu festen Institutionen haben Netzwerke jedoch einen lockeren Bindungsgrad (vgl. Diller 2002: 50 ff.).

Dauerhafte Beziehungen können in Netzwerken entstehen,

„wenn eine begrenzte Zahl korporativer Akteure in einem Politiksektor sich auf ein bestimmtes Muster von gegenseitig akzeptierten organisatorischen Identitäten, Kompetenzen und Interessenssphären einigt" (Mayntz 1997: 253).

Akteure haben Interesse an solchen dauerhaften Beziehungen, weil sie abhängig sind von den Ressourcen der anderen und ihre anfänglich hohen Transaktionskosten kompensieren möchten (vgl. Fürst 1993: 28). Je länger Netzwerke bestehen, desto eher verstärkt sich die interne Ideologiebildung, findet Provinzialisierung statt und die Grenzen dessen, was kollektiv bearbeitet werden kann, werden enger gezogen (vgl. Fürst 1993: 28). Es kommt zu Routinen und einer

---

83 Exklusive Policy-Netze zeichnen sich durch wenige Beteiligte und einen erschwerten Zugang aus. Im Gegensatz dazu steht das offene Policy-Netz mit vielen Akteuren, einen hohem Grad an Fluktuationen und sehr geringer institutionalisierter Zusammenarbeit.

84 Lang und Leifeld (2008) haben in einem Forschungsprojekt Literatur zu Politiknetzwerken ausgewertet und fast 750 Arbeiten analysiert. Sie unterscheiden fünf Theoriefamilien (Lang und Leifeld 2008: 224 ff.): (1) politischer Tausch, (2) Eliten und Weltsystem, (3) Partizipation und Sozialkapital, (4) Governance und Interessenvermittlung, (5) Issue networks, Epistemic Communities und Advocacy Coalitions.

Überbewertung des Status Quo (vgl. Fürst und Schubert 1998: 359); eine interne Ausdifferenzierung von Macht findet statt und der Druck zur Bürokratisierung nimmt zu (vgl. Jansen 1995: 105). Das Fortbestehen von Netzwerken hängt nicht zuletzt davon ab, wie dauerhaft und eigenständig die Institutionen sind, zwischen denen sie bestehen (vgl. Windhoff-Héritier 1993: 207 f.). Empirisch zeigt sich aber, dass Netzwerke eine Tendenz zur eigenen Auflösung haben, insofern sie in eine festgefügte Institution transformiert werden (vgl. Diller 2002: 52).

Eine feste Rechtform bei Kooperationen schafft eine größere symbolische Verbindlichkeit, die das Engagement aller Akteure steigern und durch gemeinsame Identität Reibungsverluste mindern soll (vgl. Diller 2002: 241). Beispiele solcher Rechtsformen sind eingetragene Vereine, kommunale Arbeitsgemeinschaften, Genossenschaften oder Gesellschaften mit beschränkter Haftung (zu Genossenschaften im Energiebereich siehe Kapitel 2.4).

Institutionalisierungen finden in Kooperationen jedoch nicht statt, wenn der politische Wille fehlt, Kompetenzen abzugeben und finanzielle Mittel bereit zu stellen, aber auch wenn verbindende Interessen nicht ausreichend sind, wenn sich kein Träger findet oder wenn die Art der Institutionalisierung nicht geklärt werden kann (vgl. Diller 2002: 242).

Regionale Netzwerke, die durch den Ausbau von erneuerbaren Energien auf regionaler Ebene entstanden sind, grenzen sich von Netzwerken auf anderen Ebenen vor allem durch ihren Raumbezug ab. Sack (2005: 137) definiert regionale Netzwerke als

„sektorübergreifende Kooperationen mit einer spezifischen Funktion, nämlich der Entwicklung und Durchsetzung einer territorialen Querschnittspolitik".

Gründe für die Bildung solcher Netzwerke sind u. a. Anreizprogramme höherer staatlicher Ebenen und das Engagement von Einzelpersonen, welche institutionelle Blockaden in interkommunalen Beziehungen auflösen (vgl. Sack 2005: 137). Wiechmann (2008: 96) sieht die Organisation von Netzwerken im Sinne einer flexiblen und dezentralen Verknüpfung von Personen und Institutionen in einer Region als eine Reaktion auf die sinkende staatliche Steuerungsfähigkeit. Die Beteiligung von Akteuren an Netzwerken hängt zum einen davon ab, ob sie die Funktion des Netzwerks als wichtig wahrnehmen, zum anderen, ob sie als einzelne Akteure ausreichend Ressourcen haben, um die Stabilität der Organisation zu sichern und eine zumindest teilweise Durchsetzung ihrer Ziele möglich scheint (vgl. Sack 2005: 137). Wiechmann (2008: 96) unterstreicht, dass Akteure aus unterschiedlichen Bereichen und Handlungsbezügen in Netzwerken besser kommunizieren, neue Ideen entwickeln oder die Transaktionskosten senken.

Weitere allgemeine Vorteile von Netzwerken liegen in einer Erleichterung des Zugangs zu politischen Arenen, der Sammlung von Informationen, der Einflussnahme sowie der Abstimmung, der Durchsetzung und Legitimierung politischer Entscheidungen (vgl. Jansen und Schubert 1995: 12). Sie haben eine Forums- und Innovationsfunktion dafür, dass gemeinsame Probleme wahrgenommen werden (vgl. Fürst und Schubert 1998: 353) und Verhandlungen sowie der Tausch von Ressourcen, Leistungen und Gegenleistungen möglich wird. Indem sie bisher nicht verbundene Akteure zusammenbringen, schaffen sie so die Voraussetzungen für Innovationstransfer (vgl. Fürst und Schubert 1998: 355 f.).

Ein Nachteil von Netzwerken ist jedoch, dass sie unter einem Legitimations- und Demokratiedefizit leiden (vgl. Wiechmann 2008: 101). Aus theoretischer Sicht weist Sydow (1992) auf das Problem einer Minimaldefinition von Netzwerken hin: Ein Netzwerk wird zunächst vom Forscher methodisch konstruiert, indem er darüber entscheidet, was das Netzwerk beinhaltet und vor allem den Untersuchungsgegenstand bestimmt, um die Abgrenzung von der Umwelt zu gewährleisten.

3.3.2.3 Zusammensetzungen von Netzwerken und Kooperationen

Zur Zusammensetzung von (regionalen) Netzwerken existieren eine Reihe von Analysen und Empfehlungen, mit denen sich auch Netzwerke, die im Bereich der erneuerbaren Energien entstanden sind, beurteilen lassen.

Elbe, Kroes et al. (2007: 53 ff.) haben spezifische Kooperationsbeziehungen mit verschiedenen Netzwerktypen im Zuge der Begleitforschung zu „Regionen Aktiv"[85] bestimmt. Sie unterscheiden (1) die Steuerung eines Netzwerks durch die Politik und (2) die Prägung der Netzwerkstrukturen durch die thematische Ausrichtung. Insgesamt haben sie fünf unterschiedliche Netzwerktypen herausgearbeitet. Diese reichen von sektoraler Zusammenarbeit (einem eher spezialisierten Netzwerk mit niedriger Stabilität) bis hin zu sektorübergreifender Zusammenarbeit. Machtzentren liegen dementsprechend beim Vorstand oder Regionalmanagement bei sektoraler Zusammenarbeit oder beim Verein oder Landrat bei sektorübergreifender Zusammenarbeit. In den Netzwerken mit einer zentralistischen Steuerung nehmen politische Vertreter, besonders die Landräte, eine zentrale Stellung ein, wodurch die Stabilität der Netzwerke hoch ist: Die Strategieentwicklung sowie die Projektentwicklung und -durchführung findet

---

85 „Regionen Aktiv – Land gestaltet Zukunft" ist ein im Jahr 2001 gestarteter Wettbewerb des BMELV. Weitere Informationen sind unter http://www.modellregionen.de zu finden (letzter Zugriff: 01.03.2012).

auf der Steuerungsebene mit allen Akteuren oder mit nahestehenden Institutionen statt. Große Regionen hingegen bilden ein relativ instabiles Netzwerk, insofern die Strategieentwicklung vor allem von Vereinen oder spezialisierten Akteuren betrieben wird. In diesen Regionen ist der Parteienwettbewerb hoch und die Möglichkeit der Konfliktregulierung gering.

Wiechmann (2008) hat im Jahr 2008 ein Prozessmodell zur Analyse regionaler Strategiebildung entwickelt und im Jahr 2011 aktualisiert (vgl. Wiechmann 2011: 51 ff.). Ausgangspunkt seines Modells ist ein strategisches Konzept (sei es ein Regionalplan, ein integriertes Handlungskonzept oder Ähnliches), das einen Orientierungsrahmen für die regionalen Akteure bildet und die Zielvorstellungen der Region definiert – sowohl die formulierten Strategien und die realisierte Strategie werden berücksichtigt. Unterschiedliche Möglichkeiten der Steuerung durch regionale Pläne und Konzepte können durch dieses Prozessmodell verdeutlicht werden:

- Legalistische Steuerung: rechtsverbindliche Pläne wie Regional-, Flächennutzungs- oder Bebauungspläne setzen Normen für das Verhalten der regionalen Akteure.
- Planung durch Projekte: konkrete Projekte mit räumlich, zeitlich und inhaltlicher Begrenzung anstatt abstrakter Programme.
- Kommunikative Planung: Planer übernehmen die Rollen von Vermittlern und Moderatoren des strategischen Diskurses, der in den Mittelpunkt gestellt wird.

Gleichzeitig schränkt Wiechmann sein Prozessmodell ein:

„Komplexe soziale Systeme - wie z. B. Regionen - entziehen sich (...) weitgehend einer internationalen linearen Steuerung. Hier sind eher indirekte Steuerungsversuche und die „sanfte" Lenkung auf einer Metaebene aussichtsreich" (2011: 55).

Er plädiert dafür, die Balance zwischen einer „Strategie als regionale[m] Entwurf" und einer „Strategie als emergente[m] Prozess" zu wahren (Wiechmann 2011: 55).

Neben den von Tischer, Stöhr et al. (2006: 103 ff.) identifizierten Elementen der idealtypischen Umsetzung für regionale Energieinitiativen (siehe Kapitel 1.1) hat z. B. auch Diller (2002: 160 ff.) Erfolgsfaktoren für die Arbeit von Netzwerken/Kooperationen bestimmt, die auf Initiativen im Bereich der erneuerbaren Energien angewendet werden können:

- Ein wesentlicher Faktor ist die vertikale Integration von Kooperationen, also die Einbettung in Landespolitiken oder administrative Strukturen auf Landesebene. Ebenso sollten mittel- bis langfristig Umsetzungsmöglichkeiten vor allem in Form staatlicher Fördergelder auf höherer Ebene existieren, auf der ein konkreter Ansprechpartner sich aktiv um die Kooperation kümmert und Sorge dafür trägt, dass die Kooperationsvereinbarungen berücksichtig werden.

- Ein wichtiger interner Faktor ist die Ausstattung mit zeitlichen, finanziellen und personellen Ressourcen.

- Institutionalisierte Kooperationen sind weniger anfällig gegenüber Abhängigkeiten und Störeinflüsse von außen, haben verlässlichere personelle Kapazitäten und können auch bei konflikthaften Themen effektiver agieren.

- Kooperationen sind abhängig von der Zusammensetzung der Akteure, ihr Erfolg hängt nicht zuletzt von den Kommunikationsstrukturen ab. Erfolgreiche Kooperationen binden ihre Akteure funktional über Innovationsanreize, Vorgaben, Regelsysteme und Vorkehrungen zur Konfliktregelung ein.

- In Kooperationen gibt es ein Spannungsverhältnis zwischen Hierarchiefreiheit und der Notwendigkeit eines Promotors. Kooperationen sind dann erfolgreich, wenn sich das Engagement des Promotors auf einen breiten Kreis von Akteuren ausdehnt.

Bei der Analyse von Kooperationen hat Diller (2002: 87 ff.) beobachtet, dass die Mehrzahl von ihnen über ein Lenkungsgremium verfügte. Die Elemente der Aufbauorganisation (Lenkungsgruppe, Vorstandssitzungen, Regional- und Lokalbeiräte, Gesellschafterversammlungen, Verbandsausschüsse, Aufsichtsratssitzungen, ggf. Runde Tische) bilden dabei den engen Kreis der Kooperation, während die konkrete inhaltliche Arbeit in Arbeits- und Projektgruppen erfolgt. Die Größe der Kooperation[86] stellt ein Abbild der Bevölkerungsdichte des Regionstyps dar, weil Kooperationen mit einer großen Personenzahl sich vor allem in Verdichtungsräumen konzentrieren (Diller 2002: 100 ff.).

Auch Frommer, Buchholz et al. (2011: 265 ff.) haben erfolgreiche regionale Prozesse untersucht. Sie ergänzen als Erfolgsfaktoren:

- Eine unternehmerisch-politische Führung aus der Region oder einen externen Impuls wie Wettbewerb, finanzieller Anreiz, Forschungsgelder.

- Starke Persönlichkeiten auf regionaler Ebene, welche sich für das Thema einsetzen.

---

86 Eine Kooperation besteht im Durchschnitt aus 53 Teilnehmern. Dabei weisen Städtenetzwerke mit durchschnittlich 24 die geringste, Regionale Agenda 21-Prozesse mit 114 die größte Personenzahl auf.

Die Rolle der Wissenschaft in einem regionalen Prozess können die Autoren jedoch nicht klar bewerten, da sie für den Bereich der Anpassung an den Klimawandel zu keinem eindeutigen Ergebnis kommen (vgl. Frommer, Buchholz et al. 2011: 266).

Wiechmann (2008: 120) identifiziert in seiner Analyse eine ähnliche idealtypische Struktur für eine nachhaltige Regionalentwicklung: Ein Kümmerer, ein heterogenes Unterstützernetzwerk, wirtschaftliche Strukturen und eine Koordinierungsstelle. Bielitza-Mimjähner (2008: 127) ergänzt in seiner Analyse Bürgerinitiativen, Vereine und Umweltgruppen als Initiatoren von Projekten zum Ausbau von erneuerbaren Energien. Der Wissenschaft schreibt er eine eher beratende Funktion zu, der Wirtschaft trotz ihrer ambivalenten Rolle, das Potenzial, Träger von Maßnahmen zu sein. Die wesentlichen Akteure sind jedoch vor allem Kommunen und Stadtwerke, ohne deren Initiative und Mitwirken der Ausbau von erneuerbaren Energien nicht funktionieren kann (Bielitza-Mimjähner 2008: 127).

Als gemeinsame Elemente für die erfolgreiche Etablierung von regionalen Netzwerken lassen sich aus den Analysen von Diller (2002); Tischer, Stöhr et al. (2006); Frommer, Buchholz et al. (2011) zentrale Elemente festhalten:

Theoretisch-Konzeptionelles Design 83

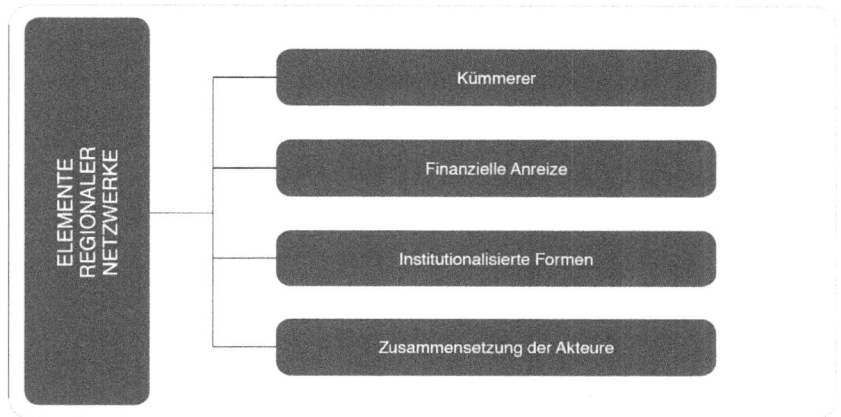

Abbildung 7: Zusammensetzung von regionalen Netzwerken[87]

Folgende Elemente werden in der vorliegenden Arbeit anhand der Fallstudien zum regionalen Ausbau der erneuerbaren Energien analysiert: (1) Die Notwendigkeit einer starken Persönlichkeit als Kümmerer oder Promotor in der Region; (2) die Rolle finanzieller Anreize oder Unterstützungen; (3) der Erfolg institutionalisierter Formen oder eines zentralen Kooperationsbüros; (4) die Abhängigkeit der Kooperationen von der Zusammensetzung ihrer Akteure.

Als Herausforderung beschreibt Fürst (2010: 52) die Vernetzung und Zusammenarbeit von Akteuren aus unterschiedlichen Bereichen, z. B. territorial orientierte Politiker mit eher funktional orientierten Akteuren aus der Wirtschaft/von Verbänden; oder auch die Zusammenarbeit kompetitiv und kooperativ ausgerichtete Akteure mit solchen, die hierarchische Steuerung gewohnt sind. Weitere Hindernisse für eine erfolgreiche Kooperationen können fachplanerische Vorgaben oder fehlende Koordination auf Landesebene sowie das Fehlen politischer Legitimation und regionaler Akzeptanz sein (vgl. Diller 2002: 162 ff.). Auch die zwanghafte top-down Initiierung von Projekten ist laut Fürst und Schubert (1998: 354) nicht immer ratsam.

---

87 Quelle: in Anlehnung an Diller (2002); Tischer, Stöhr et al. (2006); Frommer, Buchholz et al. (2011)

3.4 Governanceformationen im Bereich der erneuerbaren Energien

Wie schon in den vorhergegangen Kapiteln deutlich wurde, geht mit dem regionalen Ausbau der erneuerbaren Energien häufig eine Zunahme der Anzahl regional involvierter Akteure einher. Durch die relativ junge Entwicklung des Politikfeldes ist jedoch die Zusammensetzung der Akteure nicht immer stabil. Sie kann sich u. a. analog zu den Interessen der Akteure verändern, aber auch in Bezug auf die Rahmenbedingungen oder die bereits realisierten Projekte bzw. den Ausbaustand, den eine Region erreicht hat. Diese Einbindung neuer, gesellschaftlicher Akteure in den politischen Steuerungsprozess bezeichnen Fürst und Schubert (1998: 41) als einen „Strukturwandel in einer modernen Gesellschaft". Durch die Einbindung weiterer Kooperationspartner sollen bestehende Probleme gelöst werden. Vorteile dieser Art von „Problemlösung" sind (Gustedt 2000: 88): Eine höhere Akzeptanz in der Bevölkerung und größere Legitimität der Entscheidungen durch die Einbeziehung weiterer Akteure; die Möglichkeit einer besseren Ausrichtung der Politik an den tatsächlichen Bedürfnissen; eine flexiblere Gestaltung der Planungsprozesse, um möglicherweise auftretende Krisen schneller zu antizipieren.

Durch das Konzept des akteurszentrierten Institutionalismus ist der Akteursbegriff bereits dargestellt worden – u. a. durch die Unterscheidung von Scharpf (2000) zwischen individuellen, kollektiven und kooperativen Akteuren. Auch durch die Einführung in das Governance-Konzept ist deutlich geworden, dass der Wandel der gesellschaftlichen Steuerungs- und Regelsysteme eine Analyse unter Berücksichtigung der geänderten Akteursstrukturen erfordert. In dem vorliegenden Kapitel findet nun eine begriffliche Differenzierung des Akteursbegriffs statt, damit sich einzelne Akteure auf regionaler Ebene unterscheiden lassen.

3.4.1 Akteursgruppen

Zur Gliederung der auf regionaler Ebene am Ausbau der erneuerbaren Energien beteiligten Akteure lassen sich verschiedene Modelle[88] verwenden.

---

88 Eine weitere Übersicht zu Akteuren speziell im Bereich der erneuerbaren Energien haben Tischer, Stöhr et al. (2006: 93) entwickelt. Sie beziehen sich vor allem auf individuelle Akteure und unterscheiden als Hauptkategorien (1) Anbieter, (2) (Energie-) Verbraucher, (3) Investoren und (4) Multiplikatoren. Zur Analyse von regionalen Schlüsselakteuren im Bereich der erneuerbaren Energien eignet sich diese Akteurseinteilung

Theoretisch-Konzeptionelles Design 85

In Anlehnung an die Akteurszuordnung in den Governance-Ansätzen hat Frommer (2010: 65 ff.) für die Bereiche Staat, Markt und Hierarchie das Akteursspektrum einer regionalen Klimaanpassungsstrategie skizziert. In der folgenden Abbildung sind die Akteursgruppen dargestellt.

Abbildung 8: Akteursgruppen beim regionalen EE-Ausbau[89]

Frommer hat in ihrer Übersicht der „regionalen Anpassungsstrategie an den Klimawandel" auch Akteure aus der Gruppe der Medien einbezogen, welche in der vorliegenden Arbeit keine gesonderte Betrachtung erfahren.[90] Die übrigen Akteursgruppen – Politik, Verwaltung, Wirtschaft, Zivilgesellschaft und Forschung – zeichnen sich durch unterschiedliche Ressourcen und Kompetenzen aus und werden daher im folgenden Kapitel differenzierter beschrieben. Im empirischen Teil der vorliegenden Arbeit werden die Akteursgruppen zur Analyse der Regionen angewendet.

---

jedoch nicht, da sich keine adäquaten Gruppen im Sinne von Oberkategorien für regionale Akteure bilden lassen.

89 Quelle: in Anlehnung an Frommer (2010: 65)
90 Der Verzicht auf eine eigene Akteursgruppe „Medien" erfolgt, da regional in der Regel ein bis zwei Zeitungen vorhanden sind, die die Nennung einer eigenen Gruppe nicht erforderlich machen. Der Einfluss der Medien findet vor allem durch Dokumentenanalyse Eingang in die vorliegende Arbeit.

3.4.1.1 Politische Akteure

Die erste Gruppe bilden die politischen Akteure. Frommer (2010: 65 ff.) zählt darunter u. a. politische Gremien, kommunale Spitzenverbände und Parteien. Untergliedern lässt sich diese Kategorie in gewählte Personen wie Bürgermeister, Kreistagsmitglieder oder Bundestagsabgeordnete, die in ihrem Wahlkreis aktiv sind. Auch kommunale Vertretungskörperschaften wie Rat, Gemeinderat, Stadtrat und Stadtverordnetenversammlung sind Teil dieser Kategorie. Die politischen Akteure verfügen über Entscheidungsmacht für Planung und Umsetzung, ihre Einbindung ist daher ein wichtiger Baustein des Prozesses (vgl. Frommer 2010: 66).

Dem Bürgermeister kommt in der Gruppe der politischen Akteure auf regionaler Ebene eine Schlüsselrolle zu. Er ist Leiter der Verwaltung und repräsentiert die Kommune nach außen als Politiker, so dass er zugleich als Bindeglied zwischen Politik und Verwaltung fungiert.

Direkten Einfluss auf den Bereich der erneuerbaren Energien haben auch viele verbindliche Entscheidungen von Gemeinde- oder Stadtrat. Das ist besonders der Fall bei Zielvereinbarungen oder in Form von Beitritten zu bestimmten Abkommen oder Vereinen, wie z. B. zum Klima-Bündnis (vgl. Bielitza-Mimjähner 2008: 117). Auch bei der Entwicklung von regionalen Kooperationen haben politische Akteure Einfluss (vgl. Benz 2001: 152). Allgemein wird die Kommunalpolitik jedoch von kurzfristigen, pragmatisch-inkrementalistischen Orientierungen und sektoraler Arbeitsteilung dominiert (vgl. Bogumil und Holtkamp 2006: 117). Dies muss bei der Formulierung von Zielen und Leitbildern unter der Beteiligung von Bürgern beachtet werden. Ökonomische Interessen und harte Standortfaktoren haben für viele kommunale Entscheidungsträger Vorrang gegenüber ökologischen Interessen (Bogumil und Holtkamp 2006: 117).

Umstritten ist der Einfluss von Parteipolitik auf den regionalen Ausbau der erneuerbaren Energien. Kern, Niederhafner et al. (2005: 45) weisen der parteipolitischen Zusammensetzung keinen entscheidenden Einfluss zu. Dennoch beobachten sie, dass in CDU- oder FDP-geführten Städten die Implementation von Klimaschutzmaßnahmen schwierig ist. Henschel (1998) hingegen stellt eine negative Korrelation zwischen einer rot-grünen Ratsmehrheit und der Klimapolitik vor Ort fest, wenngleich er seine Behauptung wieder einschränkt und keinen abschließenden Zusammenhang zwischen der politischen Zusammensetzung des Rates und dem kommunalen Klimaschutz sieht. Bielitza-Mimjähner (2008: 117) schreibt kommunaler Politik eine starke Orientierung an Sachlichkeit und Ortsbezogenheit zu und spricht daher von einer „Verwickeltheit des Parteiensystems".

3.4.1.2 Akteure aus der Verwaltung

Die zweite Gruppe bilden Akteure aus der Verwaltung. Frommer (2010: 65 ff.) fasst unter diese Kategorie vor allem die verschiedenen Verwaltungsfachbehörden wie Hochbauamt, Kämmerei, Finanzverwaltung, Bauverwaltung, Bauleitplanung, Umweltamt, Grünflächenamt und Verkehrsplanung.

Die Verwaltung hat im modernen Staat eine doppelte Funktion: Zum einen bereitet sie Gesetze und Programme vor, die darauf vom Parlament beschlossen werden, um sie dann, zum anderen, umzusetzen (vgl. Benz 2001: 133). Verwaltungen sind insofern von großer Bedeutung in regionalen Netzwerken, als sie auf Steuerungs- und Planungsebene tätig sind und durch die ihnen zur Verfügung stehenden Kapazitäten eine wichtige Voraussetzung für kontinuierliche Arbeit schaffen. Sie sind jedoch relativ unflexibel und von politischer Akzeptanz abhängig. Frommer (2010: 66) schreibt Akteuren aus der Verwaltung Umsetzungskompetenz und Fachwissen zu. Moser (1998: 84) weist jedoch darauf hin, dass die einzelnen Akteure der Verwaltung eigene Interessen verfolgen und daher nicht als neutrale Instanz begriffen werden können.

Innerhalb der Verwaltung, z. B. zwischen den einzelnen Ämtern, gibt es unterschiedliche Schwerpunktsetzungen und Interessen. Wenn sich Zuständigkeiten bei einzelnen Themen überschneiden, was bei dem Querschnittsthema erneuerbare Energien unausweichlich ist, kann eine Diskussion über Kompetenzen eine Entscheidungsverlangsamung oder Blockade zur Folge haben (vgl. Bolay 2008: 31). Eine starke Fokussierung oder Spezialisierung der einzelnen Ämter kann zu einer hemmenden Macht der Bürokratie führen. So ist bei Fragen des Betriebs von Anlagen im Bereich der erneuerbaren Energien in der Regel das Hochbauamt/Gebäudemanagement zuständig, während das Umweltamt z. B. Aufgaben der Öffentlichkeitsarbeit übernimmt (vgl. Bolay 2008: 31).

Das Difu schlägt zur Weiterentwicklung des Klimaschutzes in der Verwaltung die Einrichtung ämterübergreifender Arbeitsgruppen vor (vgl. Deutsches Institut für Urbanistik 2011). Dem schließt sich auch Bielitza-Mimjähner an:

> „Im Idealfall wird hierbei die Aufgabe Klimaschutz organisatorisch nicht als Fachaufgabe einzelner Ämter angegangen, was die Gefahr der Doppelarbeit und des „gegeneinander Arbeiten" beinhaltet, sondern Klimaschutz wird zur ämterübergreifenden Querschnittsaufgabe" (Bielitza-Mimjähner 2008: 119).

Ergänzend sollen Klimaschutzmaßnahmen im Rahmen von Planungsverfahren umgesetzt und die Gemeinde-/Stadtparlamente an der Entwicklung der kommunalen Handlungsprogramme beteiligt werden (Bielitza-Mimjähner 2008: 119). Eine verbindliche Vereinbarung politischer Akteure zum Ausbau erneuerbarer Energien, z. B. in Form eines politischen Beschlusses, erfordert in der Verwaltung die Bereitstellung organisatorischer und personeller Kapazitäten (Bielitza-Mimjähner 2008: 118).

Besonders betont das Difu die Forderung, Klimaschutz als „Chefsache innerhalb der Verwaltung", also innerhalb der oberen kommunal-administrativen Führungsgremien, zu definieren (Deutsches Institut für Urbanistik 2011: 28). Auch Kern, Niederhafner et al. (2005: 91) unterstreichen diesen Aspekt und fordern die Einrichtung einer Stabsstelle direkt beim Oberbürgermeister. Dadurch soll z. B. verhindert werden, dass die Verwaltung Prozesse unnötig verlangsamt oder sogar verhindert. Die Unterstützung der Verwaltung für den Klimaschutz hänge vor allem von der

„Hierarchiespitze, dem Chef der Verwaltung (Oberbürgermeister, Magistrat, Bürgermeister, oder Gemeinde-/Stadtdirektor) [ab], dem Dezernate und die verschiedenen Aufgabenbereiche und Ämter unterstellt sind" (Bielitza-Mimjähner 2008: 118 f.).

Der kommunale Handlungsrahmen im Bereich der erneuerbaren Energien besteht aus (vgl. Bolay 2008: 25 ff.; Deutsches Institut für Urbanistik 2011: 414):

- Bau, Betrieb oder Beteiligung an Erneuerbare-Energien-Anlagen,
- Nutzung erneuerbarer Energien in kommunalen Liegenschaften,
- Flächennutzungs- und Bauleitplanung, die die Nutzung erneuerbarer Energien unterstützt,
- Bürgerberatung zu technischen Fragen und Förderprogrammen, eigene kommunale Förderprogramme und Information der Bürger und weiterer relevanter Akteure,
- Kommunale Bildungs- und Öffentlichkeitsarbeit mit Partizipation an bundesweiten Wettbewerben und Aktionen,
- Schaffung von Investitionsanreizen.

Besonders über die Vergabe von Konzessionsverträgen hat eine Kommune die Möglichkeit, auch wirtschaftlich Einfluss im Bereich der erneuerbaren Energien auszuüben. Durch die Aushandlung von Konzessionsverträgen kann die Kommune den Energieversorger auf energiepolitische Ziele verpflichten (vgl. Bielitza-Mimjähner 2008: 122).

3.4.1.3 Wirtschaftsakteure

Die dritte Gruppe bilden Akteure aus der Wirtschaft. Frommer (2010: 65 ff.) unterscheidet Unternehmen, wirtschaftliche Verbände mit regionaler Organisation, Finanzinstitute, Land- und Forstwirtschaft und private Dienstleister. Eine Untergliederung ist möglich in produzierende Unternehmen (Energieproduzenten wie Stadtwerke), Energievermarkter und Anlagenbetreiber. Zumindest Anlagenbetreiber sind oftmals regional verankert und von ihrer Kundenbindung abhängig.

Eine eigene Untergruppe stellen die Stadtwerke dar, denen eine zentrale Rolle zugeschrieben wird (vgl. Bielitza-Mimjähner 2008: 120; Bolay 2008: 32). Ihre grundlegende Funktion ist die Bereitstellung von Energie vor Ort, doch engagieren sich einige Stadtwerke auch bei kommunalen Energiesparstrategien, bei der Förderung vom Bau von Erneuerbaren-Energie-Anlagen oder im Bereich der Mobilität. Der tatsächliche Einfluss der Stadtwerke ist jedoch von ihrem Verhältnis zur Kommune oder auch ihrer Rechtsform abhängig (vgl. Bielitza-Mimjähner 2008: 119).

Die Kommune hat ihrerseits umso mehr Einfluss, je verflochtener sie in finanzieller, aber auch personeller oder vertraglicher Hinsicht mit den Stadtwerken ist. Bei hohem Einfluss können die Kommunen Mitglieder für die Organe der Stadtwerke bestellen und diese durch Mehrheiten kontrollieren. Verwaltungen sind dann in der Regel in Form von eigenen Dezernaten oder Ämtern eingegliedert, was den Einfluss wiederum verstärkt: der Bürgermeister als Chef der Verwaltung, der Rat oder ein Ausschuss mit Ratsmitgliedern können direkt die Geschäfte der Stadtwerke steuern (vgl. Bielitza-Mimjähner 2008: 120). Wenn Stadtwerke jedoch als Kapitalgesellschaften organisiert sind, können kommunalpolitische Vertreter nur indirekt Einfluss ausüben, u. a als Mitglied im Aufsichtsrat, und nicht mehr direkt über die Verwaltung oder den Rat Entscheidungen treffen (vgl. Bielitza-Mimjähner 2008: 121 f.).

Allgemein sind die Wirtschaftsakteure im Feld der erneuerbaren Energien jedoch sehr heterogen und lassen sich nicht pauschal charakterisieren (vgl. Bielitza-Mimjähner 2008: 124).

3.4.1.4 Zivilgesellschaft

Frommer (2010: 65 ff.) identifiziert als vierte Akteursgruppe die Zivilgesellschaft. Darunter fasst sie zivilgesellschaftliche Verbände, Bürgerinitiativen, Kirchen, Stiftungen und interessierte Einzelpersonen. Weitere Ausprägungen in dieser Kategorie sind u. a. Nichtregierungsorganisationen im Bereich Umwelt und Naturschutz, Vertreter lokaler Agenda 21-Aktivitäten, Gewerkschaften und Stiftungen. Besonders hebt sie hervor, dass Akteure aus der Zivilgesellschaft regionales Wissen, Motivation, Zeit und Energie in den regionalen Prozess einbringen (vgl. Frommer 2010: 67).

Die Art der Einflussnahme – z. B. durch Agendasetzer oder Prozesstreiber – und die Bedeutung dieser Akteure variiert von Region zu Region. Viele dieser Akteure arbeiten ehrenamtlich. Bundesweite Organisationen gewinnen mit ihren lokalen Ablegern immer mehr an Bedeutung, wie der Bund für Umwelt und Naturschutz Deutschland (BUND), der Naturschutzbund Deutschland (Nabu) oder Greenpeace. Moser (1998: 89 ff.) beschreibt einen Trend zu Professionalisierung und Spezifizierung der Arbeit, der den Zusammenhalt in den Umweltgruppen gefährden und die Ehrenamtlichen eventuell demotivieren oder abschrecken kann. Schon 1998 hat Moser (1998: 87) beobachtet, dass die klassischen Bürgerinitiativen und früheren Umweltgruppen der 1980er Jahre durch die Institutionalisierung des Umweltschutzes an Bedeutung verloren haben. Diese Beobachtung kann auch für das Feld der erneuerbaren Energien insgesamt getroffen werden.

3.4.1.5 Forschung

Als fünfte Gruppe bestimmt Frommer (2010: 65) Akteure aus der Forschung, wozu sie auch Forschungseinrichtungen wie Universitäten oder Fachhochschulen zählt. Sie nennt den Beitrag der Wissenschaft zur theoretischen Basis, zur Information und Aufklärung der Bevölkerung und ihre Beteiligung an den Entwürfen von Umsetzungsstrategien zu (vgl. Frommer 2010: 67). Wissenschaftler wirken ihres Berufes wegen am Ausbau der erneuerbaren Energien mit, obschon ihre Teilnahme am Prozess zum Ausbau der erneuerbaren Energien vor Ort eher die Ausnahme ist (vgl. Bielitza-Mimjähner 2008: 125 ff.).

3.4.2 Steuerungsformen, Interessen und Rollen von Akteuren

Die dargestellten Akteursgruppen tendieren, der jeweiligen Gruppe und ihren Interessen entsprechend, zu spezifischen Steuerungsformen. Diller (2002: 87 ff.) hat diese Steuerungsformen entsprechend der Governance-Kategorien Staat, Markt und Zivilgesellschaft analysiert: So tendieren staatliche Akteure zu hierarchischer Steuerung, zivilgesellschaftliche Akteure zu persuasiver kooperativer Steuerung und ökonomische Akteure zu marktrechtlichen Formen der Steuerung (vgl. Diller 2002: 87 ff.). Wiechmann (2008: 99) hingegen weist darauf hin, dass viele Akteure gemischte Steuerungsstrukturen aufweisen, so dass sie nicht immer klar zuzuordnen oder abgrenzbar sind. Als Beispiel nennt er politische Akteure, die sowohl ihre Parteien repräsentieren als auch in ihrem Eigeninteresse handeln, folglich gleichzeitig individuelle und Teil kollektiver Akteure sind (vgl. Wiechmann 2008: 99).

Eine weitere Differenzierung der Akteure ist nach unterschiedlichen Fähigkeiten/Handlungsressourcen, Wahrnehmungen und Präferenzen möglich; diese zielt in die gleiche Richtung wie die Unterscheidung nach Steuerungsformen. Eine Vielzahl von Untersuchungen gibt es beispielsweise über die Motivation von politischen Akteuren[91]. Schumpeter hat politische Akteure bereits im Jahr 1942 als Stimmen- oder Nutzenmaximierer mit dem Ziel der Wahl bzw. Wiederwahl beschrieben (Schumpeter 2005). Auch die Parteien verfolgen kompetitive Handlungsstrategien, indem sie um Wählerstimmen und Mitglieder konkurrieren (vgl. Benz 2001: 161). Allgemein sind Politiker daher sowohl an Macht und Einfluss als auch an der Durchsetzung von Politikzielen interessiert (vgl. Benz 2001: 152 f.). Welche Typen von Politikern den politischen Prozess dominieren, ergibt sich sowohl aus den Zufälligkeiten des Prozesse als auch aus den gesellschaftlichen Bedingungen, welche die Auswahl beeinflussen, und nicht zuletzt aus der politischen Kultur (vgl. von Prittwitz 2007: 102).

Die Begriffe Macht[92] und Einfluss, aber auch Autorität, Herrschaft oder Dominanz unterliegen komplexen Phänomenen und lassen sich nur schwer quantifizieren (vgl. Pütz 2011: 180). Macht in Netzwerken hängt von verschiedene Faktoren ab, wie z. B. Ressourcen, Leistungen, Verweigerungs- und Koali-

---

91 Die Interessen der weiteren Akteursgruppen werden im Folgenden nicht dargestellt. Als Beispiel lässt sich hier aber fortführen, dass Planungsbetroffene vor allem auf der Erhaltung oder Verbesserung der persönlichen Lebensqualität abzielen und wirtschaftliche Akteure und besonders Investoren primär an wirtschaftlichen Erfolgen interessiert sind.

92 Die klassische Machtdefinition wurde von Max Weber geprägt. Weber (1980: 28) versteht unter Macht „jede Chance, innerhalb einer sozialen Beziehung den eigenen Willen auch gegen Widerstreben durchzusetzen, gleichviel worauf diese Chance besteht". Macht kann auf persönlicher Stärker wie Intelligenz oder Willenskraft der beeinflussenden Person, auf Abhängigkeit der beeinflussten Person oder auf sozialen Konstellationen beruhen, welche die eine Seite begünstigen. Andere Machtdefinitionen oder Konzepte greifen einzelne Aspekte der Macht heraus oder versuchen eine Systematisierung. So hat Susan Strange (2005: 8) den Begriff der strukturellen Macht geprägt. Akteure sind hiernach mächtig, wenn sie Strukturen wie Sicherheit und Wissenschaft so anpassen können, dass sie Vorteile daraus ziehen und die Konkurrenten sich an ihnen orientieren müssen (z. B. Agenda-Kontrolle). Weitere Autoren, die Analysen im Bereich der Macht veröffentlicht haben, finden sich z. B. bei Pütz (2011: 180 ff.).

92 Theoretisch-Konzeptionelles Design

tionsmöglichkeiten (vgl. Schubert 1995: 233). Über welche Macht Akteure verfügen, bestimmt auch die Zentralität der Netzwerke innerhalb der Kooperation (vgl. Schubert 1995: 233); das Machtzentrum ist in Netzwerken gleichwohl schwerer zu identifizieren als in formalen Hierarchien. Neben Ressourcen spielt auch das persönliche Engagement der Akteure eine wichtige Rolle für Machtungleichgewichte (vgl. Diller 2002: 111).

Machterhalt oder Machtgewinn können zentrale Beweggründe für den Aufbau von Netzwerkstrukturen zwischen Akteuren sein (vgl. Benz 1995: 195). Daneben können Netzwerkstrukturen zur dauerhaften Stabilisierung von Macht genutzt werden (vgl. Benz 1995: 201). Obwohl Machtgefälle in Abgrenzung zu formalen Institutionen vermieden werden sollen (vgl. Diller 2002: 110 ff.), ergeben sie sich in Netzwerken und Kooperation und führen etwa zu dem Ergebnis, dass die politische Steuerungsebene häufig die letzte Entscheidungskompetenz innehat und diese vor allem in strategischen Grundsatzfragen nutzt (vgl. Diller 2002: 110 ff.).

Auch Einfluss eröffnet soziale Handlungschancen für Akteure. Anders als Macht kann Einfluss jedoch in gegenseitiger Form zwischen den jeweils Beteiligten ausgeübt werden und ist auch partiell möglich (vgl. Strange 1996); er kann aus unterschiedlichen Potenzialen erwachsen (vgl. von Prittwitz 2007: 115 f.). Die institutionalisierte Verfügung resultiert aus Handlungslegitimation, dank derer legitimierte Akteure ihren Willen einseitig durchsetzen können (vgl. von Prittwitz 2007: 116). Weitere Einflussmöglichkeiten ergeben sich aus Anreiz-, Droh- oder Orientierungspotenzialen[93] (vgl. von Prittwitz 2007: 116 f.). Als besondere Einflussmöglichkeit gilt Persönlichkeit (vgl. von Prittwitz 2007: 118).

In den regionalen Prozessen zum Ausbau der erneuerbaren Energien sind innerhalb der verschiedenen damit verbundenen Akteurskonstellationen unterschiedliche Arten von Macht und Einfluss zu beobachten. Akteure nehmen spezifische Rollen im regionalen Prozess ein, zum Teil entsprechend ihrer Steuerungsformen. Zur Analyse der Akteursrollen in der vorliegenden Arbeit wird nachfolgend das Promotorenmodell dargestellt.

---

93 „Orientierungspotenziale ergeben sich unter anderem aus technischer Überlegenheit, wissenschaftlicher Dominanz, Definitionsmacht, öffentlicher Meinungsführung, der Kenntnis öffentlichkeitswirksamer Techniken oder Fähigkeiten, Symbole zu setzen. Im weiteren Sinne können hierzu auch persönliche Ausstrahlung, Redegabe, Überzeugungstalent [...] gezählt werden" (von Prittwitz 2007: 117).

Das von Witte (1973) entwickelte Promotorenmodell, das zunächst für die Analyse wirtschaftlichen Fortschritts in Innovations- und Veränderungsprozessen diente, definiert Promotoren als Personen, welche einen Innovationsprozess fördern, indem sie den Prozess initiieren und vorantreiben. Witte unterscheidet Macht- und Fachpromotoren:

- Ein Machtpromotor ist diejenige Person, die „einen Innovationsprozess durch hierarchisches Potential aktiv und intensiv fördert" (Witte 1999: 16). Er verfügt dabei über die notwendigen Durchführungspotenziale und Zugang zu entsprechenden Ressourcen (vgl. Witte 1999: 16), was häufig mit der Rolle als politischer Entscheidungsträger verbunden ist. Durch seine gesellschaftliche Stellung ist er als Instanz in der Region von anderen Akteuren anerkannt (vgl. Tischer, Stöhr et al. 2006: 46) und kann so in der Hierarchie Sanktionen aussprechen und/oder Innovationswille und Unterstützer des Prozesses unterstützen. Neben der Kompetenz hat er weitere Macht durch seine Überzeugungs- und Begeisterungskraft.

- Der Fachpromotor gilt als fachlicher Experte und bringt vor allem das notwendige, objektspezifische Fachwissen in den Prozess ein, dass den Prozess fördert (vgl. Witte 1999: 17), unabhängig davon, ob der Experte eine wichtige Position im Prozess innehat oder über hierarchisches Potential verfügt. Die Rolle des Fachpromotor entsteht oft aus Nähe zu technischen Neuheiten, Witte schränkt jedoch ein: „Der einsame Gelehrte ist kein Fachpromotor. Er beherrscht zwar die technische Neuigkeit, aber er veranlasst niemanden, davon innovativen Gebrauch zu machen" (Witte 1999: 18).

- Hauschildt und Kirchmann (1999) benennen ferner den Prozesspromotor, der sich vor allem durch Kommunikations- und Moderationsfähigkeit auszeichnet und die Vermittlung zwischen Fach- und Machtpromotoren fördert; er ist außerdem in dem betreffenden Gebiet in die Struktur der Organisation von Prozessen involviert.

Tischer, Stöhr et al. (2006: 118 ff.) haben bei ihrer Analyse von erfolgreichen Regionalentwicklungsinitiativen beobachtet, dass in Regionen meist eine enge Kerngruppe von in der Regel zwei bis fünf Personen (in seltenen Fällen auch Einzelpersonen), die Entwicklung wesentlich vorantreibt und zusammenhält. Sie stoßen die regionale Energiewende oftmals an und aktivieren und motivieren andere Akteure. Solche Personen, welche den Energiewendeprozess entschieden vorantreiben, nennen Tischer, Stöhr et al. (2006: 118 ff.) „Kümmerer". Mautz, Byzio et al. (2008: 131 f.) verwenden für sie neben Kümmerer auch die Bezeichnungen Gründerpersönlichkeiten, Leit- und Identifikationsfiguren, Ideengeber und Strippenzieher. Andere Autoren wie Benz (2001: 162) halten diese Akteursstruktur aus engagierten Personen ebenfalls für entscheidend für die regionale Entwicklung.

Laut Tischer, Stöhr et al. (2006: 118) ist die Motivation der Kümmerer in der Regel ihre eigene Überzeugung, selten spielen finanzielle Gründe eine ausschlaggebende Rolle.

Folgende Eigenschaften haben Tischer, Stöhr et al. (2006: 118) bei Kümmerern beobachtet: Kommunikations-, Kooperations- und Konfliktlösungskompetenz, Risikobereitschaft und Motivationsfähigkeit, Offenheit für unkonventionelle Lösungen, Durchsetzungsfähigkeit und Charisma sowie vielfältige Erfahrungen sowohl im wirtschaftlichen als auch im ideellen Bereich. Ihr Handlungsbereich liegt dabei in der grundsätzlichen strategischen Weichenstellung oder in der Agendasetzung einer Projektidee, der Öffentlichkeitsarbeit und der Motivation anderer für die Projekte.

Auch Keppler, Walk et al. (2009: 21 ff.) beobachteten in ihrer Untersuchung der Region Lausitz, dass der Ausbau der erneuerbaren Energien von einer engagierten Person abhängt. Fürst (2010) weist jedoch auf die Gefahr hin, dass der regionale Prozess durch die starke Rolle einer Schlüsselperson zu einer Abhängigkeit führen und beim Ausscheiden einer zentralen Person sogar zum Erliegen kommen kann.

Bei der Vernetzung innerhalb der Kooperationen können Differenzierungsgrade[94] ausgemacht werden. Diller (2002) unterscheidet (1) Cliquen mit wenigen Personen, die oft interagieren, (2) soziale Zirkel, die aus verschiedenen Cliquen bestehen und (3) zentrale Zirkel, die mehrere soziale Zirkel verbinden und den Rahmen für die Aktivitäten bilden. Ferner unterscheidet er einen äußeren, mittleren und inneren Kreis der Kooperation. Im äußeren Kreis sind jene Akteure, die lediglich den Prozess beobachten oder eine passiv fördernde Funktion haben, im inneren Kreis diejenigen, welche die Kooperation tragen und als Macht-, Fach- und Prozesspromotoren zu verstehen sind. Nicht alle Mitglieder des inneren Kreises sind jedoch Mitglieder der Lenkungsgruppe und umgekehrt (vgl. Diller 2002).

---

94 Die Analyse von Diller ist an das Zirkelkonzept von Fürst und Schubert (1998) angelehnt.

Das hier dargestellt Promotorenmodell, auch die weiteren Konzepte zur Differenzierung der Akteure, eignen sich gleichwohl nur zur vereinfachten Analyse akteursgeprägter Prozesse. Das Promotorenmodell wurde nicht zur Analyse von regionalen Prozessen, sondern zur Analyse von Unternehmen entwickelt. In der vorliegenden Arbeit finden die Ansätze daher insofern Anwendung, als durch eine vereinfachte Untergliederung der Akteure eine grundlegende Struktur in den regionalen Prozessen sichtbar gemacht werden soll.

3.5 Methodische Schlüsse und Operationalisierung der Analyse

Ziel des Kapitels war es, den theoretischen Rahmen aufzuzeigen, in welchem sich die empirische Analyse bewegen wird. Diese theoretische Perspektivbestimmung wirkt als Grundlage für das Forschungsdesign und damit für die empirische Analyse.

Die vorliegende Arbeit geht davon aus, dass der Ausbau von erneuerbaren Energien erfolgreich stattfindet, dieser Erfolg jedoch jeweils spezifisch definiert wird und unterschiedliche Auswirkungen hat.

Die Operationalisierung der unabhängigen Variablen gestaltet sich schwierig, weil der regionale Prozess zum Ausbau von erneuerbaren Energien von komplexen Variablen beeinflusst wird (siehe Kapitel 1.1). Zur Entwicklung des Analyserasters orientiert sich die vorliegende Arbeit daher an den vorgestellten Ansätzen des akteurszentrierten Institutionalismus, der Policy-Analyse und der Governance-Konzepte.

Die theoretisch verwendeten Konzepte Politikfeldanalyse und Governance ergänzen sich gegenseitig (vgl. Walk 2009: 27 f.; Sack 2011: 37 f.), weshalb sie in der vorliegenden Arbeit gemeinsam verwendet werden. Mit Hilfe des Governance-Ansatzes lassen sich für die regionale Ebene Elemente nicht-hierarchischer, netzwerkförmiger oder kooperativer Politik analysieren (vgl. Benz, Lütz et al. 2007: 14 f.), wodurch vor allem die Kooperation staatlicher und nichtstaatlicher Akteure betont wird. Weniger Gewicht wird allerdings auf damit einhergehende Faktoren wie die Übertragung von Aufgaben, Ressourcen und von Legitimation gelegt. Der Governance-Ansatz konzentriert sich in seiner Analyse vor allem auf die drei Sektoren Staat, Markt und Gesellschaft als mögliche Steuerungsmodi.

Der regionale Ausbau von erneuerbaren Energien erfolgt im Zusammenspiel unterschiedlicher (regionaler) Akteure, daneben ist eine Verflechtung der unterschiedlichen Ebenen mit verschiedenen Einflussfaktoren zu beobachten (Multi-Level Governance). In der vorliegenden Arbeit wird dieser Prozess folglich als multidimensionales, kontextspezifisches und dynamisches Phänomen erfasst. Das Konzept vom Regional Governance wird vertikal in das politisch-administrative System des Multi-Level-Governance-Konzeptes eingebunden (siehe Kapitel 3.3.2).

Die Policy-Analyse hingegen sieht Netzwerke in neutralerer Form als Menge von Akteuren, welche über einen bestimmten Inhalt verbunden sind (siehe Kapitel 3.2). Als Grundbereich der Politikfeldanalyse werden Handlungsinhalte, Handlungsmotive und Folgen des Handelns betrachtet, welche als Akteurshandlungen in der Analyse der regionalen Prozesse zum Ausbau der erneuerbaren Energien zusammengefasst werden. Diese Prozesse bilden einen Untersuchungsfokus der vorliegenden Arbeit, um im Anschluss daran die vorhandenen Akteurskonstellationen und Steuerungs- sowie Akteursrollen innerhalb dieser regionalen Konstellationen darzustellen.

Um dem Problemlösungsbias beider Ansätze Rechnung zu tragen und auch die Fragen zu analysieren, ob und warum sich politische Akteure an der Lösung gesellschaftlicher Probleme orientieren, findet in der vorliegenden Arbeit der akteurszentrierte Institutionalismus Anwendung (siehe Kapitel 3.1). Der akteurszentrierte Institutionalismus betont das Gewicht des institutionellen Kontextes, in welchem der Prozess und die Interaktionen stattfinden. Er hilft, die an den Interkationen beteiligten Akteure und die sich daraus ergebenden Akteurskonstellationen und Interaktionsformen zu identifizieren. Daher bilden der institutionelle Kontext und sein Einfluss auf das Handeln von Akteuren einen weiteren Untersuchungsfokus.

Scharpf unterscheidet in seinem Ansatz des akteurszentrierten Institutionalismus zwischen verschiedenen Akteuren, welche in den jeweiligen Policy-Netzwerken an der Problemlösung in verschiedenen Akteurskonstellationen beteiligt sind. Akteurskonstellationen bestehen aus staatlichen und nichtstaatlichen Akteuren. Im Rahmen dieser Untersuchung stammen sie aus den Bereichen Politik, Wirtschaft, Verwaltung, Zivilgesellschaft und Forschung. Besonders als Fach-, Macht- und Prozesspromotoren können sie den regionalen Prozess prägen.

Schließlich spielt im Rahmen von Regional Governance-Analysen die Konstituierung der Region eine Rolle (siehe auch die unterschiedlichen Kategorisierungen von Regionen Kapitel 3.3.2.1).

Unten stehende Abbildung verdeutlicht den Untersuchungsfokus der vorliegenden Arbeit.

Abbildung 9: Untersuchungsfokus

Zu den dargestellten unabhängigen Variablen gibt es eine Reihe von Unterfragen, welche sich aus den im theoretischen Kapitel diskutierten Aspekten ergeben und so ebenfalls eine Rolle spielen werden.

Konstituierung der Region:
- Wie erfolgt der Zuschnitt/die Abgrenzung der Region?
- Gibt es eine Zusammenarbeit mit anderen Regionen?
- Welche soziale Prozesse/Akteurszuständigkeiten ergeben sich aus der Konstituierung der Region?

Institutioneller Kontext
- Wie erfolgt die Einbettung der Region in das Mehrebenengefüge (Einflussfaktoren der verschiedenen Ebenen, Rechtsrahmen, Förderprogramme)?

EE-Prozess
- Welche Schritte hat der EE-Ausbau durchlaufen?

- Was waren die Meilensteine beim EE-Ausbau?
- In welcher derzeitigen Phase befindet sich der EE-Ausbau (Beschreibung der Phase, Aktuelle Herausforderungen, EE-Ausbaustand etc.)?

Akteurskonstellationen

- Welche Akteursgruppen und Einzelakteure wirken am EE-Ausbau mit (Rolle der Akteure, Handlungsressourcen, Interesse/Motivation der Akteure etc.)?
- Welche regionalen Machtkonstellationen/Akteursrollen herrschen vor (Initiator, Promotor, Schlüsselperson etc.)?
- Welche Prozesslogik ergibt sich aus der vorhandenen Akteurskonstellation?

4 Erneuerbare-Energie-Regionen

In diesem Kapitel werden die vier Fallbeispiele – die Erneuerbare-Energie-Regionen (EE-Regionen) Hameln-Pyrmont, Marburg-Biedenkopf, Oberland und Lübow-Krassow – anhand der vorgestellten Operationalisierung analysiert. Die Regionen werden kurz vorgestellt, bevor ihre Konstituierung, Einflussfaktoren im Sinne von Multilevel Governance auf die Region, Prozesse zum Ausbau der erneuerbaren Energien vor Ort und die damit einhergehenden Akteurskonstellationen analysiert werden.

Die in diesem Kapitel gewonnenen Erkenntnisse werden in einem abschließenden Fazit zusammengefasst. Darin werden grundlegende Faktoren herausgearbeitet, welche zum erfolgreichen Ausbau von erneuerbaren Energien auf regionaler Ebene beitragen.

4.1 EE-Region Hameln-Pyrmont

Viele Akteure tragen zum Erfolg der Energiewende bei

> „Es hat sich in der Zeit unheimlich viel getan. Mit geht das natürlich viel zu langsam. Wenn ich jetzt gucke: wo wir damals und heute stehen. Ich habe mich 2005 nicht getraut zu formulieren, dass wir bis 2030 100 % EE wollen" (Experte 5).

4.1.1 Konstituierung der Region

Bei einer Auswertung der Materialien und besonders der Interviews mit den regionalen Experten wird sichtbar, dass die territoriale Grenzziehung für das Gebiet der EE-Region uneinheitlich ist.

Mitarbeiter der Verwaltung des Landkreises Hameln-Pyrmont und der Stadt Hameln orientieren sich bei der Abgrenzung der EE-Regionen an den administrativen Regionsgrenzen. Die Erstellung des Klimaschutzkonzeptes, welches vom Landkreis und von der Stadt beantragt worden war, erfolgte für den Landkreis Hameln-Pyrmont[95] und für die Stadt Hameln. Auch die örtliche Zeitung, die Deister- und Weserzeitung, bezieht sich bei Berichten über erneuerbare Energien in der Region mehrheitlich auf den administrativen Zuschnitt des Landkreises Hameln-Pyrmont.

---

95 Der Landkreis Hameln-Pyrmont liegt in Südniedersachsen und besteht seit einer Verwaltungs- und Gebietsreform in den 1970er Jahren aus acht Gemeinden. Im Jahr 2010 lebten 154.871 Einwohner in Hameln-Pyrmont (Hameln-Pyrmont 2011). Die Kreisverwaltung hat ihren Sitz in der Stadt Hameln, die 57.771 Einwohner hat.

100 Erneuerbare-Energie-Regionen

Als weitere mögliche Abgrenzung der EE-Region wird das Gebiet der regionalen Entwicklungskooperation Weserbergland (Weserbergland Plus) genannt, was einer Zuordnung nach dem Homogenitätskriterium entsprechen würde (siehe Kapitel 3.3.2.1). Die Region Weserbergland Plus ist im Jahr 1999 gegründet worden, um zunächst vor allem wirtschaftliche Interessen in den Nachbarlandkreisen Hameln-Pyrmont, Nienburg/Weser[96], Schaumburg und Holzminden umzusetzen.[97] In den Mittelpunkt gerückt wurde diese Regionalabgrenzung durch die Beteiligung am Projekt Bioenergieregionen vom Landwirtschaftsministerium seit dem Jahr 2008 (siehe Kapitel 2.6.3.2). In einer Analyse der Region Weserbergland Plus zeigt sich jedoch, dass diese Abgrenzung keine einheitliche Region für den Ausbau der erneuerbaren Energien darstellt.

„Die Situation sieht im Moment so aus, dass der Landkreis Hameln-Pyrmont am weitesten vorangeschritten ist. Klimaschutzagentur gerade gegründet mit jeder Menge Leute drin" (Experte 3).

Auch Experte 5 stellt fest, dass die Region Weserbergland kein einheitliches Bild in Bezug auf den Fortschritt beim Ausbau von erneuerbaren Energien liefert. Er hält Hameln-Pyrmont für den Vorreiter der vier Landkreise auf dem Gebiet und spricht sich für eine Begrenzung auf den Landkreis Hameln-Pyrmont aus. In den Interviews wird deutlich, dass eine Kooperation der vier Landkreise im Energiebereich oftmals an administrativen Absprachen scheitert und eine nach Landkreisen getrennte Bearbeitung des Themas in der Region effektiver verläuft.

„Letztendlich wollten wir dieses Projekt Bioenergieregionen über alle vier Landkreise stellen. Was wir aber also gemerkt haben, dass die vier Landkreise unterschiedlich ticken, und ich habe es inzwischen aufgegeben, das alles unter einem Dach zu organisieren. Wir haben gesagt, wir machen das alles landkreisspezifisch" (Experte 3).

---

96 Der Kreis Nienburg/Weser hat sich im Jahr 2006 der Regionalen Entwicklungskooperation angeschlossen.

97 Das erste Entwicklungskonzept wurde im Jahr 2007 erstellt. Ein Themenbereich des Entwicklungskonzeptes umfasst auch den Energiesektor, für den im Konzept für die vier Nachbarlandkreise Ideen und Ziele entwickelt werden. Neben der Energieregion Weserbergland plus wurden auch Ziele im Bereich Gesundheit und die Sicherung und Entwicklung der Versorgungsstruktur im ländlichen Raum festgelegt (vgl. Lenkungsgruppe der Regionalen Entwicklungskooperation Weserbergland plus 2007). Im Bereich der erneuerbaren Energien formuliert die regionale Entwicklungskooperation das Ziel, eine „Modellregion für erneuerbare Energien und nachwachsende Rohstoffe" zu werden (Lenkungsgruppe der Regionalen Entwicklungskooperation Weserbergland plus 2007).

Die Namensgebung der im Jahr 2010 eingerichteten „Klimaschutzagentur Weserbergland" und der „Energiegenossenschaft Weserbergland" weisen gleichwohl auf eine zukünftige Ausdehnung des EE-Gebietes über die Grenzen des Landkreises Hameln-Pyrmont hinweg auf die Region Weserbergland hin.

Die Stadtwerke Hameln/Stadtwerke Weserbergland orientieren sich bei der Abgrenzung der Region primär an ihrem Versorgungsgebiet. Daher tendieren sie im Energiebereich zur Ausweitung des Gebiets auf die Region Weserbergland (Plus). Sie treten jedoch vor allem im Landkreis Hameln-Pyrmont in Erscheinung und nehmen aktiv teil an Projekten und Veranstaltungen im Bereich der erneuerbaren Energien.

In der vorliegenden Arbeit werden nichtsdestoweniger primär Prozesse und Akteure des Landkreises Hameln-Pyrmont analysiert. Die Klimaschutzkonzepte des Landkreises Hameln-Pyrmont und der Stadt Hameln, Vorträge, Zeitungsberichte und Interviews lassen darauf schließen, dass Prozesse zum Ausbau der erneuerbaren Energien, aber auch die involvierten Akteure sich vor allem anhand der administrativen Grenzen des Landkreises Hameln-Pyrmont orientieren. Diese Grenzen werden von Akteuren aus der Gruppe der Politik und Verwaltung bestimmt. Auch die Aussagen der Akteure, welche über einen längeren Zeitpunkt in der Region im EE-Bereich aktiv sind, lassen eine Untersuchung anhand der Landkreisgrenzen als sinnvoll erscheinen. Es lässt sich daher konstatieren, dass sich diese Region vor allem anhand administrativer Grenzen bildet und von Akteuren aus der Gruppe der Politik und Verwaltung bestimmt wird.

4.1.2 Institutioneller Kontext

In den folgenden Unterkapiteln werden die institutionellen Rahmenbedingungen, die in der EE-Region Hameln-Pyrmont eine Rolle spielen, skizziert. Einflussfaktoren, die von der nationalen Ebene und dem Bundesland Niedersachsen auf den Landkreis einwirken, werden beleuchtet.

4.1.2.1 Einfluss der nationalen Ebene auf die Region Hameln-Pyrmont

Sowohl der Landkreis Hameln-Pyrmont als auch die Stadt Hameln haben finanzielle Unterstützung bei der Erstellung eines Klimaschutzkonzeptes durch die Klimaschutzinitiative des Bundes erhalten (siehe Kapitel 4.1.3.4). Darüber hinaus wird das Gebiet der regionalen Entwicklungskooperation vom Juni 2009 bis zum Mai 2012 durch einen Wettbewerb des Landwirtschaftsministeriums als

Bioenergieregion Weserbergland plus gefördert (siehe Kapitel 4.1.3.4). Vor allem auf die Bedeutung dieser Unterstützung von nationaler Ebene für den EE-Prozess wird in den Interviews verwiesen.

Ein weiterer Einfluss wird dem Bund besonders in der Gesetzgebung zugeschrieben. Das EEG (siehe Kapitel 4.9.3.1), aber auch andere Gesetze wie das KWK-Gesetz und das EE-Wärme-Gesetz haben in der Region Hameln-Pyrmont laut den Interviewten für erhebliche Unterstützung des Ausbaus der erneuerbaren Energien gesorgt.

Unterstützend wirkt auch die Anwesenheit von Bundespolitikern in der Region:

„Als Jürgen [Trittin] hier war zum Solarinstitut (...). Ja, das ist natürlich dann, wenn man in der Regierungsbeteiligung ist. Wir haben noch Kontakt zu Bärbel Höhn und [Hans-Josef] Fell" (Experte 1).

Dadurch wird vor allem eine größere Öffentlichkeitswirksamkeit erreicht, mit der gezielt für EE-Projekte geworben werden kann.

4.1.2.2 Bundesland Niedersachsen

Die Region Hameln-Pyrmont befindet sich im Bundesland Niedersachsen, welches flächenmäßig das zweitgrößte Bundesland ist. Das Bruttoinlandsprodukt (BIP) lag im Jahr 2010 bei 213,97 Mrd. Euro (BIP in jeweiligen Preisen) und damit unter dem gesamtdeutschen Durchschnitt (Statistische Ämter des Bundes und der Länder 2012).

Erneuerbare Energien in Niedersachsen

Der Anteil der erneuerbaren Energien betrug in Niedersachsen im Jahr 2008 10,3 Prozent (Diekmann, Groba et al. 2012: 126), im Strombereich wurden 2011 bereits ca. 33 Prozent erneuerbare Energien erzeugt (Niedersächsisches Ministerium für Umwelt und Klimaschutz 2011).

Die Niedersächsische Regierung hat sich im Entwurf eines Energiekonzepts vom September 2011 das Ziel gesetzt, bis 2020 25 Prozent erneuerbare Energien am Gesamtenergieverbrauch bereit zu stellen (Niedersächsisches Ministerium für Umwelt und Klimaschutz 2011: 5). Im Strombereich strebt das Land bis 2020 90 Prozent erneuerbare Energien an (Niedersächsisches Ministerium für Umwelt und Klimaschutz 2011: 6).

Die Standorte der Energieversorger sind über das ganze Land verteilt, Schwerpunkte liegen vor allem im Bereich der Windenergie oder bei der Biogasnutzung. Niedersachsen hat etwa 50 Stadtwerke. Außerdem sind die großen Energiekonzerne E.ON und EWE[98] in Niedersachsen aktiv.

Die Zuständigkeiten für den Bereich der erneuerbaren Energien sind in Niedersachsen auf unterschiedlichen Ministerien verteilt. Das Ministerium für Umwelt und Klimaschutz ist für die Bereiche Energiepolitik, Klimaschutz und Nachhaltigkeit zuständig[99], ein niedersächsisches Umweltministerium gibt es seit dem Jahr 1986. Das Amt des Umweltministers hatte von 2003 bis Januar 2012 der FDP-Politiker Hans-Heinrich Sander inne, der in der Öffentlichkeit u. a. als Befürworter von Atomkraft und als Gegner einzelner erneuerbarer Energietechnologien wahrgenommen wurde (vgl. Mez, Schneider et al. 2007: 83).

Niedersachsen hat als eines der wenigen Bundesländer keine eigene landesweite Energieagentur mehr. Die Energieagentur wurde im Jahr 2003 während der zu der Zeit neuen Regierung von CDU und FDP unter Umweltminister Sander abgeschafft, nachdem sie zwölf Jahre zuvor unter Gerhard Schröder (SPD) gegründet worden war. Eine Reihe von Initiativen in Niedersachsen versucht, die fehlende Energieagentur zu ersetzen, z. B. die Niedersächsische Umweltinitiative „Klimawandel in Kommunen" (KuK)[100], die aktuell drei Mitarbeiter hat. Außerdem gibt es seit 2001 die Klimaschutzagentur der Region Hannover, eine regionale Energieagentur, die nicht vom Land, sondern von den Kommunen der Region Hannover und Gesellschaftern unterstützt wird. Bis 2005 gab es auch die Fachinformationsstelle BEN - Bioenergie und das Kompetenzzentrum Nachwachsende Rohstoffe in Niedersachsen (vgl. Mez, Schneider et al. 2007: 82).

---

98   Die EWE AG gilt derzeit als fünftgrößtes Energieversorgungsunternehmen in Deutschland. Sie sind in der Ems-Weser-Elbe-Region, auf Rügen und in Westpolen tätig. Der Hauptsitz befindet sich im niedersächsischen Oldenburg.

99   Das Ministerium für Ernährung, Landwirtschaft, Verbraucherschutz und Landesentwicklung ist für die Bereiche Bioenergie und Raumordnung zuständig, das Ministerium für Wissenschaft und Kultur bearbeitet den Bereich Energieforschung, das Ministerium für Wirtschaft und Verkehr die Bereiche Offshore-Häfen und Unternehmen, das Ministerium für Soziales, Frauen, Familie, Gesundheit und Integration die Bereich Repowering und Bauleitplanung und die Staatskanzlei übernimmt die Gesamtkoordination (vgl. Niedersächsische Staatskanzlei 2012).

100 Unterstützt wird KuK vom niedersächsischen Städte- und Gemeindebund, dem niedersächsischen Landkreis- und Städtetag, aber auch von Energieunternehmen wie E.ON, EWE oder RWE. Die genaue Zusammensetzung von KuK ist abgebildet auf: http://www.kuk-nds.de/ueber-uns/partner.html (Letzter Zugriff 02.11.2012).

104 Erneuerbare-Energie-Regionen

2006 wurde das neue landesweit operierende Kompetenzzentrum 3N-Niedersachsen Netzwerk Nachwachsende Rohstoffe eröffnet. [101]

Förderung im Bereich der erneuerbaren Energien für Regionen und Kreise gibt es von niedersächsischer Seite nicht in dem Maße wie in anderen Bundesländern, wofür das Fehlen der Niedersächsische Energieagentur ein Grund ist. Ein existierendes Förderprogramm ist u. a. das Niedersächsische Innovationsförderungsprogramm[102], welches sich vor allem an Unternehmen richtet und erneuerbare Energien und Energieeffizienz nur als einen von vielen Bereichen bezuschusst. Das Land fördert auch Investitionen zur energetischen Sanierung und Erneuerung von öffentlichen Gebäuden durch die Energieeffizienzrichtlinie und die energetische Modernisierung von Wohneigentum, das bis 1995 fertig gestellt worden ist, sowie die Sanierung von Mietwohnungen (vgl. Bundesministerium für Wirtschaft und Technologie 2012).

Die Stellung der Kommunen im Bundesland Niedersachsen

Seit dem Jahr 1955 ist die niedersächsische Gemeindeordnung in Kraft. Durch eine Revidierung im Jahr 1996 wurden die Mitwirkungsrechte der Bürger gestärkt, die u. a. den Bürgermeister und Landrat nun selbst wählen können (vgl. Hoffmann 2010: 205 f.). Die meisten Städte und Gemeinden in Niedersachsen sind in 37 Landkreise, die Region Hannover als kommunale Körperschaft eigener Art eingegliedert (vgl. Hoffmann 2010: 206). Zur Stärkung ihrer Verwaltungskraft sind kleine Gemeinden in Samtgemeinden zusammengefasst, größere Gemeinden bestehen als Einheitsgemeinden. Außerdem gibt es gemeindefreie Gebiete wie z. B. das Wattenmeer oder Waldgebiete. Die Mehrheit der Niedersachsen wohnt in Orten mit weniger als 50.000 Einwohnern (vgl. Hoffmann 2010: 206).

Die Elemente der kommunalen Selbstverwaltung sind in der niedersächsischen Gemeindeordnung geregelt. Durch das niedersächsische Gesetz über kommunale Zusammenarbeit aus dem Jahr 2004 können die Gemeinden miteinander kooperieren, um Aufgaben wirtschaftlicher und wirksamer wahrnehmen zu können, z. B. durch die Einrichtung eines Zweckverbandes (vgl. Hoffmann 2010: 207).

---

101 Das Land Niedersachsen hat dieses Kompetenzzentrum mit 57 Prozent bezuschusst (vgl. Mez, Schneider et al. 2007: 82). Im Jahr 2011 wurde das Kompetenzzentrum in einen Verein überführt.

102 Weitere Informationen dazu sind unter diesem Link zu finden: http:/www.erneuerbare-energien-niedersachsen.de/rechtsrahmen/innovationsfoerderung-niedersachsen/index.html (Letzter Zugriff 02.11.2012).

Oberster Kommunalbeamter eines Landkreises ist ein Landrat, der in Niedersachsen für eine Amtszeit von acht Jahren (vgl. Land Niedersachsen §80) direkt von den Bürgern gewählt wird[103]. Der Landrat leitet die Sitzungen des Kreistags, vertritt den Landkreis, führt die Beschlüsse des Kreistags aus und erledigt die Geschäfte der laufenden Verwaltung (vgl. Land Niedersachsen §85).

Der hauptamtlich tätige Bürgermeister ist Chef der kommunalen Verwaltung. Besonders deutlich wird sein Einfluss bei der Personalauswahl, da der Rat nur leitende Wahlbeamte wählen kann, die der Bürgermeister vorgeschlagen hat (vgl. Hoffmann 2010: 211).

Oberstes Organ aller Kommunen ist der Rat (z. B. Stadt- oder Gemeinderat), dessen Anzahl an Ratsmitgliedern von der Einwohnergröße der Gemeinde abhängig ist. Als gewählte Vertretungskörperschaft der Gemeindebürger hat der Rat verschiedene parlamentarische Kontrollfunktionen (vgl. Hoffmann 2010: 214). Zur Vorbereitung seiner Beschlüsse kann er Ausschüsse bilden.

Die Kommunen in Niedersachsen dürfen sich laut § 136 (Land Niedersachsen 2010) zur Erledigung ihrer Angelegenheiten unter bestimmten Voraussetzungen wie dem gerechtfertigten öffentlichen Zweck oder der Angemessenheit wirtschaftlich betätigen.

Einfluss des Bundeslandes auf die EE-Region Hameln-Pyrmont

Insgesamt wird nur geringer Einfluss durch das Land Niedersachsen auf die EE-Region Hameln-Pyrmont sichtbar, was die Interviews bestätigen. Ein Grund liegt in der mangelnden Unterstützung durch den bis 2012 im Amt gewesenen Niedersächsischen Umweltminister Hans-Heinrich Sander:

> „Da meinte die Weserbergland AG dann den Umweltminister Sander einladen zu müssen. Der hat dann auf der Folgekonferenz ein Plädoyer für Atomkraft gehalten und hat Bioenergie in Zweifel gezogen" (Experte 5).

Besonders wird jedoch die fehlende Energieagentur auf Länderebene als Hemmnis genannt:

> „Das [die Energieagentur Hannover] ist ein regionaler Akteur. Denn wir bedauern, dass gerade auf Landesebene Niedersachsen weit zurück hängt. Und deswegen, es ist ein regionaler Akteur, der uns sehr stark geholfen hat und bis heute immer wieder zur Seite steht" (Experte 1).

---

[103] Im Jahr 1996 ist in Niedersachsen die Doppelspitze abgeschafft worden. Nach alter Rechtslage war der Oberkreisdirektor Hauptverwaltungsbeamter, der ehrenamtliche Landrat nahm nur repräsentative Aufgaben wahr.

Der Geschäftsführer der Agentur Udo Sahling war mehrmals in der Region anwesend. Unterstützung bei der Erstellung des Klimaschutzkonzeptes und bei konkreten Einzelfragen gab es aber vor allem durch ein Coaching der Energieagentur in Nordrhein-Westfalen (Experte 3).

Einer weiteren Vernetzungsstelle, der Umweltinitiative „Klimawandel in Kommunen" in Hannover, schreiben die interviewten Experten nur eine untergeordnete Rolle im EE-Ausbauprozess zu und weisen darauf hin, dass diese Initiative nicht als Ersatz für eine fehlende Niedersächsische Energieagentur gelten kann.

Deutlich wird, dass der Prozess in der EE-Region Hameln-Pyrmont kaum Unterstützung durch das Land Niedersachsen erhält. Weder Fördermittel noch institutionelle Unterstützungen oder unterstützender Einfluss von Personen der Landesebene tragen dazu bei, dass sich der Prozess in Hameln-Pyrmont weiter entwickelt.

4.1.3 Prozess des Ausbaus der erneuerbaren Energien

Im Folgenden werden Prozesse in der EE-Region Hameln-Pyrmont, die zu einem regionalen Ausbau der erneuerbaren Energien geführt haben, in einzelne Phasen zusammengefasst. Dafür werden die Ereignisse im Bereich der erneuerbaren Energien zunächst in eine chronologische Reihenfolge gebracht, anschließend Meilensteine zu einzelnen EE-Phasen zusammengefasst und strukturiert. Dadurch lassen sich einzelne EE-Etappen analytisch darstellen und die Herausforderungen für die Zukunft skizzieren.

Es lassen sich vier Hauptphasen mit unterschiedlichen Ereignissen unterscheiden, die der Landkreis bisher im EE-Bereich durchlaufen hat.

Erneuerbare-Energie-Regionen 107

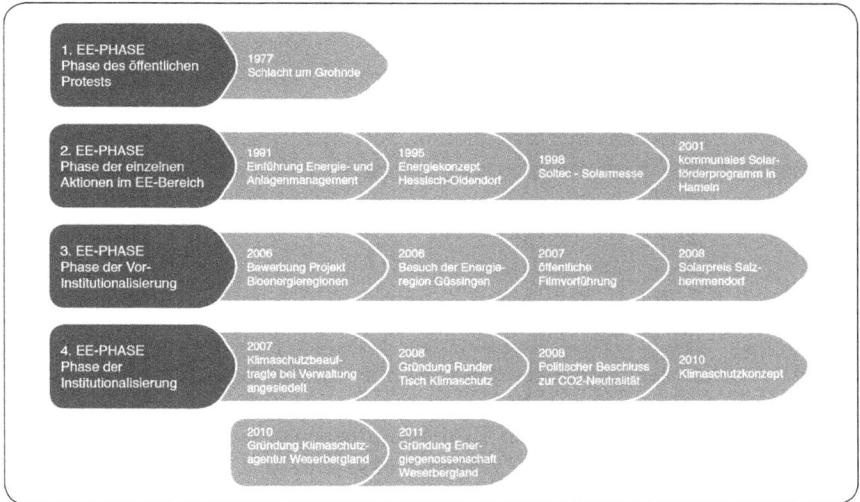

Abbildung 10: EE-Phasen in der EE-Region Hameln-Pyrmont

Die dargestellten Phasen werden im Folgenden analysiert.

4.1.3.1 1. EE-Phase: Phase des öffentlichen Protests

Entwicklungen im Bereich der erneuerbaren Energien sind im Landkreis Hameln-Pyrmont schon relativ früh mit kleinen Einzelaktionen gestartet. Diese Aktionen lassen sich jedoch keiner Akteursgruppe zuordnen, insofern sie von breiten Bevölkerungsgruppen und Bündnissen wie der Bürgerinitiative Weserbergland und Anti-AKW-Bewegungen getragen wurden; es wurde auch eine Wählergemeinschaft gegen Atomanlagen gegründet, die einen Sitz bei den Kommunalwahlen 1977 erhielt (vgl. Schröder 2012). Der frühe Start des EE-Prozesses erfolgte vor allem wegen des im Landkreis ansässigen Atomkraftwerks Grohnde.[104] Eine große Protestaktion gegen das im Jahre 1973 beantragte Atomkraftwerk fand 1977 mit 15.000 zum großen Teil nationalen Teilnehmern statt (vgl. Spiegel 1978). In der Presse wurde diese Protestaktion auch „Schlacht um

---

104 Das Atomkraftwerk wurde im Jahr 1973 beantragt (E.ON 2012), wogegen im Sommer 1974 über 12.000 Personen Einsprüche einlegten. Trotzdem wurde eine Teilerrichtungsgenehmigung im Jahr 1976 erteilt und das Atomkraftwerk ging neun Jahre später in Betrieb (E.ON 2012).

Grohnde" genannt, weil sie von gewalttätigen Demonstrationen begleitet war. Experte 5 nennt diese „Schlacht um Grohnde" ein Merkmal des EE-Prozesses. Die anderen interviewten Personen gehen hingegen kaum oder gar nicht auf das Atomkraftwerk und die Bedeutung der Proteste für eine Entwicklung hin zum EE-Ausbau ein. Unabhängig von diesem Teilaspekt markiert dieser Zeitraum den Beginn des Politikprozesses, gleichsam die erste Phase im Sinne des Policy-Zyklus', insofern der Ausbau der erneuerbaren Energien thematisiert und teilweise auf die Agenda gesetzt worden ist.

4.1.3.2 2. EE-Phase: Phase der einzelnen Aktionen im EE-Bereich

In den späten 1980er Jahren und über die gesamten 1990er Jahre hinweg sind eine Reihe von Einzelinitiativen im Landkreis im EE-Bereich zu beobachten. Ein konsistenter Prozess ist jedoch nicht zu erkennen: Das erste Ereignis, welches die Landkreisverwaltung im EE-Prozess benennt, ist die Einweihung der Mobilitätszentrale in Hameln-Pyrmont 1989, die im Rahmen eines EG-Forschungsprojektes mit der Universität Wuppertal entstand. Zwei Jahre später erfolgte die Einführung eines Energie- und Anlagenmanagements mit einer zentralen Datenerfassung zur Senkung des Energieverbrauchs und einer Erhöhung der Energieeffizienz, weitere drei Jahre später die Erstellung eines ersten Energiekonzeptes in Hessisch Oldendorf (vgl. Kompetenznetzwerk dezentrale Energietechnologien 2010: 18). Die Solarmesse Soltec[105] wurde im Jahr 1998 erstmals durchgeführt, 2001 beschloss der Hamelner Stadtrat ein kommunales Solarförderprogramm, welches bis 2011 fortgeführt wurde.

> „Die Stadtsparkasse hat den Prozess durch günstige Kredite unterstützt". (...) Das hat für einen Boom der Photovoltaik auf den Dächern gesorgt" (Experte 1).

Auch kommunale Dächer wurden zur Verfügung gestellt, damit Bürger dort Photovoltaikanlagen installieren lassen konnten. Im Jahr 2002 wurde eine Biomasse-Verbrennungsanlage zur Altholzverwertung in Hameln gebaut (vgl. Kompetenznetzwerk dezentrale Energietechnologien 2010: 18).

Im Sinne des Policy-Zyklus ist der konkrete Ausbau der erneuerbaren Energien in Hameln-Pyrmont als Phase der Implementation, die direkt auf die Problemthematisierung folgt, erkennbar.

---

105 Die Soltec findet in Kooperation mit dem Institut für Solarenergieforschung in Hameln statt. Im Jahr 2010 erfolgte die 15. Soltec mit ca. 11.000 Besuchern (vgl. Stadt Hameln o.J.-c).

4.1.3.3 3. EE-Phase: Phase der Vor-Institutionalisierung

In der Phase der Vor-Institutionalisierung gab es eine Reihe von Initiativen und Veranstaltungen, welche auf eine Verstetigung und Verankerung des EE-Prozesses in der Region abzielten. Erkennbar ist die zunehmende Akteurspartizipation aus unterschiedlichen Gruppen am EE-Prozess.

Zum einen wurden im Jahr 2009 Fördergelder aus dem Wettbewerb Bioenergieregionen des Landwirtschaftsministeriums für die Region Weserbergland plus, zu der auch der Landkreis Hameln-Pyrmont gehört, bewilligt. Die Initiative zur Bewerbung beim Projekt Bioenergieregionen ging vom BUND zusammen mit der Weserbergland AG im Jahr 2004 aus (vgl. Interviews Experte 2, Experte 5).

> „Inspiration dafür kam von einer Veranstaltung der Partei Die Grünen in Berlin, zu der auch Vertreter aus Hameln-Pyrmont eingeladen waren. (...) Der neu gewählte Landrat gab damals den entscheidenden Tipp, nicht erst mit den Parteien zu reden, sondern gleich mit den Bürgermeistern und Fraktionsvorsitzenden zu reden (...). Ein Rückschlag war allerdings eine Veranstaltung mit dem niedersächsischen Umweltminister Sander, der auf einer Folgekonferenz ein Plädoyer für Atomkraft gehalten hat" (Experte 5).
>
> „Die erste Bewerbungsrunde wurde mit relativ geringem Aufwand durchlaufen" (Experte 2).

Danach beauftragte die regionale Entwicklungskooperation die Weserbergland AG, einen Antrag zu stellen, dem die beteiligten Landkreise eine Cofinanzierung zusagten.

2006 besuchten Akteure aus der Region – eine Delegation, bestehend aus Vertretern der Stadtwerke Hameln, dem ersten Stadtrat Hamelns und drei Bürgermeistern aus der Region – die Energieregion Güssingen[106] in Österreich (vgl. Grüne Hameln Pyrmont o.J.). Die Geschäftsführerin der Stadtwerke Hameln betont auf den Internetseiten der Stadtwerke, dass dieser Besuch viele Ideen für den EE-Prozess im Landkreis Hameln-Pyrmont geliefert habe (vgl. Stadtwerke Hameln o.J.-b).

Um die Bevölkerung und besonders Schulkinder in den EE-Prozess einzubeziehen, wurden erstmals im Januar 2007 unter Organisation des BUND und der Stadtwerke Hameln ausgewählte Filme – z. B. eine „Eine unbequeme Wahr-

---

106 Weitere Informationen über die Energieregion Güssingen gibt es unter: http://www.eee-info.net/cms/ (Letzter Zugriff 02.11.2012).

heit" von Al Gore oder „Die 4. Revolution mit Hermann Scheer"[107] – öffentlich im örtlichen Kino gezeigt. Die Eintrittskarten wurden finanziell durch die Stadtwerke Hameln ermäßigt (vgl. Hameln-Pyrmont 2007).

Im Jahr 2008 hat Salzhemmendorf den Solarpreis von der Europäischen Vereinigung für Erneuerbare Energien (EUROSOLAR e.V.) erhalten (vgl. Interviews Experte 1, Experte 3, Experte 5).[108]

4.1.3.4 4. EE-Phase: Phase der Institutionalisierung

In der aktuellen vierten Phase der Institutionalisierung ist die Landkreisverwaltung verstärkt in den EE-Prozess eingestiegen. Weiterhin ist auch die Partizipation unterschiedlicher Akteursgruppen erkennbar.

Der Ausbau von erneuerbaren Energien wurde als konkrete Verwaltungsaufgabe erstmals im Jahr 2007 bei der Wirtschaftsförderung mit einer Stabsstelle eingerichtet. 2008 wurde zusammen mit der Stadt Hameln der runde Tisch Klimaschutz gegründet und der Beitritt zum Klima-Bündnis beschlossen (vgl. Kompetenznetzwerk dezentrale Energietechnologien 2010: 18).

Politischer Beschluss zur CO_2-Neutralität

Im Vorgang zur Kommunalwahl traf eine Jamaika-Koalition aus CDU, FDP und den Grünen im Dezember 2008 einen politischen Beschluss, um den CO_2-Ausstoß im Jahr 2020 um mindestens 20 Prozent gegenüber dem Basisjahr 1990 zu senken und langfristig eine vollständige CO_2-Neutralität zu erreichen (vgl. Landkreis Hameln-Pyrmont 2010: 2). Ziel des Beschlusses war u. a., eine Vorreiterrolle in der Region zu übernehmen (vgl. Interview Experte 3). Kritisiert wird von einzelnen Befragten zwar der fehlende Mut, sich auf eine Jahreszahl zur vollständigen Umstellung auf erneuerbare Energien festzulegen. Alle interviewten Experten betrachten das politische Vorgehen jedoch als wichtig, um

---

[107] Im Jahr 2010 wurde der Film Energy Autonomy von Carl Fechner in deutschen Kinos gezeigt. Dreh und Ausstrahlung des Films begleiteten Eventkampagnen und Aktionsbündnisse. Der Film sollte genutzt werden, um die Botschaft der dezentralen Energieversorgung weiter zu verbreiten.

[108] Ausgezeichnet wurde die 10.500-Einwohner-Gemeinde, weil sie mehr als 100 Prozent ihres Strombedarfs aus erneuerbaren Energien erzeugt. Im Ort gibt es mehrere Biogasanlagen, die u. a. für die Stromgewinnung, aber auch für die Wärmeerzeugung mehrerer in der Gemeinde ansässiger Unternehmen sowie einer Therme genutzt werden; auch Windkraftanlagen sind errichtet worden. Bei einem Windpark setzte sich der Gemeinderat über die Empfehlung des Landkreises zur Begrenzung der Narbenhöhe hinweg und genehmigte höhere und leistungsstärkere Anlagen (vgl. Eurosolar 2008).

z. B. Akteure durch die Absicht des Beschlusses zu vernetzen, transparent zu informieren und eine Grundlage für das Handeln der Verwaltung zu haben (vgl. Interviews Experte 4, Experte 5). Bemängelt wird jedoch, dass in dem Beschluss weder Maßnahmen für den weiteren EE-Prozess definiert, noch Bedenken und Vorbehalte der Verwaltung aufgegriffen worden sind (vgl. Interview Experte 4).[109]

Integriertes Klimaschutzkonzept

Zur Umsetzung der Ziele wurde im Jahr 2008 die Beantragung und Erstellung eines Klimaschutzkonzeptes beschlossen (vgl. Landkreis Hameln-Pyrmont 2010: 2) und 2010 ein eigenes Konzept sowohl vom Landkreis Hameln-Pyrmont[110] als auch von der Stadt Hameln[111] erarbeitet. An der Konzepterstellung, die jeweils vom Bundesumweltministerium aus Mitteln der Klimaschutzinitiative (siehe Kapitel 2.6.3.2) gefördert wurde[112], waren neben der Kreisverwaltung Hameln-Pyrmont das Energie- und Umweltzentrum Springe und das Klima-Bündnis beteiligt. Eingebunden waren auch die im Landkreis ansässigen Gemeinden, für die ein Aktivitätsprofil eingerichtet wurde. Ziel des Konzeptes ist die Erreichung einer mittelfristig prägnanten CO_2-Minderung und die Entwicklung von möglichen Maßnahmen zur Zielerreichung (vgl. Lampen 2010). Durch seine Erstellung wurden drei Arbeitsgruppen ins Leben gerufen[113] (vgl. Landkreis Hameln-Pyrmont 2010).

Die Erarbeitung des Klimaschutzkonzeptes wird von den Beteiligten als nicht immer einfach beschrieben. Die Klimaschutzbeauftragte des Landkreises Hameln-Pyrmont stellte in einem Vortrag die Herausforderungen des Prozesses dar und beschrieb die Datenerhebung als langwierig und teilweise sehr schwie-

---

109 Im Dezember 2012 beschloss der Kreistag einstimmig, eine 100ee-Region im Sinne der Definition des Projektes „100 % Erneuerbare-Energie-Regionen" zu werden. Dies hat den politischen Beschluss von 2008 erneut legitimiert.

110 Das Klimaschutzkonzept des Landkreises Hameln-Pyrmont ist zu finden unter: http://www.hameln-pyrmont.de/Klimaschutz/Klimaschutzkonzept/ (letzter Zugriff 08.10.2012).

111 Das Klimaschutzkonzept für die Stadt Hameln ist zu finden unter: http://www.hameln.de/wirtschaft/klima/klimaschutzkonzept.htm (letzter Zugriff 08.10.2012).

112 Die Kosten für die Erstellung des Konzeptes betrugen 276.544 Euro (vgl. Landkreis Hameln-Pyrmont 2010), von denen der Landkreis 55.309 Euro übernahm. Der Rest wurde aus den Mitteln der Klimaschutzinitiative des Bundes bezahlt.

113 AG Energie sparen, AG erneuerbare Energien und AG Energieeffizienz.

rig (vgl. Lampen 2010). In den Interviews mit den Experten findet Bestätigung, was auf der Abschlussveranstaltung zum Klimaschutzkonzept in Hameln deutlich geworden ist, dass besonders die Beschaffung der Wärmedaten eine Herausforderung darstellte.[114] Der Bearbeitungszeit von 12 Monaten war sehr knapp bemessen, allgemein erschwert wurde die Arbeit durch die komplizierte Kooperation mit den Energieversorgern des Landkreises, die nötig war, um die Daten für die Stromversorgung zu erhalten (vgl. Lampen 2010). Lampen bezeichnet besonders die Koordination der drei für das Konzept zuständigen Büros als schwierig (vgl. Lampen 2010).

Neben dem Klimaschutzkonzept gibt es eine Biomassestudie, welche im Zuge des Bioenergieregionenwettbewerbs erstellt wurde. Auch der BUND erstellte, angelehnt an eine Konzeption von Eurosolar, ein eigenes Klimaschutzkonzept, welches aber keine Anwendung im Landkreis fand (vgl. Interview Experte 5).

Die Klimaschutzkonzepte werden von den Befragten als wichtig eingestuft, um die Umstellung auf erneuerbare Energien geplant zu begleiten.

„Ohne Konzepte geht die Umstellung zu erneuerbaren Energien nicht " (Experte 3).

Gründung der Klimaschutzagentur und der Energiegenossenschaft

Als Konsequenz aus dem Klimaschutzkonzept wurde die Gründung einer Energieagentur beschlossen (vgl. Landkreis Hameln-Pyrmont 2010: 26 ff.), welche Ende 2010 eingerichtet wurde. Die „Klimaschutzagentur Weserbergland" soll die Aktivitäten der Klimaschutzbeauftragten, die bei der Wirtschaftsförderung des Landkreises angesiedelt ist, ergänzen und als „zentrale Anlaufstelle für die Bürger" dienen (Experte 3). Finanziert und unterstützt wird sie vom Landkreis Hameln-Pyrmont, fast allen Kommunen des Landkreises, den regionalen Energieversorgern E.ON Westfalen Weser, Stadtwerke Hameln und Stadtwerke Bad Pyrmont und einem Förderverein. In diesem Förderverein sind knapp 40 Betriebe, Fachleute und Verbände versammelt, die energieeffiziente Produkte und Dienstleistungen anbieten.

Im Vorfeld der Gründung gab es Debatten im Landkreis, inwiefern sich E.ON finanziell beteiligen und Personal stellen darf. Die Klimaschutzagentur war auch nach der Gründung Gegenstand der öffentlichen Diskussion, u. a. we-

---

114 Die Wärmedaten der privaten Haushalte wurden mit großem Aufwand vor Ort erhoben. Die Schornsteinfeger lieferten dafür die Daten aus den Hauhalten, u. a. mit Informationen darüber, wie viele Anlagen in den Haushalten stehen, wie alt die Anlagen sind und mit welchen Rohstoffen sie beheizt werden.

gen der kurzen Amtszeit des Geschäftsführers, dem noch in der Probezeit aufgrund von Unstimmigkeiten mit dem Landrat gekündigt wurde (vgl. DEWEZET 2011).

Im Februar 2011 wurde die Energiegenossenschaft Weserbergland gegründet, an der Bürger der Region einen oder mehrere Geschäftsanteile in Höhe von jeweils 200 Euro erwerben können. Eine erste Photovoltaikanlage der Genossenschaft ist Ende Juni 2011 in Betrieb gegangen (vgl. Energiegenossenschaft Weserbergland o.J.).

Derzeit plant E.ON den Verkauf von E.ON Westfalen Weser. Ein Grund sind die Verluste der Konzessionen in dem Gebiet.

In dieser vierten Phase des Policy-Zyklus hat die Politikformulierung durch den politischen Beschluss stattgefunden; durch die Erstellung des Klimaschutzkonzeptes ist der EE-Prozess erstmals evaluiert worden.

4.1.3.5 Aktueller EE-Ausbaustand

Im Landkreis Hameln-Pyrmont gibt es unterschiedliche Arten von erneuerbaren Energien. Bis zum Jahr 2011 existierte ein Solarförderprogramm der Stadt Hameln, für das eine Kooperation mit den Stadtsparkassen eingegangen wurde (vgl. Stadt Hameln o.J.-a). Wegen der frühen Förderung von Solaranlagen und der Solarmesse Soltec sind viele Solaranlagen im Landkreis errichtet worden, zum Teil auch als Bürgersolaranlagen konzipiert. In der Stadt Hameln ist ein Solarkataster mit einer Solarpotenzialanalyse vorhanden (vgl. Stadt Hameln o.J.-b). Darüber hinaus gibt es 45 Windkraftanlagen, darunter zwei existierende Bürgerwindparks (ein dritter ist in Planung) und 17 Biogasanlagen (vgl. Landkreis Hameln Pyrmont 2011: 54 ff.).

Der Beitrag von Biomasse wird in der Region kritisch diskutiert, trotz der Beteiligung am Wettbewerb Bioenergieregionen und der Förderung durch das Landwirtschaftsministerium.

> „Biomasse hat in der Region fast die Grenzen des Möglichen erreicht. Es dürfen keine Monokulturen entstehen" (Experte 4).

Daher sei im Landkreis nun, anders als zu Beginn des Ausbaus von Biogasanlagen, eine abgestimmte Planung der Anlagen notwendig (vgl. Interviews Experte 2, Experte 3).

Daneben wird das Holzpotential der Region genutzt, besonders der Baum- und Strauchschnitt. Holz wird u. a. zum Heizen verwendet.

Auch Wasserkraftanlagen mit einer Erzeugung von 12 Mio kWh sind in der Region vorhanden. Gegebenenfalls soll eine Erweiterung um 1,5 kWh stattfinden (Experte 4).

Laut Energy Map[115] erzeugt der Landkreis Hameln-Pyrmont im Jahr 2012 24 Prozent EEG-Strom.

Die interviewten Akteure bescheinigen der Region bereits einige Aktivitäten im EE-Bereich, sehen diese aber als ausbaufähig; die derzeitige Phase wird als Übergangsphase von der Idee zur Institutionalisierung beschrieben (vgl. Interview Experte 5). Es wird zugleich deutlich, dass die EE-Region Hameln-Pyrmont im Vergleich zu den Nachbarlandkreisen den höchsten EE-Ausbaustand erreicht hat und auch die EE-Phasen insgesamt am weitesten entwickelt sind.

Durch die neu gegründete Klimaschutzagentur gibt es eine Reihe regionaler Förderprogramme und Beratungsangebote wie beispielsweise eine Energieberatung oder die Kampagne „Mach dein Haus fit".[116] Auch die Stadtwerke Hameln verfügen über eigene Förderprogramme für den Landkreis Hameln-Pyrmont, z. B. für die Anschaffung von Erdgasautos. Seit Einrichtung der Klimaschutzagentur Weserbergland werden Beratungen und Förderungen mit dieser abgestimmt.

4.1.3.6 Herausforderungen und notwendige Einflussfaktoren

Die regionalen Experten machen in den Interviews auf eine Reihe von Herausforderungen im Bereich des Ausbaus der erneuerbaren Energien aufmerksam. Immer wieder wird die Flächensicherung für den Bau eigener EE-Anlagen diskutiert. So soll u. a. durch Vorranggebietsausweisungen verhindert werden, dass fremde Investoren sich Flächen in der Region sichern, um z. B. eigene Windanlagen zu bauen (vgl. Experte 1). Um den Ausbau der Windkraft allgemein zu begrenzen, wird außerdem ein Flora- und Fauna-Kataster erstellt (vgl. Experte 3).

Eine weitere Herausforderung sind fehlende finanzielle Mittel des Landkreises, wie fast alle interviewten Akteure feststellen. Hinzu kommt die mangelnde

---

115 Informationen gibt es unter: http://www.energymap.info/energieregionen/DE/ 105/116/175/564.html (Letzter Zugriff 02.11.2012). Die Seite erfasst jedoch nur von Netzbetreibern gemeldete EEG-Zahlen.

116 Weitere Informationen dazu finden sich hier: http://www.klimaschutzagentur.org/ klimaschutz-aktuelles.htm (Letzter Zugriff 02.11.2012).

Investitionsbereitschaft von Bürgern und Eigenheimbesitzern, welche die energetische Sanierung verlangsamt (Experte 3). Schließlich ist die Region vom demographischen Wandel betroffen. Dieses geht mit einer starken Überalterung der Bevölkerung und der Zunahme von Einpersonenhaushalten in Hameln-Pyrmont einher (vgl. Experte 3).

Auch der hohe Heizölbedarf[117] in privaten Haushalten wird thematisiert:

> „Hier liegt der Wert im Landkreis doppelt so hoch wie im Bundesdurchschnitt" (Experte 3).

Ebenso trägt die große Anzahl der Fachwerkgebäude, die meist von nur einer Person bewohnt werden, dazu bei.

> „Und die energetisch zu sanieren, ist eigentlich ein wahnsinniges Unterfangen" (Experte 3).

Eine weitere Herausforderung stellt der Mobilitätsbereich in der Region Hameln-Pyrmont dar. Im Klimaschutzkonzept des Landkreises wurde erhoben, dass der CO_2-Ausstoß im Bereich Verkehr über dem Bundesdurchschnitt liegt (Landkreis Hameln-Pyrmont 2010); ein Grund ist der überdurchschnittlich hohe Anteil an privaten PKWs.

> „Verkehr wird immer ein großes Problem im Landkreis bleiben. Wir sind ein ländlicher Raum. Angesichts leerer Kassen ist es kaum möglich, als Lösung zusätzliche Busse und zusätzlichen ÖPNV auf Land zu bringen. Es muss darum gehen, kreative Lösungen zu entwickeln" (Experte 3).

Notwendige Faktoren dafür, dass die Umstellung auf erneuerbare Energien und eine Fortsetzung des bereits eingeleiteten Prozesses funktionieren kann, sind laut der regionalen Experten u. a. „Geld, damit Konzepte umgesetzt werden können" (Experte 1), „Investoren, die das Geld in die Hand nehmen" (Experte 4) und „verlässliche finanzielle Rahmenbedingungen" (Experte 3). Dazu gehören zudem Förderinstrumente, um auch Kommunen die Möglichkeit langfristiger Planungen und eigener Projektinitiationen zu geben (vgl. Experte 3).

Neben finanziellen Rahmenbedingungen, welche den EE-Prozess in der Region voranbringen können, werden auch personelle Unterstützungen angesprochen. Notwendig seien „Schlüsselpersonen, die eine Vorreiterrolle übernehmen und Projekte anschieben" (Experte 4, Experte 5). Schließlich werden auch Faktoren zur konkreten Umsetzung genannt wie „Genehmigungsflächen für Wind"

---

117 Die Interviews in Hameln fielen zu großen Teilen zeitlich mit der Veröffentlichung des Klimaschutzkonzeptes zusammen. Deshalb wurden auch einige Herausforderungen angesprochen, die aus dem Klimaschutzkonzept deutlich wurden.

(Experte 4), „Konzessionen in regionaler Hand" (Experte 4) und ein „Ausbau der Netze" (Experte 4).

4.1.4 Akteurskonstellationen

Im Zuge der Governance-Analyse werden in diesem Kapitel zunächst die beteiligten Akteure entsprechend ihrer jeweiligen Gruppe beschrieben. Anschließend werden sie anhand ihrer Rollen analysiert und im Prozess verortet.

4.1.4.1 Beteiligte Akteure

Die Fallstudie in Hameln-Pyrmont zeigt eine Region, in welcher verschiedene Akteure am EE-Prozess beteiligt sind. Sowohl zivilgesellschaftliche Akteure (BUND) als auch wirtschaftliche (Stadtwerke) und politische (Bürgermeisterin der Stadt Hameln) beeinflussen den EE-Prozess in der Region.[118]

Zivilgesellschaftliche Akteure sind vor allem seit der dritten Phase in den EE-Prozess einbezogen und haben besonders den politischen Beschluss durch Awareness-Raising und Agenda-Setzung beeinflusst. In der aktuellen vierten Phase, der Phase der Institutionalisierung, sind sie in die Erstellung des Klimaschutzkonzeptes und die Errichtung der Klimaschutzagentur Weserbergland involviert gewesen. Aktuell sind sie an der Energiegenossenschaft Weserbergland beteiligt. Als Akteur herauszustellen ist besonders Rainer Sagawe, bis zum Jahr 2011 energiepolitischer Sprecher des BUND. Er ist in jedem der geführten Interviews in Hameln Thema und wird von der Mehrzahl der interviewten Personen als Motivator für den EE-Prozess erwähnt.

Wirtschaftliche Akteure wie die Stadtwerke Hameln-Pyrmont sind hauptsächlich finanziell am EE-Prozess beteiligt. Sie sponsern regionale Events wie die öffentlichen Filmvorführungen und unterstützen finanziell auch die Klimaschutzagentur Weserbergland. Darüber hinaus halten die Geschäftsführerin der

---

118 Bei der Auswahl der Interviewpartner in Hameln-Pyrmont wurde darauf geachtet, möglichst aus allen Akteursbereichen einen Repräsentanten zu interviewen, welcher maßgeblich den Prozess im Landkreis mitgestaltet und auch von den anderen Experten als Interviewpartner genannt worden ist. Die fünf interviewten Experten aus dem Landkreis Hameln-Pyrmont kamen aus der Verwaltung, der Politik, Zivilgesellschaft und Wirtschaft und sind maßgeblich am EE-Prozess in der Region beteiligt. Die Einteilung der Akteure folgt dem Modell von Frommer, welches in Kapitel 3 vorgestellt wurde. Bei einigen Akteuren war die Zuordnung nicht immer eindeutig; es wurde die naheliegendste Zuordnung gewählt. Zur Charakterisierung der Akteure werden Einschätzungen der Experten und Ergebnisse aus Dokumentenanalysen verwendet.

Stadtwerke und auch andere Personen beispielsweise Vorträge zu EE-Themen und sensibilisieren somit die Bevölkerung für die EE-Problematik.

Politische Akteure der Stadt Hameln sind schon einige Zeit in den EE-Prozess involviert, besonders die Bürgermeisterin Ursula Wehrmann bereits seit der zweiten EE-Phase. Seit 1992 sitzt sie im Stadtrat für die Partei die Grünen und war u. a. bei dem Solarförderprogramm der Stadt Hameln im Jahr 2001 beteiligt.

Die Grünen werden von den regionalen Akteuren als die Partei genannt, welche den EE-Ausbau am stärksten unterstützt.

Akteure aus der Verwaltung sind vor allem seit der aktuellen vierten Phase, der Institutionalisierungsphase, in den EE-Prozess involviert. Der Landrat wird wegen seines Engagements im Aufsichtsrat von E.ON Weserbergland von den beteiligten Akteuren nicht immer als positiv wahrgenommen. Schließlich ist eine Mitarbeiterin der Verwaltung als Klimaschutzbeauftragte seit 2007 im EE-Prozess beteiligt.

Die in Hameln-Pyrmont im EE-Bereich aktiven Akteure werden in der folgenden Abbildung visualisiert und anschließend ihrer Akteursgruppe nach beschrieben.

118 Erneuerbare-Energie-Regionen

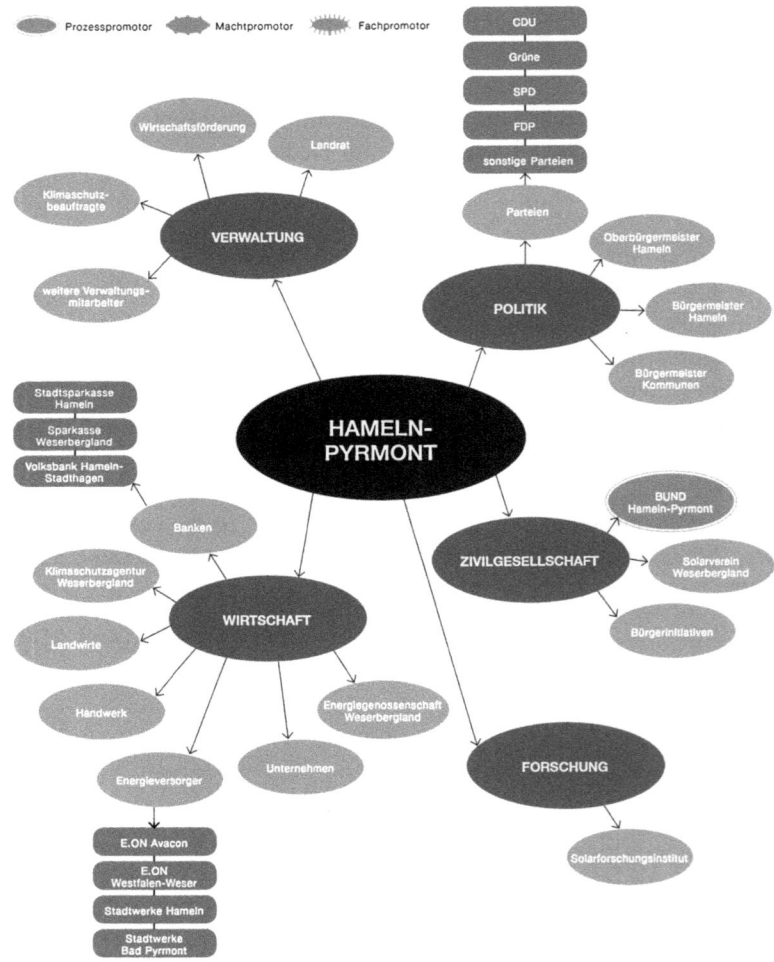

Abbildung 11: Vorhandene EE-Akteure in der EE-Region Hameln-Pyrmont

Verwaltung

In der Verwaltung sind unterschiedliche Akteure im Bereich der erneuerbaren Energien aktiv. Als oberster Kommunalbeamter wird der Landrat von allen Akteuren als beteiligter Akteur im EE-Prozess genannt. Auch die Wirtschaftsförderung mit der Klimaschutzbeauftragten ist im Landkreis Hameln-Pyrmont im Bereich der erneuerbaren Energien aktiv.

Seit 2005 gibt es im Landkreis Hameln-Pyrmont einen direkt gewählten hauptamtlichen **Landrat** Rüdiger Butte[119] von der SPD, der eine vorher existierende Doppelspitze von Oberkreisdirektor und ehrenamtlichem Landrat abgelöst hat. Die interviewten Experten beurteilen den Landrat des Landkreises Hameln-Pyrmont unterschiedlich: Er wird als nicht eindeutig unterstützend wahrgenommen, ihm wird aber auch keine hemmende Funktion für den Ausbau von erneuerbaren Energien zugeschrieben. Auf den Veranstaltungen, die im Landkreis besucht wurden, war er nicht immer anwesend; z. B bei der Vorstellung des Klimaschutzkonzeptes, wo er als Redner angekündigt war, jedoch ein Stellvertreter erschien (vgl. Interview Experte 4). Von einigen Akteuren wird Butte als positiv wahrgenommen. Privat betont er, dass er sein Haus energetisch saniert habe, sich persönlich für das Thema einsetze (vgl. Interview Experte 1) und der Thematik gegenüber positiv eingestellt sei. Er hat das Thema in der Wirtschaftsförderung des Landkreises angesiedelt und es somit aktiv befördert (vgl. Interview Experte 3). Andere Akteure hingegen weisen auf seine Rolle als Aufsichtsratsvorsitzender von E.ON hin und werfen ihm vor, auch die Interessen von E.ON zu vertreten (vgl. Schaumburger Nachrichten 2010). Gleichwohl wird seine Mitgliedschaft in der SPD genannt, die als Partei insgesamt im Landkreis gegen Atomkraft steht; insofern würde er vorsichtig sein bei seinem Engagement für E.ON (Experte 5). Auf seiner Internetseite wirbt Rüdiger Butte mit Bildern des Protestmarsches gegen Grohnde vom 25.04.2011 (vgl. Butte 2012), was seine kritische Haltung gegenüber Atomenergie deutlich macht.

Die **Wirtschaftsförderung**, in deren Tätigkeitsfeld auch der Bereich der erneuerbaren Energien fällt, ist als Stabsstelle beim Landrat angesiedelt. Der Leiter der Wirtschaftsförderung agiert laut der regionalen Experten aber vor allem im Hintergrund. Eine weitere Mitarbeiterin der Wirtschaftsförderung ist für den Bereich der **regionalen Entwicklung** zuständig, worunter auch die Bereiche Klimaschutz und erneuerbare Energien fallen. Sie hat für den Landkreis das Klimaschutzkonzept koordiniert.

---

119 Butte hat zuvor eine Ausbildung bei der Polizei absolviert und war zuletzt Direktor beim Landeskriminalamt in Niedersachsen. Ab 1986 war er Ratsherr und Vorsitzender der SPD-Fraktion in seinem Heimatort Negenborn, wo er von 1991 bis zu seiner Wahl als Landrat im Jahr 1995 stellvertretender Bürgermeister war.

Andere Mitarbeiter der Verwaltung wurden von den Interviewten teilweise dafür kritisiert, sich zu wenig für das Thema der erneuerbaren Energien einzusetzen und anderen Themen mehr Priorität einzuräumen.

Die **Klimaingenieurin** der Stadt Hameln koordinierte das Klimaschutzkonzept der Stadt (vgl. Stadt Hameln 2011). In der Verwaltung ist sie jedoch institutionell in der Abteilung „Verwaltung und Friedhöfe" eingebunden, weshalb sie nur „*begrenzten Einfluss*" (Experte 5) auf den Ausbau der erneuerbaren Energien der Stadt hat. Ihre Bedeutung steht aber außer Frage:

> „Ihre Einstellung musste hart erkämpft werden. Aber der Klimaschutz hat irgendwo ein Gesicht, da passiert auch was, weil sie macht jeden Tag was" (Experte 5).

Der Landrat hat darüber hinaus im Jahr 2007 einen „**Runden Tisch Klimaschutz**" eingerichtet, welcher ressortübergreifend zusammen arbeitet (vgl. Interview Experte 3). Von ihm gingen die Initiativen zur Antragsstellung für das Klimaschutzkonzept und für die Einrichtung der Klimaschutzagentur aus. Kritisiert wird von einzelnen Interviewten jedoch, dass der Landrat bei den Sitzungen des Runden Tisches nur einmal sehr kurz anwesend war, sonst seinen Wirtschaftsförderer schickte (vgl. Interview Experte 4).

Politik

Zum Zeitpunkt der Interviews regierte eine Jamaika-Koalition aus SPD, CDU und FDP im Landkreis Hameln-Pyrmont, im September 2011 fanden erneut Kommunalwahlen statt. Rüdiger Butte wurde als Landrat bestätigt und erlangte mit der SPD die meisten Sitze. Aktuell regiert eine Mehrheitsgruppe aus SPD, Grüne und Piraten.

Die **Oberbürgermeisterin** der Stadt Hameln, Susanne Lipmann (parteilos), wurde von keinem der Interviewpartner als mögliche Schlüsselperson oder entscheidende Akteurin für den Bereich der erneuerbaren Energien in der Region genannt. So hat sie sich bei einem Energiegipfel gegen Windkraft ausgesprochen.

> „Sie sprach beim Energiegipfel von einer Verspagelung der Landschaft" (Experte 5).

Der **Bürgermeisterin** der Stadt Hameln, Ursula Wehrmann (Grüne), wird von den regionalen Experten hingegen eine aktive Rolle im EE-Prozess zugeschrieben. Sie ist seit 1991 bei den Grünen aktiv und seit 1992 Mitglied im Stadtrat

Hameln, Bürgermeisterin seit 2006 und Mitglied des Kreistages in Hameln-Pyrmont (vgl. Grüne Hameln o.J.). Auf ihre Initiative hin wurden einige Programme initiiert, um erneuerbare Energien in der Region weiter auszubauen. Ein Beispiel dafür ist das Solarförderprogramm mit der Stadtsparkasse (vgl. Interview Experte 1).

Insgesamt sind die **Parteien** beim Thema der erneuerbaren Energien sehr aktiv, so wurde der politische Beschluss zur CO_2-Neutralität von der damaligen „Jamaika-Koalition" unter CDU, FDP und Grünen getroffen. Die einzelnen Parteien unterscheiden sich in ihrer Unterstützung und Einstellung gegenüber den erneuerbaren Energien jedoch teilweise deutlich voneinander.

Durch den Zubau von Biogasanlagen sind in der Region viele Landwirte in den EE-Prozess eingebunden, auch der Vorsitzende der **CDU** ist gelernter Landwirtschaftsmeister. Das EE-Thema wird in der CDU vor allem unter dem Aspekt der regionalen Wertschöpfung betrachtet und in diesem Sinne unterstützt:

> „Der CDU-Vorsitzende hat selbst zwei Windräder auf seinem Land und weiß, was das für eine Chance ist" (Experte 5).

Auch ein kommunales Förderprogramm für erneuerbare Energien geht auf einen Antrag von CDU und Grünen zurück (vgl. Interviews Experte 1, Experte 3).

Ein Punkt des Ratswahlprogramms der CDU in Hameln von 2011 bis 2016 ist überschrieben mit dem Slogan „Gemeinsam setzen wir auf erneuerbare Energien und die Umwelt" (Christlich Demokratischer Union Stadtverband Hameln o.J.). Auch die CDU des Kreises hat mit Umwelt- und Klimaschutzthemen bei der Kommunalwahl 2011 geworben.

Die **Grünen** werden mehrheitlich als Antreiber in der Region für den EE-Prozess gesehen. Einige Interviewte äußerten sich jedoch auch kritisch darüber, dass anfangs nicht genügend Einsatz der Partei für den Ausbau der Windenergie stattgefunden habe (vgl. Interviews Experte 5). Die Grünen haben sich im Landkreis Hameln-Pyrmont relativ früh gegründet; Vorgänger war u. a. die Umweltschutzpartei Niedersachsen. Die Partei stellt die Bürgermeisterin der Stadt Hameln. Auch der Vertreter des BUND, Rainer Sagawe ist bei der Partei den Grünen aktiv und hat seit 2011 einen Sitz im Rat der Stadt Hameln.

Die **SPD** im Landkreis Hameln-Pyrmont unterstützt den EE-Ausbauprozess nicht besonders aktiv.[120] Experte 1 erklärt im Interview, dass es von der SPD im EE-Prozess nicht viel Rückendeckung gebe. Das Programm zur Kommunalwahl 2011 beinhaltete jedoch vereinzelte Aussagen zum weiteren Ausbau von erneuerbaren Energien und forderte vom Landkreis eine Vorbildfunktion beim Klimaschutz (vgl. SPD Hameln-Pyrmont 2011).

Die **FDP** spielt keine aktive Rolle beim Ausbau der erneuerbaren Energien in der Region (vgl. Interview Experte 1). Experte 5 bescheinigt ihr, dass sie die Chancen der regionalen Wertschöpfung beim Ausbau der erneuerbaren Energien noch nicht erkannt habe. Durch ihre Beteiligung an der Jamaika-Koalition hat sie gleichwohl den Beschluss zur CO_2-Neutralität mitgetragen.

Seit der Kreistagswahl 2011 haben auch die **Piraten** eine Partei in Hameln gegründet. Bislang spielen sie und andere sonstige Parteien bei Förderung und Ausbau der erneuerbaren Energien in der Region aber keine nennenswerte Rolle.

Wirtschaftsakteure

Große Wirtschaftsunternehmen im Bereich der erneuerbaren Energien sind im Landkreis nicht vertreten.

Die **Landwirte** spielen beim Ausbau der erneuerbaren Energien im Landkreis Hameln-Pyrmont eine große Rolle. Es gibt in der Region vergleichsweise viel Bioenergie mit 17 Biogasanlagen (siehe Kapitel 6.1.3.4) und folglich einige Landwirte, die den EE-Ausbauprozess mitbestimmen. Die interviewten Akteure sprechen von einem Wandel des Landwirts zum Energiewirt.

„Ich glaube, das war mit die Initialzündung, hier aktiv zu werden und hier auch ein Bewusstsein zu entwickeln, dass Investitionen sich auch direkt rechnen" (Experte 3).

Kreislandwirt war lange Zeit der Vorsitzende der CDU, daher hat diese Gruppe ein hohes Ansehen in der Region.

Handwerker spielen im Landkreis vor allem als Energieberater eine Rolle und wurden zu verschiedenen Workshops im Landkreis im Zuge der Erstellung des Klimaschutzkonzeptes eingeladen. Sie sind Mitglied im Förderverein der Klimaschutzagentur und profitieren von Auftragsvergaben. Aktiv wirken sie jedoch nicht am EE-Prozess im Landkreis mit.

---

120 Zum Zeitpunkt der Interviews war die SPD in der Opposition im Landkreis Hameln-Pyrmont aktiv.

Die vier **Energieversorger** E.ON Westfalen Weser AG, E.ON AVACON, GWS Stadtwerke Hameln und Stadtwerke Bad Pyrmont Energie und Verkehrs GmbH teilen sich die Konzessionen im Landkreis.

Die **Stadtwerke Hameln**[121] unterstützen aktiv den Ausbau der erneuerbaren Energien im Landkreis Hameln-Pyrmont (vgl. Interviews Experte 1, Experte 2, Experte 4, Experte 5): Sie bauen eigene Anlagen vor Ort, investieren zusätzlich z. B. in Offshore-Anlagen (vgl. Stadtwerke Hameln o.J.-a). Auch an der Vernetzung der Akteure in der Region sind sie beteiligt: Sie haben bei der Erstellung des Klimaschutzkonzeptes mitgewirkt, cofinanzieren die Klimaschutzagentur und unterstützen verschiedene Veranstaltungen wie Filmpräsentationen zu EE-Themen. In den Interviews wird die bedeutende Rolle der Stadtwerke im regionalen Ausbauprozess sichtbar. Im Jahr 2012 haben die Stadtwerke die Stromnetze von E.ON zur Versorgung der Hamelner Ortsteile übernommen.

Neben den Stadtwerken ist im Landkreis Hameln-Pyrmont der Energieversorger **E.ON Westfalen-Weser**[122] aktiv, dem von den befragten Akteuren jedoch einheitlich keine unterstützende Haltung beim Ausbau von erneuerbaren Energien in der Region zugeschrieben wird. Die regionalen Experten betonen in den Interviews stattdessen das Ziel, die Konzessionen wieder in kommunale Strukturen, z. B. durch die Beteiligung von Stadtwerken, zurückzubringen, um den EE-Prozess zu stärken; insofern arbeiten sie gegen die Interessen von E.ON. Von den Interviewten wird die Angst geäußert, dass jetzt „die großen Stromkonzerne wie E.ON kommen" (Experte 1), um den EE-Prozess mitzugestalten, u. a. durch mehr Geld, welches sie für Investitionen zur Verfügung hätten (vgl. Interview Experte 5). Im Jahr 2012 hat E.ON angekündigt, dass E.ON Westfalen-Weser zum Verkauf steht (vgl. Reuters 2012). Ein Grund sind auch die Verluste der Konzessionen an die Stadtwerke Hameln-Pyrmont (vgl. Interview Experte 1).

In Grohnde in der Gemeinde Emmerthal gibt es ein **Atomkraftwerk**[123], welches seit 1985 in Betrieb ist (siehe Kapitel 4.1.3.1). Seit Februar 2003 gehört

---

121 Die Stadtwerke Hameln bestehen seit 1904, damals noch als städtisches Elektrizitätswerk (Stadtwerke Hameln o.J.-c). 2009 wurden die Stadtwerke Weserbergland mit kommunalen Partnern gegründet.

122 Das Unternehmen hat seinen Hauptsitz in Paderborn. Es ist im Jahr 2003 entstanden aus der Fusion der drei Regionalversorger EMR (Herford), PESAG (Paderborn) und Wesertal (Hameln).

123 Beteiligt am Atomkraftwerk sind unterschiedliche Unternehmen, früher gehörte es Preussen Elektra (jetzt E.ON) und dem Gemeinschaftswerk Weser GmBH. An der Ge-

es zu 83,3 Prozent E.ON und zu 16,7 Prozent den Stadtwerken Bielefeld. Seine endgültige Abschaltung soll Ende 2021 erfolgen (vgl. Bundesgesetzblatt 2011).

Die **Klimaschutzagentur Weserbergland** wurde im Jahr 2010 gegründet. Die Energieversorger des Landkreises – EON, Stadtwerke Hameln und Stadtwerke Pyrmont – sind zu gleichen Teilen beteiligt, der Landkreis ist Hauptanteilseigner (vgl. Landkreis Hameln Pyrmont o.J.). Gesellschafter ist ein Förderverein aus einem Zusammenschluss von Handwerk, Architekten, Banken usw. Die Gründung war eine zentrale Forderung aus dem Klimaschutzkonzept. Die Agentur soll als zentrale Anlaufstelle für Bürger dienen (Experte 3) sowie Fördermittel verteilen und Energieberatungen durchführen (vgl. Klimaschutzagentur Weserbergland o.J.). Aktuell bietet die Klimaschutzagentur besonders Beratungen für Hausbesitzer zur energetischen Sanierung an. Die interviewten Personen sind der Agentur gegenüber sehr positiv eingestellt und fast alle an der Agentur beteiligt.

Die **Energiegenossenschaft Weserbergland** wurde im Februar 2011 gegründet und hat derzeit 42 Mitglieder. Die Bürger der Region können Anteile an ihr erwerben. Bündnispartner sind der Landkreis Hameln-Pyrmont und die Stadt Hameln, die Stadtwerke Weserbergland, die juwi Holding AG und die Firma Brauns Control.[124] Ziel der Genossenschaft ist, den Ausbau von erneuerbaren Energien zu fördern (vgl. Energiegenossenschaft Weserbergland o.J.). Die Energiegenossenschaft wurde in Hameln-Pyrmont gegründet, nachdem die Interviews durchgeführt worden waren. Anhand der Zusammensetzung und Zahl der Mitglieder sowie der bereits realisierten Anlagen kann aber von einer aktiven Rolle im EE-Prozess ausgegangen werden.

Zivilgesellschaft

Das Umweltzentrum Hameln wurde vor mehr als 20 Jahren gegründet, auch der **BUND Hameln-Pyrmont** zog dort ein, der unterschiedliche Themen im Umwelt- und Naturschutzbereich in Hameln besetzt. So organisieren seine Mitglieder u. a. Veranstaltungen zum Thema Atomkraft oder Klimaschutz. Die inter-

---

meinschaftswerk Weser waren die Stadtwerke Bielefeld, die Elektrizitätswerke Minden-Ravensberg und die Elektrizitätswerke Wesertal beteiligt; an den Elektrizitätswerken Wesertal die Landkreise Hameln-Pyrmont, Holzminden, Schaumburg und Lippe.

124 Ein Geschäftsanteil kostet 200 Euro, mehrere Anteile sind möglich. Jeder Beitrittsantrag und jeder Antrag auf weitere Geschäftsanteile muss laut Satzung vom Vorstand genehmigt werden. Die Mitglieder haben unabhängig von ihren Geschäftsanteilen das gleiche Stimmrecht. Die Geschäftsanteile werden zwar nicht verzinst, doch wenn die Genossenschaft Gewinne ausschüttet, werden diese pro Geschäftsanteil unter den Mitgliedern aufgeteilt.

viewten Experten beschreiben den BUND als maßgeblichen Unterstützer des EE-Ausbaus in der Region (vgl. Interviews Experte 1, Experte 3, Experte 4). Als sehr engagiert werden Rainer Sagawe und Ralf Hermes genannt. Sagawe sitzt inzwischen für die Grünen im Rat der Stadt Hameln und ist daher als Energie- und klimapolitischer Sprecher des BUND zurückgetreten (vgl. BUND Hameln-Pyrmont o.J.).

Ein weiterer Verein in Hameln im EE-Bereich ist der **Solarverein Weserbergland**. Er wurde im Jahr 2009 gegründet und unterstützt besonders den Ausbau der Solarenergie in Hameln. Die interviewten Akteure zählen den Verein jedoch nicht zu den Schlüsselakteuren im EE-Prozess im Landkreis.

Bürgerinitiativen sind in der Region nur vereinzelt vorhanden und entstehen vor allem bei dem Bau einzelner Windkraftanlagen (vgl. Interviews Experte 1, Experte 5); die interviewten Personen nennen jedoch keine spezifische Initiative. Experte 1 betont, dass es bei Solar- oder Geothermieprojekten im Landkreis keine Bürgerinitiativen gibt, weshalb er eine Ausweitung dieser Projekte und eine Reduzierung von Windparks zur Vermeidung von Bürgerinitiativen vorschlägt.

Forschung

In Hameln besteht seit 1987 das **Institut für Solarenergieforschung Hameln**[125], das jedoch nicht in den regionalen EE-Prozess involviert ist. Die einzige weitere Forschungseinrichtungen in Hameln ist die private Hochschule Weserbergland, welche bislang ebenfalls keine Rolle bei der Entwicklung von erneuerbaren Energien in der Region spielt. Die interviewten Experten haben keine weiten Akteure identifiziert, die aus dem Forschungsbereich beim EE-Prozess mitwirken.

4.1.4.2 Rollen und Interaktionen der Akteure

Die am regionalen EE-Ausbau beteiligten Akteure lassen sich in verschiedene Akteursrollen einordnen. Als Akteursrollen wurden im Kapitel 3.4.2.5 Fach-, Macht- und Prozesspromotoren unterschieden. Diese Akteursrollen und die Vernetzung der Akteure werden im Folgenden beschrieben.

In der Region Hameln-Pyrmont kann kein eindeutiger Machtpromotor identifiziert werden. Am ehesten nimmt diese Rolle die Geschäftsführerin der Stadt-

---

125 Es ist ein An-Institut der Universität Hannover und kooperiert mit der Abteilung Solarenergie der Universität Hannover. Gesellschafter ist das Land Niedersachsen.

werke ein, weil sie über nötige finanzielle Ressourcen verfügt, um den EE-Prozess in Hameln-Pyrmont zu unterstützen; sie wird auch von der Bevölkerung und den Medien als Unterstützerin der erneuerbaren Energien in der Region wahrgenommen. Insgesamt wird die Rolle des Machtpromotors jedoch in der Region nicht ausgefüllt.

Wegen seiner Funktion als Chef der Verwaltung und seiner damit einhergehenden Außenwirkung auf die anderen Akteure in der Region könnte der Landrat potenziell eine solche Rolle innehaben. Jedoch wird er von den Akteuren im Prozess nicht als eindeutig unterstützend wahrgenommen (siehe auch Kapitel 6.1.4.1.1). Auch der Oberbürgermeisterin der Stadt Hameln wird höchstens geringer Einfluss auf den Ausbau der erneuerbaren Energien in der Region Hameln-Pyrmont zugeschrieben.

Auch die Identifizierung eines Fachpromotors fällt in dieser Region nicht leicht. Wissenschaftliche Akteure, welche diese Rolle einnehmen könnten, sind in der Region nicht in den EE-Prozess eingebunden. Ebenso sind Mitarbeiter aus Unternehmen, welche sich vorrangig mit dem Ausbau oder der Entwicklung von erneuerbaren Energien in der Region beschäftigen und ihr Fachwissen in den Prozess einbringen könnten, in Hameln-Pyrmont kaum vorhanden.

Akteure aus der Zivilgesellschaft, vor allem vom BUND, versuchen Fachwissen in den Prozess einzubringen. Sie organisieren fachspezifische Veranstaltungen, wählen Redner aus oder referieren selbst zu EE-Themen. Ihr Wissen haben sie u. a. auch in die Erstellung des Klimaschutzkonzeptes oder bei der Gründung der Klimaschutzagentur eingebracht. Weitere Akteure in diesem Feld sind die Klimaschutzbeauftragte des Landkreises Hameln und die zuständige Person in der Stadt Hameln. Beide haben die Erstellung der Klimaschutzkonzepte koordiniert, treten insgesamt im regionalen EE-Prozess jedoch nicht als Fachpromotoren in Erscheinung.

Als ein Prozesspromotor kann der damalige klimapolitische Sprecher des BUND, Rainer Sagawe, genannt werden. Er hat für wichtige Impulse in der Fortentwicklung des EE-Prozesses gesorgt und war bei wichtigen Ereignissen im EE-Bereich seit der Vor-institutionellen Phase im Landkreis beteiligt: bei der öffentlichen Filmvorführung, der Erstellung der Klimaschutzkonzepte, dem politischen EE-Beschluss, der Gründung der Klimaschutzagentur und der Gründung der Energiegenossenschaft. Da er die Zivilgesellschaft im Prozess repräsentiert, ist er weder als Macht-, noch als eigenständiger Fachpromotor zu sehen.

Weitere Prozesspromotoren sind die Klimaschutzmanagerinnen der Verwaltung des Landkreises und der Stadt Hameln, die sich jedoch aufgrund ihrer beruflichen Stellung in dieser Rolle befinden. Auch die Bürgermeisterin der Stadt Hameln kann in der Rolle einer Prozesspromotorin verortet werden. Sie treibt den Prozess vor allem in der Stadt Hameln voran, beeinflusst aber auch die Entwicklung auf Landkreisebene. Durch ihr langes Engagement – sie ist bereits seit der zweiten Phase im EE-Bereich aktiv – hat sie wichtige Rahmenbedingungen mit beeinflusst.

Hemmende Akteure werden in keinem der Interviews genannt. Auch bei den besuchten regionalen Veranstaltungen und durch die Auswertung von Dokumenten wurde kein hemmender Akteur deutlich.

Eine Vernetzung der Akteure im Bereich der erneuerbaren Energien findet typischerweise durch die Einrichtung von Arbeitskreisen statt.

Während der Erstellung der Klimaschutzkonzepte in Hameln-Pyrmont und in der Stadt Hameln sind Runde Tische zum Thema Klimaschutz entstanden. In die regelmäßigen Treffen beim Runden Tisch Klimaschutz waren viele Akteure aus dem Landkreis eingebunden. Der Runde Tisch Klimaschutz wurde im Jahr 2008 erstmals vom Landkreis initiiert und damit politisch aufgegriffen. Aktuell kommen die Runden Tische jedoch nicht mehr zusammen.

Auch in der Zivilgesellschaft, besonders beim BUND, gibt es einen Arbeitskreis zum Thema Klimaschutz und erneuerbare Energien. Einen dauerhaften regionalen, akteursübergreifenden Arbeitskreis zum Thema erneuerbare Energien gibt es in Hameln-Pyrmont jedoch nicht.

Durch die im Jahr 2010 gegründete Klimaschutzagentur Weserbergland gibt es ein Forum, in welchem Akteure die EE-Prozesse zu bündeln versuchen. Eine Kommunikation mit den Bürgern, regionale Beratungen etc. finden zum Teil über dieses Forum statt. Strukturen, um die Schlüsselakteure und Promotoren der EE-Prozesse dauerhaft zu vernetzen, wurden durch die Klimaschutzagentur jedoch nur zum Teil geschaffen.

4.1.5 Prozesslogik in der EE-Region Hameln-Pyrmont

Die Akteurskonstellation in Hameln-Pyrmont ist heterogen zusammengesetzt. Es wirken eine Reihe von Akteuren aus unterschiedlichen Akteursgruppen am EE-Ausbau mit. Klare Macht- und Fachpromotoren in der Region lassen sich nicht identifizieren. Ein Grund dafür ist u. a., dass der Landrat nicht als uneingeschränkt unterstützend für den EE-Prozess wahrgenommen wird.

Das Fehlen eines klaren Machtpromotors deutet ebenfalls auf die vorherrschende Prozesslogik in Hameln-Pyrmont hin. Die heterogene Akteurskonstellation, die einige mögliche Fachpromotoren umfasst, eines klar identifizierbaren Machtpromotoren aber ermangelt, führt zu einem bottom-up-Prozess, welcher den EE-Ausbau weiter voran treibt. Dieser bottom-up-Prozess erfährt vor allem durch die Zivilgesellschaft ein Agenda-Setting, wird aber auch von politischen und wirtschaftlichen Akteuren unterstützt.

4.1.6 Fazit: Einflussfaktoren der EE-Entwicklung in Hameln-Pyrmont

Der EE-Prozess in der Region Hameln-Pyrmont wird durch ein komplexes Zusammenspiel von Faktoren beeinflusst.

Bei der **Konstituierung der Region** wird deutlich, dass keine einheitliche Abgrenzung der EE-Region vorhanden ist. Durch das heterogene Akteursnetzwerk wird die EE-Region unterschiedlich definiert. Eine Zusammenarbeit mit Nachbarlandkreisen erfolgt anhand der regionalen Entwicklungskooperation Weserbergland. Dieser Zuschnitt stellt die größte Regionsabgrenzung dar, in welcher der Landkreis Hameln-Pyrmont als administrative Abgrenzung die kleinste Regionsdefinition darstellt.

Beim **institutionellen Kontext** spielen im Bereich der nationalen Förderung vor allem finanzielle Förderungen für die Erstellung von EE-Konzepten eine Rolle; auch Gesetze wie das EEG können im regionalen Kontext als Einflussfaktoren für den weiteren EE-Ausbau identifiziert werden. Das Bundesland Niedersachsen hat ein ambitioniertes Energiekonzept aufgestellt, seine Zuständigkeiten jedoch im EE-Bereich bei verschiedenen Ministerien angesiedelt. Besonders die fehlende Energieagentur und die sehr geringe Förderung im EE-Bereich sorgen dafür, dass das Land kaum Einfluss auf den EE-Prozess nimmt.

Der **EE-Prozess** hat vier Phasen durchlaufen, jedoch erst in der Phase der Institutionalisierung an Bedeutung gewonnen. Im Vergleich mit anderen Vorreiterregionen[126] gab es im Landkreis Hameln-Pyrmont erst relativ spät Entwick-

---

126 Der Landkreis Lüchow-Dannenberg hat beispielsweise bereits im Jahr 1997 einen politischen Beschluss zur Umstellung der Energieversorgung getroffen (Kompetenznetzwerk dezentrale Energietechnologien 2010: 20).

lungen im EE-Bereich. Die erste EE-Phase begann im Jahr 1973, als in der Region ein Atomkraftwerk gebaut wurde und sich öffentlicher Protest dagegen regte. In der zweiten EE-Phase sind eine Reihe von Einzelinitiativen zu beobachten. Erst in der dritten EE-Phase ist jedoch die Entwicklung eines EE-Prozesses erkennbar. Ein wichtiger Punkt ist die Bewerbung zum Projekt Bioenergieregionen gewesen, welche mit einer bedeutenden Finanzierung und der Einrichtung von zusätzlichen Mitarbeiterstellen für die Weiterentwicklung für den Bereich Bioenergie verbunden war. Ein kohärenter EE-Prozess lässt sich definitiv aber erst in der vierten Phase, der Phase der Institutionalisierung, feststellen. Wichtige Elemente waren der politische Beschluss zu CO_2-Neutralität, die Erstellung des Klimaschutzkonzeptes und die daraus resultierende Gründung der Klimaschutzagentur Weserbergland sowie der Energiegenossenschaft Weserbergland. Durch den politischen Beschluss zur CO_2-Minderung mit einer Zusage der Parteien, sich dafür einsetzen zu wollen, erhielt der Prozess demokratische Legitimität.

Die **Akteurskonstellation** weist eine heterogene Zusammensetzung auf. Eine Vielzahl von Akteuren aus unterschiedlichen Gruppen sind aktiv, der Prozess wird jedoch von Prozesspromotoren dominiert. Machtpromotoren treten nicht besonders in Erscheinung. Dominante Akteure wirken besonders seit der dritten EE-Phase am Prozess mit. Trotz der heterogenen Akteursstruktur und den unterschiedlichen Akteursgruppen lassen sich gleichwohl nur wenige Akteure identifizieren, welche den EE-Prozess mitgestalten, besonders Akteure aus der Zivilgesellschaft (BUND), Politik (Bürgermeisterin), Verwaltung (Landrat und Mitarbeiterin der Verwaltung) und zum Teil aus der Wirtschaft (Stadtwerke).

Somit spielt vor allem die nur zum Teil klare Regionsdefinition eine Rolle für die Entwicklung der Region, insofern sie Zuständigkeiten in der Verwaltung und die Vernetzung der Akteure in einem bestimmten Gebiet zur Folge hat und die sich daraus entwickelten Foren der Vernetzung. Obwohl es in der Region nur einen mittleren Ausbaustand von erneuerbaren Energien gibt, ist von einer erfolgreichen Weiterentwicklung des Prozesses auszugehen, da Institutionen geschaffen worden sind, die eben diese erfolgreiche Weiterentwicklung zum Ziel haben. Besonders prägen die Prozesspromotoren die Entwicklung in der Region, ohne dass der Prozess jedoch von einzelnen Personen abhängig ist.

4.2 EE-Region Marburg-Biedenkopf

Energiewende mit Unterstützung des Landrats

„Ich glaube schon, dass ein Beschluss wichtig ist. Der Landrat oder die politischen Köpfe müssen vorweg marschieren und das auch zu ihrem Thema machen. Die Leute müssen merken, dass man sich damit identifiziert. Das andere ist, dass wir durch den Beschluss eine stärkere Basis haben, weil wenn ein Parlament sowas beschließt, ist es stärker, als wenn man als Einzelkämpfer herum läuft und das zwar akzeptiert wird, aber es ist dann nicht so die gesamte Willensbekundung da" (Experte 5).

4.2.1 Konstituierung der Region

Die interviewten Akteure grenzen die EE-Region relativ eindeutig ab. Alle Experten nennen den Landkreis Marburg-Biedenkopf[127] als Hauptregion für den EE-Prozess; Akteure aus der Verwaltung oder Politik beziehen sich darüber hinaus immer wieder explizit auf den Landkreis Marburg-Biedenkopf und seine administrativen Zuständigkeiten. Die Abgrenzung der Region als Landkreis Marburg-Biedenkopf wird auch aus der Auswertung von Dokumenten wie dem Klimaschutzkonzept des Landkreises Marburg-Biedenkopf, Zeitungsartikeln der lokalen Medien[128] und Internetseiten deutlich.

Je nach beruflichem oder ehrenamtlichem Hintergrund werden die Regionsabgrenzungen in den Interviews spezifiziert. Akteure, welche vor allem in der Stadt Marburg aktiv sind, sehen diese Region als weitere Abgrenzung innerhalb des Landkreises Marburg-Biedenkopf. Andere Akteure fassen das Gebiet weiter und beziehen sich zum Teil auf die drei Planungsregionen, innerhalb derer Hessen aufgeteilt ist.

In den Interviews wird auf eine (partielle) Zusammenarbeit des Landkreises Marburg-Biedenkopf im Zuge von Projekten wie dem Projekt BioRegio-Holz Lahn hingewiesen.[129] Deutlich wird jedoch auch, dass unterschiedliche regi-

---

127 Der Landkreis Marburg-Biedenkopf liegt in Mittelhessen. Er besteht aus 22 Kommunen und ist Teil des Regierungsbezirks Gießen. Im Jahr 2009 lebten im Landkreis 251.150 Einwohner. Die Universitätsstadt Marburg ist Kreisstadt des Landkreises mit 80.656 Einwohnern.

128 Z. B. die Oberhessische Presse oder auch www.mittelhessen.de.

129 Das Projekt wurde vom Hessischen Ministerium für Umwelt, Energie, Landwirtschaft und Verbraucherschutz initiiert und wird von den beteiligten Landkreisen Lahn-Dill, Gießen, Marburg-Biedenkopf und der Stadt Marburg selbstständig durchgeführt. Ziel

onale Zuschnitte wie IHK-Bezirke oder andere Regierungspräsidiumszuschnitte die Zusammenarbeit mit anderen Regionen erschweren.

Insgesamt bezieht sich die Entwicklung der EE-Region daher vor allem auf den Landkreis Marburg-Biedenkopf, welcher primär innerhalb seiner administrativen Grenzen am Ausbau der erneuerbaren Energien arbeitet. Die Grenzen werden aufgrund des administrativen Zuschnitts von Akteuren aus der Gruppe der Politik und Verwaltung bestimmt; auch Akteure anderer Gruppen bewegen sich gleichwohl innerhalb dieser Grenzen und schlagen keine alternative Grenzziehung vor.

4.2.2 Institutioneller Kontext

In den folgenden Unterkapiteln werden die institutionellen Rahmenbedingungen, die in der EE-Region Marburg-Biedenkopf eine Rolle spielen, skizziert. Einflussfaktoren, die von der nationalen Ebene und dem Bundesland Hessen auf den Landkreis einwirken, werden beleuchtet.

4.2.2.1 Einfluss der nationalen Ebene auf die Region Marburg-Biedenkopf

Sowohl der Landkreis Marburg-Biedenkopf als auch die Stadt Marburg sind durch die Klimaschutzinitiative des Bundes gefördert worden und haben finanzielle Unterstützung bei der Erstellung eines Klimaschutzkonzeptes bekommen. Im Rahmen der Initiative „Masterplan 100% Klimaschutz" (vgl. Kapitel 2.6.3) wird der Landkreis Marburg-Biedenkopf seit Mai 2012 auch vom BMU bei dem Versuch gefördert, bis 2050 eine Reduktion der Treibhausgasemissionen von 95 Prozent gegenüber 1990 zu erreichen. Die Förderung beträgt 80 Prozent der zuwendungsfähigen Ausgaben (vgl. Kapitel 2.6.3.2).

Als einflussreiche nationale Gesetze werden in den Interviews vor allem das EEG mit seiner garantierten Vergütung genannt, aber auch der Einfluss über das Baugesetzbuch und Raumordnungsgesetz beschrieben, sowie die BAFA- und KfW-Förderung.

---

des Projektes ist die Förderung von Holz als heimischen Energieträger. Weitere Informationen unter: http://www.bioregio-holz-lahn.de (letzter Zugriff 25.10.2012).

4.2.2.2 Bundesland Hessen

Hessen liegt als siebgrößtes Bundesland südwestlich der Mitte Deutschlands. Vor allem seine südliche Landesfläche ist sehr dicht besiedelt und wirtschaftsstark, die Landeshauptstadt ist Wiesbaden. Insgesamt leben auf einer Fläche von 21.114,94 km² 6,083 Millionen Einwohner im Bundesland.

Das Bruttoinlandsprodukt (BIP) lag im Jahr 2010 bei 224,98 Mrd. Euro (BIP in jeweiligen Preisen) und damit unter dem gesamtdeutschen Durchschnitt (Statistische Ämter des Bundes und der Länder 2012). Die Arbeitslosenquote betrug im Jahr 2009 9,4 Prozent (Bertelsmann Stiftung o.J.).

Erneuerbare Energien in Hessen

Der Anteil erneuerbarer Energien ist in Hessen im Bundesländervergleich gering. So landet Hessen im Jahr 2008 auf dem 12. Platz (Statistische Ämter des Bundes und der Länder 2012). Der Anteil der Stromerzeugung aus erneuerbaren Energien am gesamten Nettostromverbrauch in Hessen betrug im Jahr 2010 8,5 Prozent, im Jahr 2009 waren es 7,1 Prozent (Agentur für Erneuerbare Energien o.J.). Dabei ist Hessen im bundesweiten Vergleich auch bei der Anzahl der Biogasanlagen und besonders im Windbereich im unteren Mittelfeld angesiedelt (vgl. Hessisches Ministerium für Umwelt Energie Landwirtschaft und Verbraucherschutz 2012: 15).

Im Dezember 2011 wurde eine Windkarte zur besseren Planung von Windkraftstandorten veröffentlicht. Ein Solarkataster für Hessen ist derzeit in der Erprobungsphase (Agentur für Erneuerbare Energien o.J.). Im Windbereich hat die Regierung das Ziel formuliert, zwei Prozent der Landesfläche als Vorrangflächen zur Verfügung zu stellen (vgl. Hessisches Ministerium für Umwelt Energie Landwirtschaft und Verbraucherschutz 2012: 17).

Primär zuständig im Energiebereich ist das Hessische Ministerium für Umwelt, Energie, Landwirtschaft und Verbraucherschutz.[130] Außerdem gibt es eine Energieagentur, die HessenEnergie.

Im Jahr 2011 fand der hessische Energiegipfel statt. Der Gipfel wurde initiiert von der Landesregierung und in vier Arbeitsgruppen[131] bearbeitet. Als Ziel wur-

---

130 Dieser Bereich Energie wurde im Jahr 2009 vom Wirtschaftsministerium übernommen.
131 Die Arbeitsgruppen waren: künftiger Energiemix, effiziente Energienutzung, notwendige Infrastruktur für den Ausbau von erneuerbaren Energien und gesellschaftliche Ak-

de definiert, sich bis zum Jahr 2050 vollständig mit erneuerbaren Energien zu versorgen. Außerdem soll ein Energiesitzungsumsetzungsgesetz vorbereitet und in den Landtag eingebracht werden (vgl. Hessisches Ministerium für Umwelt Energie Landwirtschaft und Verbraucherschutz 2012: 16).

In Hessen gibt es verschiedene Projekte für die Förderung von Kommunen zum Ausbau der erneuerbaren Energien. Das Projekt „Klimaneutrale Kommune"[132] erstellt einen Leitfaden zur Klimaneutralität für drei hessische Kommunen. Ferner werden „100 Kommunen für den Klimaschutz"[133] im Rahmen der hessischen Nachhaltigkeitsstrategie unterstützt. Ziel des Projekts ist es, dass mindestens 100 Kommunen eine Charta für den Klimaschutz unterzeichnen und sich verpflichten, kommunale Aktionspläne mit CO_2-Bilanzen zu erstellen.

Die Stellung der Kommunen im Bundesland Hessen

Kommunalpolitisch ist Hessen nach der Magistratsverfassung organisiert.

> „Die Besonderheit der hessischen Kommunalverfassung besteht darin, dass an der Spitze der Verwaltung, welche die laufenden Geschäfte zu erledigen hat und die Beschlüsse der Vertretungskörperschaft vorzubereiten hat, nicht der Bürgermeister allein, sondern ein Kollegium steht[...]in Städten „Magistrat" (...), in den übrigen gemeinden „Gemeindevorstand" und in den Landkreise „Kreisausschuss" (Dreßler 2010: 165).

Diese Magistratsverfassung ist im Kern seit 1945 unverändert geblieben.

Seit dem Jahr 1981 ist Hessen verwaltungsmäßig unterteilt in die drei Regierungsbezirke Darmstadt, Gießen und Kassel, auf Planungsebene gibt es die Regionen Nord-, Mittel- und Südhessen. Das Gebiet der Planungsregionen ist identisch mit den Regierungsbezirken. Diese sind wiederum untergliedert in 5 kreisfreie Städte, 21 Landkreise und 426 Gemeinden (vgl. Dreßler 2010: 165). In Gemeinden mit weniger als 1500 Einwohnern kann das Amt des Bürgermeisters ehrenamtlich wahrgenommen werden, was noch in einer Gemeinde der Fall ist (vgl. Dreßler 2010: 167). Die Gemeindevertreter arbeiten ehrenamtlich, der Bürgermeister hat keinen Sitz in der Gemeindevertretung. Der Gemeindevorstand ist für die Erledigung der laufenden Verwaltungsangelegenheiten, beson-

---

zeptanz. Das Maßnahmenkonzept zur Umsetzung wurde im Januar 2012 von der Umweltministerin Puttrich vorgestellt.

132 Mehr Informationen sind zu finden unter http://www.deenet.org/Klimaneutrale-Kommune.1942.0.html (letzter Zugriff: 24.11.2012).

133 Mehr Informationen sind zu finden unter http://www.hessen-nachhaltig.de/web/100-kommunen-fur-den-klimaschutz (letzter Zugriff: 24.11.2012).

ders für die Vorbereitung und die Ausführung von Beschlüssen der Gemeindevertretung zuständig.

Die Regionalversammlung[134] beschließt über die Aufstellung des Regionalplans. Der Landkreis Marburg-Biedenkopf gehört der Planungsregion Mittelhessen an. Die hessischen Landkreise werden nach den Prinzipien der „unechten Magistratsverfassung" (Dreßler 2010) regiert. Das oberste Organ ist der gewählte Kreistag. Der Landrat wird ebenfalls direkt für sechs Jahre gewählt und ist Vorsitzender des Kreisausschusses.

Die Landkreise fördern die kreisangehörigen Gemeinden in der Erfüllung ihrer Aufgaben. Zu den wesentlichen Kreisaufgaben gehören unter anderem die Gewährung von Sozial-, Jugendhilfe und Wohngeld, Angelegenheiten der Bauordnung und des Denkmalschutzes und das Gesundheitswesen. Dafür bezahlen die Städte und Gemeinden Kreisumlagen (vgl. Landkreis Marburg-Biedenkopf o.J.).

Die hessische Landkreisordnung bezeichnet den Landkreis als Gebietskörperschaft und Gemeindeverband. Bis 2005 oblag die Aufgabenwahrnehmung auf Kreisebene einer Doppelbehörde, dem Kreisausschuss mit seiner kommunalen Kreisverwaltung und dem Landrat als Behörde der Landesverwaltung (vgl. Landkreis Marburg-Biedenkopf o.J.). Durch die Kommunalisierung im Jahr 2005 wurden die Bediensteten des Landes kommunale Bedienstete und damit auch dem Kreisausschuss zugewiesen (vgl. Landkreis Marburg-Biedenkopf o.J.).

Der Kreisausschuss ist das Selbstverwaltungsorgan des Landkreises. Er besteht aus 15 ehrenamtlichen Kreisbeigeordneten und zwei hauptamtlichen Mitgliedern, dem Landrat und dem ersten Kreisbeigeordneten.

Einfluss des Bundeslandes auf den Landkreis Marburg-Biedenkopf

Die interviewten Experten schreiben der Bundeslandebene, aber auch der Regionalversammlung unterschiedliche Eigenschaften zu.

Einfluss hat das Bundesland u. a. bei den Technologien im erneuerbaren-Energien-Bereich. So muss die Genehmigung von großen Biomasseanlagen über die Regionalversammlung erfolgen, weshalb dort eine Einflussnahme erforderlich ist (vgl. Interview Experte 3). Bei dem Ausbau von Windkraft und der Ausweisung von Vorranggebieten üben die Regierungspräsidien und die Regio-

---

134 Mitglieder der Regionalversammlung werden durch die Landkreise und die Sonderstatusstädte Gießen, Marburg und Wetzlar bestimmt. Derzeit hat die Versammlung 31 Mitglieder.

nalplanung Einfluss aus. Sobald die Regionalversammlung einen Regionalplan mit Vorranggebieten aufstellt, werden ganze Gemeinden zu Ausschlussgebieten und müssen über komplizierte Abweichungsverfahren vom Regionalplan für Windkraftanlagen sorgen (vgl. Interview Experte 7). Außerdem weisen die Experten in den Interviews auf die Abwehrhaltung des Bundeslandes gegenüber Windkraft hin, während Biomasse Unterstützung findet.

In Marburg trat die Solarsatzung u. a. durch die Änderung in der hessischen Bauordnung nicht in Kraft (vgl. Interviews Experte 4, Experte 7).

2011 fand der Hessische Energiegipfel statt, über den die Möglichkeit bestand, Themen in die Landeregierung einzuspeisen (vgl. Interview Experte 5).

Im Januar 2012 wurde eine kommunale Beteiligung im Bereich erneuerbare Energien vom Land Hessen erschwert, indem Städte und Gemeinden nicht mehr als 50 Prozent der Anteile eines Unternehmens im Bereich der erneuerbaren Energien erwerben dürfen.[135] Energieprojekte unter Bürgerbeteiligung wie Bürgersolaranlagen wurden durch diese neue Regelung zwar erleichtert, Investitionen in große Projekte oder Projekte unter kommunaler Führung hingegen ebenso erschwert (vgl. Behörden Spiegel 2012: 33).

Gefordert wird in den Interviews der weitere Ausbau von Förderprogrammen im Bereich der erneuerbaren Energien. Deutlich wird dabei auch die finanzielle Abhängigkeit der Kommunen von der Unterstützung durch die Länder.

4.2.3 Prozess des Ausbaus der erneuerbaren Energien

Im Folgenden wird der Ausbauprozess der erneuerbaren Energien in der EE-Region Marburg-Biedenkopf mittels eines Phasenmodells dargestellt, analysiert und ausgewertet. Zudem werden der aktuelle EE-Ausbaustand und Herausforderungen für die Zukunft skizziert. Die interviewten Akteure nennen allerdings keinen einheitlichen Startpunkt für den EE-Prozess, auch aus den Dokumenten wird kein Zeitpunkt des Beginns eindeutig erkennbar. Die vier Hauptphasen, die

---

135 Diese 50 Prozent dürfen sie aber auch nur erwerben, wenn die Betätigung innerhalb des Gemeindegebietes oder im regionalen Umfeld in den Formen interkommunaler Zusammenarbeit und unter Beteiligung privater Dritter erfolgt. Stadtwerke dürfen damit keine neuen Mehrheitsanteile an Energieunternehmen erwerben. Wenn trotz einer Markterkundung die geforderte Beteiligung privater Dritter nicht erreicht wird, können Kommunen ihre Anteile an neuen Gesellschaften auf über 50 Prozent steigern (vgl. Behörden Spiegel 2012: 33).

136 Erneuerbare-Energie-Regionen

der Landkreis bisher im EE-Bereich durchlaufen hat und die damit verbundenen Ereignisse, lassen sich unabhängig davon unterscheiden:

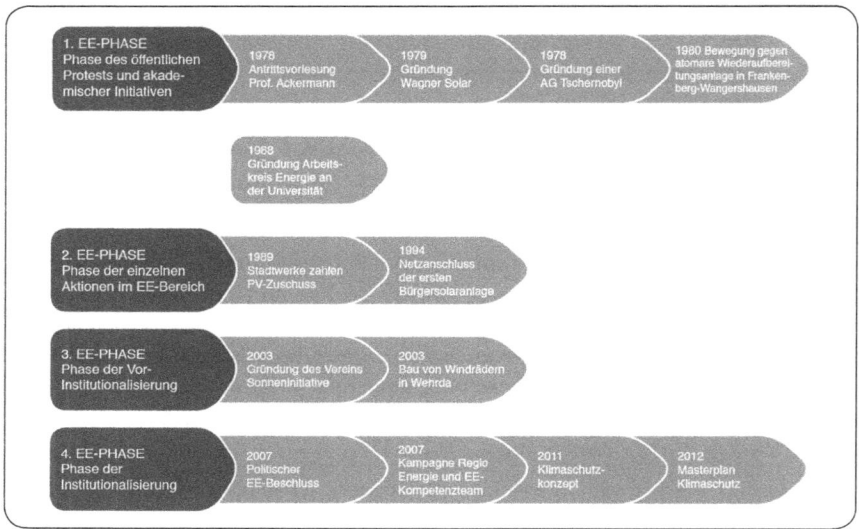

Abbildung 12: EE-Phasen in der EE-Region Marburg-Biedenkopf

Die Phasen werden im Folgenden beschrieben.

4.2.3.1 1. EE-Phase: Phase des öffentlichen Protestes und akademischer Initiativen

Diese erste Phase wurde stark durch die in der Stadt Marburg ansässige Universität und Initiativen aus dieser geprägt. Auch für den Start des EE-Prozesses im Landkreis Marburg-Biedenkopf sehen einige der interviewten Experten die Stadt Marburg als Ursprungsort an. Ein Auslöser für die EE-Aktivitäten im Landkreis Marburg-Biedenkopf waren die Bestrebungen der Institution der deutschen Gesellschaft für Wiederaufbereitung von Kernbrennstoffen, im Jahr 1980/1981 eine Wiederaufbereitungsanlage für Kernbrennstoffe im benachbarten Landkreis Frankenberg-Wangershausen zu bauen; ein Vorhaben, das auch von der damaligen Landesregierung unterstützt wurde (vgl. Interview Experte 4). Der Protest gegen die geplante Wiederaufbereitungsanlage formierte sich vor allem in akademischen Kreisen und an der Universität Marburg. So beschäftigte sich z. B. die Antrittsvorlesung von Prof. Hans Ackermann, später vor allem in der Stadt Marburg einer der zentralen Protagonisten, im Jahr 1978 an der Universität Marburg mit diesem Thema.

> „Als Folge dieser Anti-Atombewegung hat sich dann die ganze Energiediskussion entwickelt" (Experte 4).

Die Firma Wagner und Co. wurde 1979 aus einer Studenteninitiative – der „Marburger Energiegruppe" – heraus gegründet; schon 1978 waren die erste Solaranlage gebaut worden, noch vor der Gründung des Unternehmens (Wagner & Co Solartechnik 2012).

> „Unsere erste Kundin wurde durch eine alternative Zeitschrift auf uns aufmerksam. Begeistert von der Idee, im Sommer nicht mehr ihren Warmwasserboiler anfeuern zu müssen, beauftragte sie uns mit dem Bau einer solarthermischen Anlage. Nach einigen Umbauten ist die Solaranlage auch heute noch in Betrieb (...)" (Wagner & Co Solartechnik 2012).

Aktiv im Bereich Energie ist auch der BUND, der im Jahr 1978 gegründet wurde und derzeit 900 Mitglieder hat (vgl. BUND Marburg 2012).

Nach dem Reaktorunglück in Tschernobyl im Jahr 1986 intensivierte sich der EE-Prozess in Marburg. So wurde beispielsweise eine Arbeitsgruppe gegründet und vom Kreisausschuss in Zusammenarbeit mit der Universität eine Dokumentation über das Unglück und seine Auswirkungen auf Marburg veröffentlicht (vgl. Kreisausschuss Marburg-Biedenkopf 2012 (2. Auflage)).

1988 wurde an der Universität Marburg der Arbeitskreis Energie gegründet.

> „Prof. Hans Ackermann hat diesen Arbeitskreis u. a. mit angeschoben" (Experte 4).
> „Auch die Gründung der Partei die Grünen hat in Marburg im EE-Bereich für Impulse gesorgt" (Experte 6).

Diese erste Phase markiert im Sinne des Policy-Zyklus´ die erste Phase, insofern der Ausbau der erneuerbaren Energien auf die Agenda der Region gesetzt wurde.

4.2.3.2 2. EE-Phase: Phase einzelner Aktionen im EE-Bereich

In dieser Phase gab es besonders ab den 1990er Jahren einzelne Aktionen im Bereich der erneuerbaren Energien in der EE-Region Marburg-Biedenkopf. Konkrete Ereignisse sind der Bau einzelner EE-Anlagen gewesen. Viele Aktionen konzentrierten sich dabei primär auf die Stadt Marburg. Im Jahr 1994 ist eine erste Bürgersolaranlage an das Netz angeschlossen worden. Eine weitere Bürgersolaranlage wurde auf der Emil von Behring Schule in Marburg mit den

Studenten der Solarenergiegruppe der Universität Marburg gebaut. Die Anlage ist 1997 in Betrieb genommen worden, 75 Personen waren daran beteiligt.

Auch die Stadtwerke Marburg fördern schon länger erneuerbare Energien.

„Die Partei Die Grünen haben von den Stadtwerken einen Basistarif gefordert. Die 1989er-Koalition hat dann vereinbart, dass die Stadtwerke dazu verpflichtet werden" (Experte 6).

Seitdem ist für Photovoltaikanlagen ein besonderer Zuschuss bezahlt worden.

Der Landkreis hat bereits in den 1980er Jahren Energiespartage veranstaltet, welche vom damaligen Landrat initiiert wurden.

„Bereits in den 1980er Jahren wurde im Landkreis ein Energiebeauftragter eingestellt, der u. a. über Wärmedämmungen, rationelle Heizungsanlagen informiert hat" (Experte 2).

Im Jahr 1997 hat ein Mitarbeiter aus dem Landkreis eine Informationsveranstaltung für Landwirte organisiert, welche sich mit erneuerbaren Energien beschäftigen wollen.

„Die Veranstaltung war sehr gut besucht" (Experte 3).

Inzwischen ist die Veranstaltung zum Energieforum umgewandelt worden und findet im Kreishaus statt.

Mitarbeiter aus der Verwaltung sind seit Ende der 1980er Jahre im EE-Bereich im Landkreis beschäftigt. Der aktuelle Leiter der Fachabteilung erneuerbare Energien arbeitet schon seit Mitte der 1980er Jahre im Bereich Agrar.

Diese zweite Phase markiert im Sinne des Policy-Zyklus´ die Implementation, da der Bau einzelner EE-Anlagen in der Region begann. Damit einher geht die Eeiterführung des Agenda-Settings und der Einbeziehung der Bevölkerung durch EE-Veranstaltungen in der Region.

4.2.3.3 3. EE-Phase: Phase der Vor-Institutionalisierung

In dieser dritten Phase, welche in den 2000er Jahren begonnen hat, ist besonders die Gründung des Vereins Sonneninitiative 2003 erwähnenswert. Im Landkreis Marburg-Biedenkopf, aber auch in anderen Landkreisen in Hessen initiiert der Verein Aktionen[136] zur Förderung von erneuerbaren Energien. 2005 hat der Ver-

---

136 2005 und 2006 hat der Verein z. B. die Aktion „Wärme von der Sonne" vom Bundesumweltministerium und vom Bundesverband Solarwirtschaft e.V. im Landkreis gestaltet und dabei regionale Energiemessen, Informationsveranstaltungen, Feste und Medienaktionen organisiert.

ein die Cölber-Erklärung angestoßen, in welcher sich Kommunen und Unternehmen zur Zusammenarbeit im Erneuerbaren-Energien-Bereich verpflichten. Eine erste eigene PV-Anlage wurde 2004 fertig gestellt.

> „Es wurden parallel zwei Anlagen in Marburg und im Landkreis gebaut. Danach haben sich Kommunen gemeldet, die Dachflächen zur Verfügung stellen konnten. Darauf hat sich dann eine Dynamik ergeben" (Experte 4).

Außerdem wurden in der Region drei Windräder am weißen Stein bei Wehrda gebaut.

> „Inzwischen gehören die Windräder den Stadtwerken, aber initiiert wurden die Windräder als Bürgerwindrad" (Experte 4).

Das erste Windrad wurde im Dezember 2003 gleichzeitig mit einem Windrad der Stadtwerke aufgestellt. Anschließend hat die Bürgerwindrad-Gruppe für ein zweites Windrad zwar eine Baugenehmigung bekommen, „konnte die finanzielle Beteiligung aber nicht erbringen" (Experte 4), weshalb die Baugenehmigung an die Stadtwerke verkauft wurde. Inzwischen ist auch das Bürgerwindrad an die Stadtwerke verkauft worden,

> „weil das Windrad nicht in die schwarzen Zahlen gekommen ist trotz sorgfältiger Planungen und Vormessungen. Die Stadtwerke rechnen anders, sie erdrückt nicht diese riesige Versicherungslast" (Experte 4).

4.2.3.4 4. EE-Phase: Phase der Institutionalisierung

In der aktuellen vierten Phase ist die Verwaltung des Landkreises in den EE-Prozess eingestiegen.

Politischer EE-Beschluss

Am 14. September 2007 wurde im Landkreis durch den Kreistag einstimmig beschlossen, eine 100%-Versorgung aus erneuerbaren Energien bis zum Jahr 2040 zu erreichen. Die Zahlen zur Konkretisierung des Beschlusses auf das Jahr 2040 wurden jedoch nicht berechnet, sondern geschätzt (vgl. Interview Experte 5). Ein Impuls zur Fassung des Beschlusses kam u. a. von der Sonneninitiative (vgl. Interview Experte 1), die dem Kreisausschuss im Jahr 2006 das Konzept der Kampagne „*Regio Energie*" vorlegte. Im Anschluss an den politischen Beschluss wurde die Kampagne Regio Energie im Jahr 2007 initialisiert.

Der anschließende Koalitionsvertrag hat das 100%-Ziel aufgegriffen und in der Stromversorgung bis zum Jahr 2025 beschlossen (vgl. Christlich Demokratischer Union Marburg-Biedenkopf, Bündnis 90 / Die Grünen Marburg-Biedenkopf et al. 2011: 3).

Die interviewten Experten weisen auf die Bedeutung des Beschlusses für den EE-Prozess in der Region hin. Deutlich wird die politische Legitimation, die der Beschluss geliefert hat. Sie sorgte für mehr Aufmerksamkeit in der Öffentlichkeit, aber auch in der politischen Sphäre, weil das Thema nun begründeter Weise in den politischen Gremien diskutiert werden konnte. Auch der Antrag von Fördergeldern wurde einfacher.

> „Sicher waren auch die Äußerungen von Landrat Fischbach, dass er da bis 2040 eine 100%-ige Versorgung machen will, ein entscheidender Vorgang. Daran hat sich vieles aufgeschaukelt" (Experte 4).

Auch über Landkreisgrenzen hinweg hat der Beschluss Bedeutung gehabt. So kann der Landrat seitdem die Position Marburg-Biedenkopfs „mit dem Beschluss im Rücken" noch eindrücklicher beim Hessischen Energiegipfel oder anderen hessenweiten Veranstaltungen vertreten (vgl. Interview Experte 4).

In den Interviews wird jedoch kritisch angemerkt, dass ein Beschluss unwirksam sei, solange nicht die erforderlichen Maßnahmen im Landkreis zum weiteren EE-Ausbau getroffen werden. Außerdem wird vor der Verwendung von unrealistischen Zielen durch den Beschluss gewarnt.

Kampagne Regio-Energie und Kompetenzteam erneuerbare Energien

Im Anschluss an den politischen Beschluss wurde die Kampagne Regio Energie im Jahr 2007 initialisiert. Verbunden mit der Kampagne ist die Zeitschrift ERNA, welche zweimal jährlich kostenlos an die gesamt Bevölkerung im Landkreis verteilt wird und über das Thema erneuerbare Energien informiert. Eine Dachbörse, in welcher Hausbesitzer ihre Dächer als Vermietungsobjekt anbieten können, wurde eingerichtet, ebenso ein Kompetenzteam im Fachgebiet ländlicher Raum.

Integriertes Klimaschutzkonzept

Im Landkreis Marburg-Biedenkopf[137] und in der Stadt Marburg[138] sind im Jahr 2011 jeweils ein integriertes Klimaschutzkonzept erstellt worden, die beide im Rahmen der nationalen Klimaschutzinitiative gefördert wurden (siehe Kapitel

---

137 Das Konzept hat das Kompetenznetzwerk dezentrale Energietechnologien aus Kassel in Zusammenarbeit mit dem Landkreis Marburg-Biedenkopf erstellt, während seine Umsetzung von der Verwaltung koordiniert worden ist. Zu finden ist das Klimaschutzkonzept des Landkreises unter: http://www.regio-energie.org/klimaschutzkonzept (letzter Zugriff 08.10.2012).

138 Das Klimaschutzkonzept der Stadt Marburg ist veröffentlicht unter: http://www. klimaschutz-marburg.de (letzter Zugriff 08.10.2012).

2.6.3.2). Zur Ausarbeitung der Konzepte wurden Workshops zu unterschiedlichen Themen veranstaltet, über welche das Gros der interviewten Experten an der Erstellung des Konzeptes mitwirkten.

Die Bedeutung der Konzepte wird von den Experten unterschiedlich eingeschätzt. Es wird besonders auf die Notwendigkeit der Umsetzung der Maßnahmen und auf die Einbeziehung der Bevölkerung verwiesen, jedoch auch anerkannt, dass durch ein Klimaschutzkonzept die „Möglichkeit zur Standortbestimmung" geschaffen und ein „internes Auge geöffnet" worden sei (vgl. Interview Experte 3). Es bestehe die Möglichkeit, durch das Konzept den Prozess auf eine Grundlange zu stellen und so den Status Quo zu bestimmen.

Weitere EE-Vorkommnisse

Der Vorsitzende der Sonneninitiative aus Marburg hat gemeinsam mit dem Landrat im Mai 2011 die Region Marburg-Biedenkopf auf der Woche der Sonne[139] in Berlin vertreten. Experte 1 beschreibt diese Einladung als wichtig für die Weiterentwicklung des EE-Prozesses, weil damit eine nationale Anerkennung für den regionalen Prozess verbunden war.

„Dies hat gezeigt, dass diese neuen Akteure auch ernstzunehmende, unternehmerisch und sehr pragmatisch denkende Leute sind" (Experte 1).

Im Anschluss an den Besuch wurde ein Aktionsbündnis zur Woche der Sonne gegründet (vgl. Sonneninitiative e.V. o.J.-b).

2011 sind Mitarbeiter der Verwaltung und der Landrat auch zum EE-Unternehmen Juwi[140] nach Wörrstadt gefahren.

Seit 2012 wird der Landkreis vom Bundesumweltministerium gefördert, einen „Masterplan 100 % Klimaschutz" zu erstellen und damit bis zum Jahr 2050 den Ausstoß von Treibhausgasen um mindestens 95 Prozent und den Energiebedarf um 50 Prozent zu senken. Zur Erstellung und Umsetzung des Masterplans wurde ein Masterplanmanager eingestellt. Außerdem wurde eine Klimaschutzmanagerin eingestellt, um die Maßnahmen des Klimaschutzkonzeptes umzusetzen.

Ferner wurde im Oktober 2012 die Energiegenossenschaft Marburg-Biedenkopf gegründet. Die Gründungsversammlung fand im Landratsamt Marburg-Biedenkopf statt.[141]

---

140 Juwi ist ein Projektentwicklungsunternehmen für EE-Anlagen. Informationen gibt es unter: http://www.juwi.de/.

4.2.3.5 Aktueller EE-Ausbaustand

Im Landkreis Marburg-Biedenkopf wurden laut Energy Map im Jahr 2011 120.269 MWh Strom aus erneuerbaren Energien erzeugt (Deutsche Gesellschaft für Sonnenenergie e.V. 2012). Daran hatte Biomasse im Jahr 2009 einen Anteil von 38,5 Prozent, Windkraft von 32,9 Prozent, Photovoltaik von 24,6 Prozent und Wasser von 4 Prozent (Regio Energie Marburg-Biedenkopf 2012b). Insgesamt erzeugt der Landkreis laut Energy Map 10 Prozent EEG-Strom (Deutsche Gesellschaft für Sonnenenergie e.V. 2012).

Im Landkreis Marburg-Biedenkopf nimmt der Ausbau von Biomasse weiter zu: Ende 2012 waren im Landkreis laut Energy Map 18 Anlagen errichtet (Deutsche Gesellschaft für Sonnenenergie e.V. 2012). In den Interviews werden die Konflikte im Bereich der Bioenergie deutlich, u.a. die Nutzungskonkurrenz zu Nahrungsmitteln oder auch Vorbehalte im Bereich des Naturschutzes.

29 Windenergieanlagen gab es 2009 im Landkreis, weitere sind in Planung (Regio Energie Marburg-Biedenkopf 2012b). Die erste Anlage wurde 1995 gebaut (Energie Portal Mittelhessen 2012). In den Interviews wird darauf hingewiesen, dass der Landrat zunächst gegen einen Ausbau von Windkraft war, inzwischen aber ihre Bedeutung erkannt hat. Einer der Gründe für seine geänderte Meinung liegt in der Erhebung des Energiebedarfs für den Landkreis und der daraus resultierenden Anforderung für einzelne EE-Technologien (vgl. Interview Experte 3). Auch im Bereich der Windenergie gibt es im Landkreis jedoch Konflikte und Widerstand aus der Bevölkerung.

Solaranlagen gab es im Jahr 2012 rund 3700 im Landkreis (Deutsche Gesellschaft für Sonnenenergie e.V. 2012). Für den Ausbau der Solarenergie sorgt u. a. die Solardachbörse[142], die Dächer für PV-Anlagen im Landkreis vermittelt. Für die Stadt Marburg ist außerdem ein Solarkataster vorhanden, welches die Eignung von Dachflächen per geographischem Informationssystem im Internet abbildet. Im Bereich Solarenergie treten im Landkreis vor allem Konflikte im Bereich des Denkmalschutzes auf.

---

141 Zum Zeitpunkt der Erstellung der Arbeit befand sich die Genossenschaft in dem Prozess der Anerkennung, weshalb noch keine Projekt realisiert wurden.

142 „Ziel der Dachbörse ist es, dass möglichst viele Gebäudebesitzer Dachflächen anbieten und sich dann viele Investoren finden, die Sonnenkraftwerke errichten lassen. Die Sonneninitiative e.V. prüft die Dächer auf ihre Eignung. Hersteller und Handwerksbetriebe aus der Region können sich über die Börse als Sponsoren bekannt machen." (Regio Energie Marburg-Biedenkopf 2012a).

In den Interviews mit den regionalen Experten wird außerdem immer wieder auf die Marburger Solarsatzung verwiesen, die im Jahr 2008 entwickelt und 2010 beschlossen worden ist.[143] Kraft dieser Satzung wurden Hausbesitzer zum Einbau einer solarthermischen Anlage verpflichtet, falls sie neu bauen oder Dach oder Heizung erneuern wollten; die Satzung ist zwischenzeitlich jedoch wieder angeschafft worden. In der Presse wurde der zustände Bürgermeister in der Auseinandersetzung u. a. als Ökodiktator bezeichnet (vgl. Böcking 2011).

Die Stadtwerke Marburg bieten einzelne Förderungen im EE-Bereich an. Ein übergreifendes Förderangebot für den Landkreis Marburg-Biedenkopf ist jedoch nicht vorhanden.

Die derzeitige EE-Phase wird von den interviewten Akteuren ähnlich beschrieben.

„Wir sind gerade dabei, Luft zu holen. Wir sind noch lange nicht so weit, dass sich das in der Menge als schwerwiegend herausstellt (...). Es ist noch die Phase, wo sich die Dinge alle gerade irgendwo sammeln und sich die Akteure mehr oder weniger ordnen um dort noch mehr umzusetzen. Wir haben ja Steigerungsraten jedes Jahr. (...) Wir befinden uns eher noch am Anfang" (Experte 1).

Experte 3 stimmt zu:

„Wenn man die Phase 100% im Jahr 2040 als 100% sehen würde, dann würde ich uns noch am Start sehen, aber schon außerhalb der Gründerphase. Wir haben schon einiges gemacht, aber es liegt noch sehr viel vor uns, und wir sind am Anfang eines langen Wachstumsprozesses" (Experte 3).

Experte 4 schätzt die Entwicklung ähnlich ein:

„Ich würde sagen, der Landkreis befindet sich in der Startphase" (Experte 4).

Der Landkreisprozess wird von den regionalen Experten als unterschiedlich erfolgreich beurteilt:

„Am Anfang haben der Landkreis und der Landrat sicherlich eine Fehleinschätzung gemacht, indem sie der Biomasse eine viel zu große Bedeutung zugesprochen haben. Als die Sitzungen losgingen beim Kompetenzzentrum, hatten wir auch von der

---

143 Am 29. Oktober 2010 ist in der Stadt Marburg mit den Stimmen der SPD, der Grünen und der Linken die Satzung der Solaren Baupflicht auf Grundlage der §§ 5 und 51 Nr. 6 der Hess. Gemeindeordnung (HGO) und des § 81 Abs. 2 Hess. Bauordnung (HBO) beschlossen worden. CDU, FDP und die Marburger Bürgerliste stimmten gegen die Vorlage. Im Zuge der Novellierung der Hessischen Bauordnung hat die Hessische Landesregierung den § 81 II HBO ersatzlos gestrichen, wodurch der Marburger Solarsatzung ihre rechtliche Grundlage entzogen wurde.

wissenschaftlichen Seite vor der Überschätzung gewarnt. Die Biomasse hat immer noch einen niedrigen Wirkungsgrad" (Experte 4).

Außerdem wurde in den Interviews auf die anfängliche Skepsis des Landrats bezüglich der Windkraft hingewiesen:

> „Der Landrat war anfänglich, wie bei der CDU üblich, ein Gegner der Windkraftnutzung. Er hat sich aber um 180 Grad gewendet". (Experte 4).

Auf einer Sitzung im Rahmen der Erstellung des Klimaschutzkonzeptes bekräftigte der Landrat das Ziel, in den 22 Gemeinden des Landkreises jeweils 9 Windräder aufzustellen.

In den Interviews wird zugleich auf die Vorreiterrolle hingewiesen, die der Landkreis Marburg-Biedenkopf im Vergleich mit anderen Landkreisen in Deutschland bei der EE-Entwicklung einnimmt:

> „Wir liegen mit unserem Prozess und unseren ganzen Initiativen vor dem Mainstream. Wir haben das früher aufgegriffen als andere und haben dadurch auch Vorteile" (Experte 3).
>
> „Wir befinden uns (...) heute an dem Punkt, dass man konstatieren kann, wenn wir gesellschaftlich wollten und uns darauf konzentrieren, könnten wir den Umstieg auf eine Energieautarkie in einem ganz kurzen Zeitraum erreichen" (Experte 6).
>
> „In vielen Fällen befindet sich der Prozess in der Umsetzungsphase. Was jetzt den ganzen Landkreis angeht sicherlich erst in der Konzeptphase" (Experte 7).

Betont wird in den Interviews die Akzeptanz und Unterstützung der Bevölkerung für den EE-Prozess. Offensichtlich ist, dass der Unfall in Fukushima für eine Intensivierung des Prozesses gesorgt hat.

4.2.3.6 Herausforderungen und notwendige Einflussfaktoren

In den mit den regionalen Experten geführten Interviews wurden eine Reihe von aktuellen Herausforderungen in Bezug auf den EE-Ausbau genannt.

Einige Herausforderungen sind mit einzelnen EE-Technologien verbunden, besonders im Bereich Wind wird immer wieder Kritik am weiteren Ausbau laut. So habe sich die SPD gegen den Ausbau einzelner Windgebiete ausgesprochen (vgl. Interview Experte 1). Auch die gestiegenen Pachtzahlungen werden diskutiert, ebenso Kürzungen der Vergütung.

Beim Ausbau der Bioenergie werden Flächenkonkurrenzen, die Entstehung von Monokulturen oder auch der Bau neuer Wärmenetze diskutiert.

Als „Prozessverlangsamer" wird in den Interviews die klassische Energiewirtschaft genannt (vgl. Interview Experte 2); als weitere mögliche Hindernisse noch die Regional- und Landesentwicklungspläne, der stockende Leitungsausbau und unzureichende Anstrengungen im Bereich der Energieeffizienz.

Ein notwendige Faktor dafür, dass der Ausbau von erneuerbaren Energien gelingt, sei die Erstellung des Klimaschutzkonzeptes im Landkreis Marburg-Biedenkopf und damit auch die Umsetzung von weiteren Projekten gewesen, um den EE-Ausbau weiter zu führen (vgl. Interview Experte 3).

Auch die Notwendigkeit des EEG wird betont.

> „Das EEG war der Auslöser, dass erneuerbare Energien wirtschaftlich wurden und sich auch für Privatinvestoren lohnen" (Experte 2).

Insgesamt seien weitere finanzielle Mittel zur Weiterführung des EE-Prozesses notwendig. In diesem Zusammenhang wurde auch auf die Notwendigkeit des Investments von regionalen Energieversorgern verwiesen, die durch ihr Engagement den Prozess voranbringen könnten.

Weitere Faktoren, die in den Interviews genannt werden, sind die Gründung von Genossenschaften, Intelligente Netze, die Änderung des Regionalplans für eine größere Autonomie der Kommunen und die Akzeptanz in der Bevölkerung. Schließlich wird in den Interviews auch auf die Notwendigkeit des Engagements von Regionen und ihrer Akteure hingewiesen.

> „Es kommt auf die Gemeinden an, auf das Engagement von Gemeinden und die Initiative" (Experte 7).

4.2.4 Akteurskonstellationen

4.2.4.1 Beteiligte Akteure

Die Akteursstruktur im Landkreis Marburg-Biedenkopf ist bedingt heterogen. Der Landrat, aber auch Akteure aus der Zivilgesellschaft wie vom BUND oder der Sonneninitiative sowie Mitarbeiter aus der Verwaltung sind oft genannte Akteure in den Interviews; sie waren auch auf den regionalen Veranstaltungen zu erneuerbaren Energien sehr präsent.[144] Als einflussreiche Person in der Ak-

---

144 Bei der Auswahl der Interviewpartner in Marburg-Biedenkopf wurde darauf geachtet, möglichst aus allen Akteursbereichen einen Repräsentanten zu interviewen, welcher den Prozess im Landkreis maßgeblich mitgestaltet hat und auch von den anderen Experten als Interviewpartner genannt worden ist. Die sieben interviewten Experten aus dem Landkreis Marburg-Biedenkopf und der Stadt Marburg kommen aus der Verwaltung, der Politik, Zivilgesellschaft, Wirtschaft und Forschung und sind maßgeblich am EE-

teursgruppe Verwaltung lässt sich klar der Landrat identifizieren. Durch die Analyse von Dokumenten (z. B. von Vorträgen, aber auch Zeitungsartikeln) und die teilnehmenden Beobachtungen im Landkreis Marburg-Biedenkopf ist seine zentrale Stellung sehr deutlich geworden; in den Interviews scheint sein Gewicht etwas geringer.

Insgesamt werden vor allem die Akteure aus Politik und Verwaltung als Unterstützer für erneuerbare Energien in der Region gesehen:

„Die Vertreter der Stadt Marburg mit Oberbürgermeister Vaupel, Bürgermeister Kahle, Landrat Fischbach, dem ersten Beigeordneten McGovern sind absolut überzeugte Vertreter der erneuerbaren Energien und sehen darin einen großen Wert für die Region" (Experte 1).

Prozess in der Region beteiligt. Zur Charakterisierung der Akteure werden Einschätzungen der Experten und Ergebnisse aus Dokumentenanalysen verwendet.

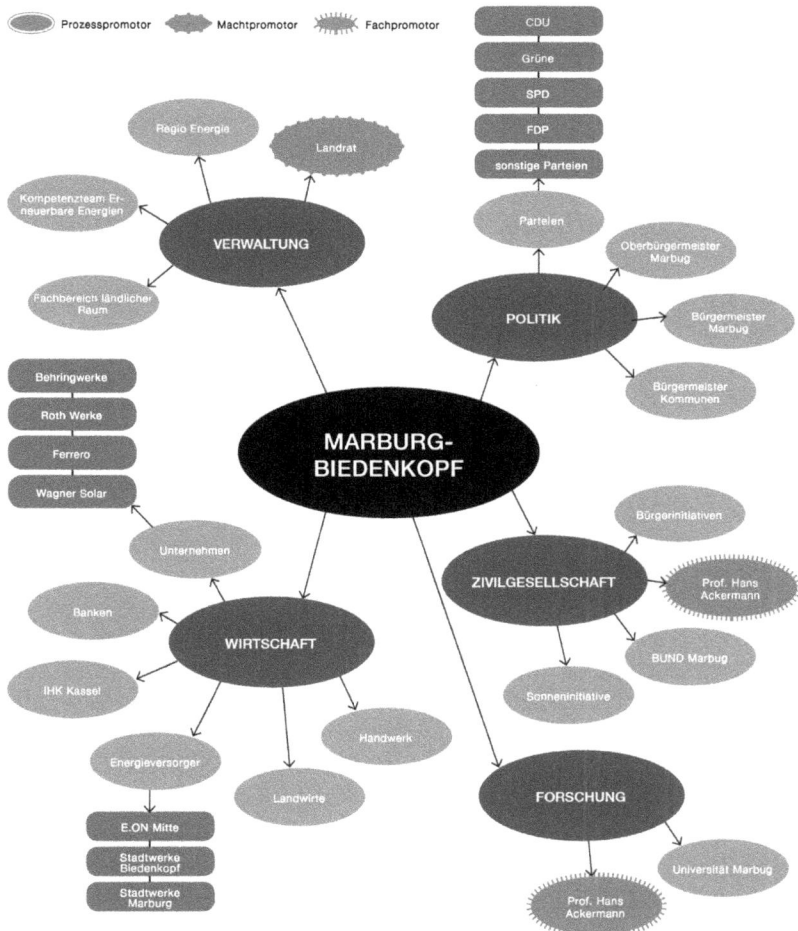

Abbildung 13: Vorhandene EE-Akteure in der EE-Region Marburg-Biedenkopf

Die in der Abbildung dargestellten Akteure werden im Folgenden beschrieben.

Verwaltung

In der Verwaltung sind unterschiedliche Akteure im Bereich der erneuerbaren Energien aktiv. Der Landrat als oberster Kommunalbeamter wird von allen Akteuren als beteiligter Akteur, vor allem aber als Prozessgestalter im EE-Prozess

148 Erneuerbare-Energie-Regionen

genannt. Auch Mitarbeiter aus dem Kompetenzteam Erneuerbare Energien der Verwaltung sind im Landkreis Marburg-Biedenkopf im Bereich der erneuerbaren Energien aktiv.

Seit dem Jahr 1996 wird der **Landrat** im Landkreis Marburg-Biedenkopf direkt von der Bevölkerung gewählt. Erster direkt gewählter Landrat war Robert Fischbach[145] von der CDU, der 2001 und 2007 wiedergewählt wurde. Seine Amtszeit läuft bis zum Jahr 2014.

Von den interviewten Experten wird der Landrat in Marburg-Biedenkopf als zentraler Akteur im EE-Prozess wahrgenommen:

„Er hat die steuernde und vorantreibende Funktion bei dem Ausbau der erneuerbaren Energien" (Experte 3).

Dabei hat er den EE-Ausbau als wichtiges Thema „schon relativ früh" (Experte 6) auf seine „politische Agenda" gesetzt (Experte 3) und damit u. a. „seine Wahl gewonnen" (Experte 1).

„Er hat bereits vor Japan gesagt, dass er die Verlängerungen der Atomlaufzeit nicht gut findet" (Experte 1).

Seine Einstellung bezüglich der erneuerbaren Energien habe der Landrat indes geändert. Zunächst habe er vor allem den Ausbau der Biomasse unterstützt, später aber auch den Ausbau von Windenergie forciert. Er habe u. a. Veranstaltungen zu erneuerbaren Energien wie das Energieforum, die bereits früher stattgefunden haben, ins Kreishaus geholt (vgl. Interview Experte 3). Die Unterstützung der erneuerbaren Energien durch den Landrat liege jedoch auch daran, dass er in eine schwarz-grüne Koalition eingebunden ist.

Auch sein politischer Einfluss auf Bundeslandebene wird durch die Interviews deutlich und vor allem der symbolische Einfluss thematisiert. Er habe in der Öffentlichkeit eine hohe Bedeutung, weshalb seine Unterstützung für erneu-

---

145 Fischbach ist gelernter Landwirtschaftsmeister und arbeitete vor seinem Antritt als Landrat in Marburg-Biedenkopf sowohl auf dem elterlichen Hof als auch als landwirtschaftlicher Berater. Seit 1974 saß er im Kreistag in Marburg-Biedenkopf, außerdem war er seit 1985 Fraktionsgeschäftsführung der CDU. Im Jahr 1993 wurde er als hauptamtlicher erster Kreisbeigeordneter des Landkreises gewählt. Seit November 2009 ist er Präsident des Hessischen Landkreistages und Fraktionsvorsitzender der CDU in der Regionalversammlung Mittelhessen. Er ist Verwaltungsratsvorsitzender in der Sparkasse Marburg-Biedenkopf, Mitglied des Aufsichtsrates bei E.ON Mitte und Vorsitzender des Kommunalausschusses der E.ON Mitte.

erbare Energien im Landkreis eine große Wirkung habe. Nicht zuletzt übe er auch als Chef der Verwaltung wichtige Funktionen aus.

Die **Kampagne Regio Energie** ist durch einen Beschluss des Kreistages im Oktober 2007 als Teil der Landkreisverwaltung eingerichtet worden (vgl. Landkreis Marburg-Biedenkopf 2007) und dient in erster Linie der Information der Bevölkerung (vgl. Regio Energie Marburg-Biedenkopf 2012a). Der Landkreis gibt durch die Kampagne das Magazin ERNA heraus, das jeder Haushalt im Landkreis zweimal im Jahr kostenlos erhält. Das **Kompetenzteam Erneuerbare Energien** bietet eine Energieberatung für Bürger an. Einfluss üben auch Mitarbeiter aus, besonders der Leiter des damit verbundenen Fachdienstes Erneuerbare Energien.

In der Stadt Marburg gibt es zwar eine **Klimaschutzbeauftragte**, sie wird in den Interviews jedoch nicht als entscheidende Akteurin im EE-Prozess im Landkreis genannt.

Politik

Vorsitzender des Kreistages Marburg-Biedenkopf ist seit April 2009 ein Vertreter der CDU. Seit Mai 2001 regiert im Landkreis eine Jamaika-Koalition aus CDU, Grüne und FDP mit Unterstützung der Freien Wähler. Bei der letzten Kommunalwahl im März 2011 erlangte die SPD mit 36,2 Prozent die meisten Stimmen, an zweiter und dritter Stelle folgten die CDU und die Grünen. In der Stadt Marburg gibt es eine Koalition aus SPD und Grünen.

Bei der Auswertung der Dokumente, aber vor allem auch in den Interviews wird deutlich, dass Dr. Franz Kahle als **Bürgermeister** der Stadt Marburg den EE-Prozess beeinflusst hat. Der Jurist ist seit 1979 Mitglieder Partei Die Grünen. 2001 wurde er hauptamtlicher Stadtrat der Stadt Marburg. Seit 2005 ist er Bürgermeister und damit Stellvertreter des Oberbürgermeisters der Stadt Marburg, daneben noch Vorsitzender des Aufsichtsrates der Stadtwerke Marburg und Jugend- und Baudezernent. Er wird als ein Initiator der Marburger Solarsatzung genannt und war auch bei dem Bau von Solaranlagen beteiligt. Wie Prof. Ackermann treibt auch Dr. Kahl den EE-Prozess jedoch vor allem in der Stadt Marburg voran und wirkt nur am Rande in der Region mit.

Schließlich gibt es einzelne aktive Bürgermeister aus Landkreiskommunen, aus Cölbe, Lahntal und Münchhausen, die in den Interviews genannt werden.

Die **Parteien** im Landkreis nehmen „typische Rollen" (Experte 2) ein, tragen jedoch alle das EE-Thema mit. So wurde der Beschluss zur Umstellung der

Energieversorgung auf erneuerbare Energien von allen Parteien einstimmig beschlossen. Bei einzelnen Konfliktfeldern, wie dem Ausbau der Windenergie, herrscht allerdings Uneinigkeit: Die Grünen wollen die Windkraft ausbauen, die SPD bislang nicht (vgl. Interview Experte 6).

Auch der Landkreis und die Stadt stehen sich aufgrund der unterschiedlichen parteipolitischen Konstellationen oft gegenüber. Auf Veranstaltungen ist diese Spannung regelmäßig deutlich geworden, die Interviews bestätigen sie. So wird bei der Vergabe von Konzessionen im Landkreis die parteipolitische Dominanz in den einzelnen Gemeinden deutlich. Der SPD-Oberbürgermeister der Stadt Marburg ist Vorsitzender des Aufsichtsrates der Stadtwerke der Stadt Marburg, was Auswirkungen auf die Vergabe der Konzessionen im Landkreis hat. Die interviewten Experten weisen darauf hin, dass die CDU-geführten Regionen eher zu E.ON ins Konzessionsgebiet wechseln wollen, die SPD-geführten eher zu den Stadtwerken.

Der Vorsitzende der **CDU** im Landkreis, u. a. Beisitzer im Bundesvorstand der Mittelstands- und Wirtschaftsvereinigung, ist im EE-Prozess im Landkreis nicht besonders in Erscheinung getreten. Als wahrnehmbarer Unterstützer der erneuerbaren Energien in der CDU gilt jedoch der Landrat.

Die **SPD** ist im Landkreis nicht an der Mehrheitskoalition beteiligt, obwohl sie bei den letzten Wahlen die meisten Stimmen erhielt. In der Stadt Marburg regiert sie zusammen mit den Grünen. Von den befragten Experten wird die Partei nicht als treibende Kraft im EE-Prozess wahrgenommen.

> „Bei der SPD wird vor allem im Hintergrund gearbeitet. Im Vordergrund ist das kaum feststellbar" (Experte 4).

Die **Grünen** sind sowohl im Landkreis Marburg-Biedenkopf als auch in der Stadt Marburg in der Mehrheitskoalition vertreten. Im Landkreis besetzen sie das Amt des ersten Kreisbeigeordneten und damit des Vertreters des Landrats, in der Stadt Marburg das des Bürgermeisters. Die Grünen werden von den interviewten Akteuren als größte Unterstützer-Partei des EE-Prozesses in der Region genannt. Es wird aber auch darauf hingewiesen, dass sie durch die Besetzung des EE-Themas im Landkreis kein Alleinstellungsmerkmal mehr haben (vgl. Interviews Experte 1, Experte 3). Als aktiver Akteur von den Grünen wird vor allem der Bürgermeister der Stadt Marburg, Dr. Kahle identifiziert.

> „Die Grünen hatten im erneuerbaren–Energien-Bereich schon immer Ideen, zur Umsetzung ist es aber erst durch Herrn Dr. Kahle gekommen" (Experte 7).

Die Haltung der **FPD** wird als am kritischsten gegenüber erneuerbaren Energien eingeschätzt, die Partei tritt beim EE-Prozess jedoch nicht erkennbar in Erscheinung.

Sonstige Parteien spielen bei der Förderung und dem Ausbau der erneuerbaren Energien keine Rolle.

Wirtschaftsakteure

Im Landkreis gibt es Wirtschaftsakteure, welche Einfluss auf den EE-Prozess nehmen, darunter einige große Unternehmen im Landkreis. Das Engagement der Unternehmen im EE-Bereich ist jedoch laut Experte 3 erst seit einigen Jahren zu beobachten. Von den Akteuren wird einheitlich das Solarunternehmen **Wagner und Co** genannt. Das Unternehmen mit Sitz im Landkreis Marburg-Biedenkopf ist bundesweit tätig. Es wurde im Jahr 1979 durch Studenten der Universität Marburg gegründet und ist in Mitarbeiterbesitz; Anfang 2012 hatte es 320 Mitarbeiter. In den regionalen EE-Prozess ist das Unternehmen aber nur bedingt eingebunden (vgl. Interview Experte 2). In den Interviews wird Andreas Wagner als eine Schlüsselperson im EE-Bereich beschrieben, wenngleich durch die teilnehmenden Beobachtungen deutlich wurde, dass er eigentlich nur am Rande in den regionalen EE-Prozess einbezogen ist.

Eine Rolle spielen auch die Roth-Werke, ein Hersteller von Energie- und Sanitärsystemen (vgl. Interviews Experte 1, Experte 4).

Der mit 3600 Mitarbeitern größte Arbeitgeber der Region – Ferrero – produziert im Landkreis Marburg-Biedenkopf und hat sich u. a. an einzelnen Arbeitskreisen im Rahmen des Klimaschutzkonzeptes beteiligt. Als ein Ergebnis des Klimaschutzkonzeptes wurde im Februar 2012 ein Arbeitskreis Wirtschaft und Energie gegründet, bei dem sich regelmäßig ca. 20 der größten und energierelevanten Unternehmen zum fachlichen Austausch im Landkreis treffen.

Die Zahl der **Landwirte** nimmt im Landkreis Marburg-Biedenkopf zwar ab (vgl. Interview Experte 1), aber es gibt noch 1370 landwirtschaftliche Betriebe (Landesbetrieb Landwirtschaft Hessen o.J.), womit der Kreis im hessenweiten Vergleich an dritter Stelle steht. Die interviewten Experten schreiben den Landwirten mehrheitliche eine bedeutsame Rolle im EE-Prozess zu. Der Landrat des Landkreises bezieht als ausgebildeter Landwirt die Interessen der Landwirtschaft in den Prozess ein. Auch der Vorsitzende der Kreislandwirte war oft auf Veranstaltungen des Landkreises zur Erstellung des Klimaschutzkonzeptes anwesend. Gleichwohl fühlen sich die Landwirte oftmals „nicht genügend in den Prozess zum EE-Ausbau einbezogen" (Experte 7), während sie die wirtschaftliche Chance sehen, die sie durch den Ausbau der erneuerbaren Energien haben. So nimmt die Zahl der Biogasanlagen im Landkreis zu.

„Neben der Betreibung von Biomasseanlagen haben die Landwirte auch im Holzbereich erheblichen Einfluss" (Experte 5).

Handwerker sind im EE-Prozess in Marburg-Biedenkopf bisher nur als Auftragnehmer beim Ausbau von EE-Anlagen in Erscheinung getreten. In den Workshops zur Erarbeitung des Klimaschutzkonzeptes und auch bei weiteren EE-Aktivitäten im Landkreis sind sie nicht aufgefallen.

Im Landkreis dominieren die **Energieversorger** E.ON Mitte und die Stadtwerke Marburg, außerdem sind die Stadtwerke Biedenkopf in der Region aktiv.

In den Jahren 2010 bis 2012 wurden die Konzessionen im Landkreis neu geregelt. Insbesondere die Kommunen im Kreisteil Marburg wechselten zu den Stadtwerken, das Hinterland blieb bei E.ON (vgl. Haase 2012). Im Januar 2012 hat sich E.ON jedoch wegen der Vergabe der Konzessionen an das Kartellamt gewandt, um dieselben prüfen zu lassen (vgl. Haase 2012).

Die **Stadtwerke Marburg** sind ein bedeutender Akteur im EE-Prozess. Seit dem Jahr 1989 bieten sie einen Basistarif für Photovoltaik an (vgl. Interview Experte 6), seit 1995 auch Förder- und Beratungsprogramme zur Energieeffizienz (vgl. Stadtwerke Marburg o.J.); für das Angebot wurden die Stadtwerke bereits mehrfach vom BUND ausgezeichnet (vgl. Stadtwerke Marburg o.J.). Die Stadtwerke bieten Strom aus Wasserkraft an und investieren selbst in Anlagen, so besitzen sie z. B. auch Windkraft- oder Biogasanlagen (vgl. Interview Experte 4). Unterstützung geleistet haben sie auch bei dem Ausbau von Photovoltaikanlagen. Allgemein werden ein Ökostromtarif und Stromsparprogramme angeboten (vgl. Interview Experte 2). Schließlich gab es in der Vergangenheit Förderprogramme für Elektroautos und -fahrräder und z. B. für Thermographie oder Brennwertthermen (vgl. Interview Experte 6).

Die Experten betonen den parteipolitischen Einfluss auf die Stadtwerke. Daher ist der Einfluss der Stadtwerke in der SPD-regierten Stadt höher als im CDU-regierten Landkreis. In der Tat sind die Stadtwerke auf Landkreis-Ebene kaum in den Prozess des EE-Ausbaus einbezogen.

Neben den Stadtwerken Marburg gibt es die **Stadtwerke Biedenkopf**, welche aber im EE-Prozess im Landkreis nur eine untergeordnete Rolle spielen (vgl. Interview Experte 7)

Im Landkreis Marburg-Biedenkopf ist der Energieversorger **E.ON Mitte**[146] aktiv. E.ON wird in der Region teilweise kritisch gesehen, z. B. dafür, dass die Unternehmensgewinne nach München abgeführt werden. Daher wird auch der Landrat teilweise für seine Mitgliedschaft im Aufsichtsrat von E.ON kritisiert. In den Jahren 2010 - 2012 gab es eine Reihe von Konzessionsverhandlungen im Landkreis, im Zuge derer E.ON einige Gemeinden im Landkreis an die Stadtwerke verloren hat. Derzeit wird jedoch der Verkauf von E.ON Mitte an die im Gebiet liegenden Landkreise verhandelt, da sich für E.ON der Betrieb des Regionalversorgers nicht mehr rechnet.

Durch die Analyse wird ein Wandel deutlich, den das Unternehmen in den letzten Jahren in seiner Einstellung zu erneuerbaren Energien durchlaufen hat. Mittlerweile baut es im Landkreis an einer Stauseeanlage und einer Biogasanlage (vgl. Interview Experte 5).

Die **Banken** im Landkreis wurden von den interviewten Experten nicht als gesonderte Akteure im EE-Prozess genannt.

Als **sonstige Akteure** haben einigen Experten auf die Bedeutung der Gemeinnützigen Wohnungsbau GmBH Marburg (GeWoBau), besonders im Solarbereich, hingewiesen. Die GeWoBau hat im Sommer 2003 die ersten acht PV-Anlagen in Marburg errichtet, aus denen inzwischen 54 geworden sind (vgl. Gemeinnützige Wohnungsbau GmbH Marburg-Lahn o.J.). Im Landkreisprozess ist die GeWoBau allerdings nicht aufgefallen.

Zivilgesellschaft

Der Verein **Sonneninitiative** ist im Januar 2003 im Landkreis Marburg-Biedenkopf gegründet worden (vgl. Sonneninitiative e.V. o.J.-a). Als einen Grund dafür nennt der Verein den gesellschaftlichen Auftrag durch die Agenda 21 und das „Gefühl, etwas tun zu müssen" (Sonneninitiative e.V.). Der Verein errichtet Bürgersonnenkraftwerke und ist inzwischen wirtschaftlich organisiert. Vorsitzender ist Volker Klös. Er wird von der Mehrzahl der interviewten Experten als eine Schlüsselpersonen im EE-Prozess im Landkreis genannt und hat den EE-Prozess im Landkreis bereits in den 90er Jahren angestoßen (vgl. Interview Experte 3).

---

146 E.ON Mitte hat seinen Geschäftssitz in Kassel. Aktionäre sind zu 73,3 Prozent die E.ON Energie AG München, zu 26,7 Prozent die zwölf umliegenden Landkreise und die Göttinger Sport und Freizeit GmbH. Sie betreiben das Strom- und Erdgasnetz u. a. in Hessen und Südniedersachsen. Im Jahr 2005 sind sie aus EAM Energie (Elektrizitäts-Aktiengesellschaft Mitteldeutschland) hervorgegangen.

Die Sonneninitiative ist bei einer Reihe von EE-Veranstaltungen im Landkreis beteiligt, u. a. beim Runden Tisch der Kampagne Regio Energie.

Der **BUND** ist vor allem in der Stadt Marburg aktiv. In Marburg 1978 gegründet, hat er derzeit über 900 Mitglieder (BUND Marburg 2012). Aktiv eingebunden in den Prozess ist er vor allem über Prof. Hans Ackermann, der u. a. an der Gründung der Agenda-Gruppe beteiligt gewesen ist.

Der inzwischen emeritierte Physikprofessors Hans Ackermann hat vor allem in der Stadt Marburg eine Reihe von Initiativen zur Unterstützung des EE-Ausbaus initiiert. So wird auch in den Interviews immer wieder auf seine Bedeutung für den EE-Prozess in Marburg verweisen. Er begleitet den EE-Prozess bereits seit der ersten EE-Phase. Anfang der 1980er Jahre forderte er bereits, dass man PV-Projekte in Marburg bauen solle (vgl. Interview Experte 6). An der Universität hat er den Arbeitskreis Energie gegründet und u. a. auf diesem Wege den EE-Prozess in der Stadt Marburg, aber auch im Landkreis mitgestaltet. Er ist immer noch beim BUND in Marburg und in der Arbeitsgruppe Energie des BUND in Hessen aktiv und sorgt dort mit seinem Fachwissen für eine Weiterentwicklung des EE-Prozesses. Außerdem war er anfangs bei der Agenda-Gruppe der Stadt Marburg beteiligt. Zunächst hat er vor allem an der Universität weitere Akteure mit in den EE-Prozess einbezogen, eine studentische Arbeitsgruppe zu erneuerbaren Energie mitgegründet und durch weitere Veranstaltungen vor allem im akademischen Bereich für EE- Themen sensibilisiert.

Die **lokale Agenda 21** wurde auf Beschluss der Stadtverordnetenversammlung im Dezember 1997 in Marburg gegründet, richtig aktiv ist sie aber erst im Jahr 2004 geworden (vgl. Interview Experte 1). Die Agenda-Bewegung wurde anfangs von Prof. Ackermann geleitet, der auch den Arbeitskreis Energie gegründet hat. Inzwischen haben sich acht Arbeitsgruppen innerhalb der Agenda 21 ausgebildet. Die Agenda hat u. a. die Solarsatzung in der Stadt Marburg mit angestoßen und den Bürgermeister überzeugt, dass Thema aufzunehmen und weiter zu verfolgen (vgl. Interview Experte 7).

Es gibt auch eine Agenda-Gruppe im Landkreis Marburg-Biedenkopf (vgl. Interview Experte 3), doch sind beide Agenda-Gruppen nicht mehr besonders aktiv (vgl. Interview Experte 3).

Bürgerinitiativen sind nicht konstant im Landkreis zu beobachten. Lediglich einzelne Personen oder Gruppen sprechen sich gegen Windkraft aus (vgl. Interviews Experte 1, Experte 3, Experte 7).

Forschung

Insgesamt schreiben die interviewten Experten der Forschung im EE-Prozess des Landkreises Marburg-Biedenkopf eine untergeordnete Rolle zu.

Für den Bereich der Forschung wird durch die Interviews und durch die Analyse der weiteren Dokumente deutlich, dass die Universität Marburg immerhin eine partielle Rolle im EE-Prozess im Landkreis gespielt hat. Prof. Ackermann war auch hier die zentrale Figur: Die Verbindung erfolgte vor allem über den von ihm verantworteten Bereich der Solarphysik.

Die Verwaltung des Landkreises arbeitet schließlich noch mit dem Fachbereich Geographie im Bereich der erneuerbaren Energien zusammen. Darüber hinaus gibt es z. B. die aus der Universitätsinitiative entstandene Firma Wagner Solar.

4.2.4.2 Rollen und Interaktionen der Akteure

Um Akteursrollen und Interaktionen der Akteure untereinander zu analysieren, werden, wie in Kapitel 3.4.2.5 vorgestellt die Rollen der Akteure in der Region Marburg-Biedenkopf als eventuelle Promotoren des EE-Prozesses betrachtet.

Als Machtpromotor erscheint im Landkreis Marburg-Biedenkopf eindeutig der Landrat des Landkreises Robert Fischbach. Durch seine Position als Chef der Verwaltung und seine damit einhergehende Außenwirkung auf den EE-Prozess wird er von den beteiligten Akteuren als solcher anerkannt. In den Interviews wird immer wieder auf seinen Einfluss im Prozess hingewiesen:

> „Er kann Prozesse fördern, zum Beispiel bei der Windkraft, wo im Regionalplan nur bestimmte Stellen vorgesehen sind. Er kann als Mitglied der Regionalversammlung auch alternative Standorte durchkriegen. Außerdem kann er Geldmittel für bestimmte Projekte zur Verfügung stellen" (Experte 3).

Auch die Dokumentenanalyse und besonders die teilnehmenden Beobachtungen in der Region unterstreichen seine Stellung im Prozess.

Seit Fischbachs Eintritt in den EE-Prozess in der aktuellen vierten Phase hat dieser an Bedeutung gewonnen, nicht zuletzt weil Fischbach für den politischen Beschluss zur Umstellung der Energieversorgung und für die Erstellung des Klimaschutzkonzeptes gesorgt hat. Auch ein Kompetenzteam erneuerbare Energien in der Verwaltung hat er eingerichtet und die Öffentlichkeitskampagne Regio Energie ins Leben gerufen.

Ein weiterer Machtpromotor ist der Bürgermeister der Stadt Marburg, Dr. Franz Kahle, der u. a. die Solarsatzung entscheidend vorangetrieben hat. Als

Bürgermeister der Stadt Marburg ist sein Einfluss als Machtpromotor im Landkreis Marburg-Biedenkopf allerdings begrenzt.

Die Identifikation eines Fachpromotors in der Region Marburg-Biedenkopf ist in der Person von Akteur Professor Hans Ackermann ebenfalls relativ evident. Andere Fachpromotoren sind nicht eindeutig zu identifizieren, weitere wissenschaftliche Akteure sind nicht permanent in den EE-Prozess eingebunden. Während der ersten EE-Phase waren zwar eine Reihe wissenschaftlicher Akteure im EE-Prozess aktiv, dies allerdings vor allem für die Konstruktion von Photovoltaik-Anlagen und im Umfeld der Gründung des Unternehmens Wagner Solar, weniger durch wissenschaftliche und fachliche Unterstützung des gesamten regionalen EE-Prozesses.

Mitarbeiter der Landkreisverwaltung aus dem Fachbereich Erneuerbare Energien bringen zwar auch Fachwissen in den EE-Prozess ein, können jedoch nicht als Fachpromotoren gelten, da sie vor allem ihrer Arbeit entsprechend agieren.

Prozesspromotoren sind in Marburg-Biedenkopf nicht eindeutig zu identifizieren. Die interviewten Experten bekräftigen, dass es keinen einzelnen zentralen Akteur im EE-Prozess gibt, welcher den EE-Prozess angestoßen habe.

„Das waren eine Reihe von Akteuren, die dann schließlich dafür gesorgt haben, dass die Politik dies erkannt hat" (Experte 1).

„Es gab keinen Messias, der ausgestrahlt hat" (Experte 2).

Eingeschränkt können die beiden Vorsitzenden der Sonneninitiative als Prozesspromotoren gelten. Sie haben u. a. den Landrat in die Veranstaltung Woche der Sonne eingebunden und ihm Vorteile eines politischen Beschlusses zum Ausbau von erneuerbaren Energien dargelegt. Gleichwohl treiben sie den EE-Prozess nur partiell in der gesamten Region voran und konzentrieren sich hauptsächlich auf den Ausbau von Sonnenenergie. Dabei ist ihr Arbeitsgebiet auch nicht auf den Landkreis Marburg-Biedenkopf beschränkt.

Teilweise können die Mitarbeiter des Kompetenzteams Erneuerbare Energien aus der Gruppe der Verwaltung noch als Prozesspromotoren gelten, auch wenn sie aufgrund ihrer beruflichen Stellung in dieser Rolle sind und darüber hinaus nicht besonders als Promotoren im EE-Prozess in Erscheinung treten.

Schließlich kann der Bürgermeister der Stadt Marburg, Dr. Kahle, partiell als Prozesspromotor gesehen werden. In der Stadt Marburg füllt er diese Rolle aus, für den Landkreis Marburg-Biedenkopf jedoch nur bedingt, insofern er nur am Rande im EE-Prozess im Landkreis aktiv ist.

In den Interviews, aber auch bei den teilnehmenden Beobachtungen und durch die Analyse der Dokumente konnten keine konkreten hemmenden Akteure für den EE-Prozess in Marburg-Biedenkopf identifiziert werden. Als partiell hemmende Akteure haben sich z. B. die Wirtschaftsverbände (vgl. Interview Experte 4) erwiesen. Bei konkreten Anlässen gibt es immer wieder Widerstand von einzelnen Gruppen, so zum Beispiel bei der geplanten Durchsetzung der Solarsatzung.

> „Bei der Solarsatzung waren einige dagegen, von denen man das vorher nicht gedacht hätte, wie die Handwerkerverbände, eine Gruppe Hausbesitzer oder die Industrie- und Handelskammer" (Experte 7).

Ein dauerhaftes Netzwerk, welches den EE-Prozess im Landkreis unterstützt, wird von den Akteuren nicht identifiziert, sie weisen vielmehr auf lokale und temporäre Verbindungen hin; erste Netzwerke gab es bereits im Jahr 1980 zur geplanten Wiederaufbereitungsanlage im Landkreis.

Die verantwortlichen Akteure aus Verwaltung und Politik werden gleichwohl als offen und bemüht beschrieben, mehr Bürgerbeteiligung beim EE-Prozess zu gewinnen. Als ein Beispiel der Vernetzung nennen Experte 1 und Experte 5 die Vernetzung der Bioenergiedörfer, wenngleich diese Arbeitskreise immer nur temporär seien (vgl. Interview Experte 1). Der Landkreis hat ein offenes Gremium zur Erstellung des Klimaschutzkonzeptes initiiert, was Experte 7 als möglichen Start einer dauerhaften Netzwerkbildung beschreibt. Andere Netzwerke sind zum Beispiel der Zusammenschluss der Energiebeauftragten der Städte und Gemeinden oder auch die Dienstbesprechungen beim Landrat (vgl. Interview Experte 6).

Nicht zuletzt setzten sich die lokalen Agendagruppen in unterschiedlicher Regelmäßigkeit damit auseinander (vgl. Interview Experte 6), und es gibt den Arbeitskreis RegioEnergie.

Insgesamt sehen die interviewten Experten die Netzwerkbildung im Landkreis als verbesserungswürdig.

> „Die Kommunikation der Akteure untereinander ist noch ein starkes Defizit" (Experte 7).

Einzelne Institutionen, z. B. die Stadtwerke, haben zu wenig Personal, um den Prozess voranzutreiben (vgl. Interview Experte 7).

4.2.5 Prozesslogik in der EE-Region Marburg-Biedenkopf

Die Akteurskonstellation in Marburg-Biedenkopf ist nur bedingt heterogen zusammengesetzt. Zwar wirken eine Reihe von Akteuren aus unterschiedlichen Akteursgruppen am EE-Ausbau mit, aber nicht wenige beschränken ihr Engagement vor allem auf die Stadt Marburg. Als eindeutiger Machtpromotor lässt sich der Landrat identifizieren, der jedoch erst seit der aktuell vierten EE-Phase eingebunden ist, obwohl er das Amt bereits seit 1996 innehat. Er ist für die institutionelle Implementation des EE-Prozesses verantwortlich gewesen, insofern er die politischen Parteien im Landkreis überzeugt hat, den politischen Beschluss zur Umstellung der Energieversorgung zu unterschreiben. Auch darüber hinaus nutzt er seinen Einfluss, um den EE-Prozess weiter zu unterstützen.

Im Bereich der Zivilgesellschaft beeinflusst die Sonneninitiative den EE-Prozess vor allem durch Awareness-Raising, zum Beispiel für den politischen Beschluss. Sie erscheint damit als Prozessmotor.

Auch der emeritierte Professor Ackermann, tätig sowohl im Bereich der Zivilgesellschaft (BUND) als auch in der Forschung (Uni Marburg) und seit der ersten EE-Phase involviert, spielt eine bedeutsame Rolle als Fachpromotor im EE-Prozess. Auch sein Engagement bezieht sich vor allem auf den Bereich des Awareness-Raisings.

Trotz der Beteiligung unterschiedlicher Akteure im EE-Prozess ist die Dominanz des Landrats als Machtpromotor im EE-Prozess deutlich. Erst durch sein Engagement im Prozess hat dieser an Bedeutung gewonnen, weshalb ein eher top-down-geführter Prozess angenommen werden kann.

Das Netzwerk in Marburg-Biedenkopf ist insofern durch die thematische Ausrichtung auf erneuerbare Energien geprägt und wird primär durch die Verwaltung gesteuert. Elbe, Kroes et al. (2007: 53 ff.) schreiben dieser Art Netzwerk eine große Stabilität zu.

Eine Strategieentwicklung findet in Marburg-Biedenkopf zwar im Rahmen öffentlicher Programme wie der Erstellung des Klimaschutzkonzeptes mit vielen Akteuren statt. Entscheidende Instanz bleibt jedoch auch hier die Verwaltung, speziell der Landrat, was den Befunden von Elbe, Kroes et al. (2007: 53 ff.) (siehe Kapitel 3.3) widerspricht.

4.2.6 Fazit: Einflussfaktoren der EE-Entwicklung in Marburg-Biedenkopf

Auch der EE-Prozess in der Region Marburg-Biedenkopf wird durch ein komplexes Zusammenspiel von Faktoren beeinflusst.

Bei der **Konstituierung der Region** wird die relativ klare Regionsabgrenzung deutlich. Die Dominanz des Landrats im EE-Prozess, aber auch die fehlende Einbindung der Region in andere EE-Strukturen weisen auf den Landkreis Marburg-Biedenkopf als administrative EE-Abgrenzung hin.

Beim **institutionellen Kontext** spielen im Bereich der nationalen Förderung vor allem finanzielle Förderungen für die Erstellung von EE-Konzepten eine Rolle. In Zukunft wird diese Bedeutung zunehmen, weil die Region durch ein Masterplankonzept der Bundesregierung finanziell gefördert wird. Auch Gesetze wie das EEG werden im regionalen Kontext als Einflussfaktoren für den weiteren EE-Ausbau identifiziert. Das Bundesland Hessen hat im Januar 2012 Maßnahmen aus dem im Jahr 2011 abgehaltenen Energiegipfel in Hessen beschlossen, u. a. das Ziel einer Vollversorgung mit erneuerbare Energien bis 2012. Dafür wurde die Flächen für Windenergie ausgeweitet. Die Zuständigkeiten sind zwar im Energieministerium gebündelt, das Land nimmt aber nur partiell auf den regionalen Prozess Einfluss. Förderungen im EE-Bereich auf Bundesländerebene werden dennoch ausgedehnt. Auch die Ebene der Regierungspräsidien nimmt auf den EE-Prozess Einfluss, die Unterstützung ist bisher jedoch gering geblieben.

Der **EE-Prozess** hat vier Phasen durchlaufen, erst seit der Phase der Institutionalisierung jedoch an Bedeutung gewonnen. Die Entwicklungen im Landkreis Marburg-Biedenkopf wurden zu Beginn des EE-Prozesses vor allem durch Initiativen aus der Stadt Marburg mit angestoßen. Auch in der dritten EE-Phase ist noch keine kohärente Entwicklung eines EE-Prozesses im Landkreis zu beobachten. Maßgeblich war jedoch die Gründung des Vereins Sonneninitiative, welcher auch auf den Prozess im Landkreis Einfluss nimmt. Erst durch die vierte Phase, die Phase der Institutionalisierung, nimmt ein EE-Prozess im Landkreis konkrete Formen an. Die wichtigen Ereignisse wurden weiterhin vor allem von der Landkreisverwaltung initiiert. Auch in den Interviews wird deutlich, dass die Meilensteine zum EE-Ausbau in den letzten 10-15 Jahren liegen: der Bau der ersten Bürgersolaranlage, das Engagement des Vereins Sonneninitiative, die Rekommunalisierung der Energieversorgung durch die Stadtwerke Marburg, der politische Beschluss zum EE-Ausbau, die Gründung der Kampagne Regio Energie und die Erstellung des Klimaschutzkonzeptes. Der EE-Anteil liegt im Landkreis unter dem deutschen Durchschnitt. Das Klimaschutzkonzept und vor allem die aktuellen Entwicklungen mit einer Förderung durch den Masterplan Klimaschutz lassen jedoch auf einen verstärkten EE-Ausbau schließen.

Bei den Herausforderungen wird besonders der Ausbau der Windenergie thematisiert, der noch nicht ausreichend sei. Die Erstellung des Klimaschutzkonzeptes erscheint als Voraussetzung dafür, den Ausbau weiter voranzubringen.

Die **Akteurskonstellation** weist eine relativ heterogene Zusammensetzung auf. Viele Akteure aus unterschiedlichen Gruppen sind aktiv, der Prozess wird jedoch vom Landrat als Machtpromotor dominiert. Prozesspromotoren treten nicht besonders in Erscheinung.

Dominante Akteure wirken vor allem seit der aktuellen vierten Phase beim EE-Prozess mit. Die besondere Stellung des Landrats wird aus der Analyse der EE-Phasen, aber auch aus anderen Faktoren deutlich. Die relativ eindeutige Regionsabgrenzung anhand der administrativen Grenzen lässt auf die Steuerung des Prozesses aus der Verwaltung schließen.

Maßgeblich für die Entwicklung der Region ist somit vor allem die klare Regionsdefinition, die Zuständigkeiten in der Verwaltung zur Folge hat. Unterstützt wird die Entwicklung durch Förderprogramme von der nationalen Ebene wie der Finanzierung eines Klimaschutzkonzeptes und die Förderung des „Masterplan 100%-Klimaschutz". Es ist davon auszugehen, dass der im Vergleich noch nicht besonders fortgeschrittene Ausbau der erneuerbaren Energien weiter geführt und eine erfolgreiche EE-Region auch im Bezug auf den Ausbaustand der erneuerbaren Energien erreicht werden wird.

4.3 EE-Region Oberland

Die Bürgerstiftung lenkt den Prozess

> „Ich glaube, zu Recht sagen zu können, dass die Bürgerstiftung sehr vieles angeregt und angestoßen hat, was jetzt in den Landkreisen umgesetzt wird. Und das ist auch der Grund, warum wir von den Landräten, aber auch von den Kreistagen sehr stark unterstützt werden" *(Experte 4).*

4.3.1 Konstituierung der Region

Die EE-Region Oberland wird primär als Gebiet abgegrenzt, welches von der Bürgerstiftung Energiewende Oberland bestimmt wird – es besteht aus den drei Landkreisen Weilheim-Schongau, Bad Tölz-Wolfratshausen und Miesbach[147], was besonders in den Interviews deutlich wird. Erwähnung findet jedoch auch, dass zuerst nur zwei Regionen die Bürgerstiftung Energiewende Oberland und damit die EE-Region Oberland gegründet haben: die Landkreise Bad Tölz-Wolfratshausen und Miesbach.

> „Das Oberland kam eigentlich... Dass das mittlerweile so eine großen Stellenwert hat, das war uns damals überhaupt nicht bewusst. Sondern das ist aus dieser Solidargemeinschaft Oberland entstanden, wo man gesagt hat, wir wollen die beiden Landkreise [Bad Tölz-Wolfratshausen und Miesbach] zusammen koppeln. (...) Erst mit dem Beitritt von Weilheim-Schongau wurde uns bewusst, dass die Planungsregion 17, Oberland die Region sehr klar umschreibt. Aber da gehört auch Garmisch-Patenkirchen dazu" (Experte 5).

Die Regionsabgrenzung hat sich im Laufe der Zeit entwickelt und wurde um einen Landkreis erweitert. Deutlich wird in den Interviews ebenso die Bedeutung der politischen Grenzen für die EE-Region; es wird z. B. der Stiftungsvorstand der Bürgerstiftung so ausgewählt, dass er keinen der beteiligten Landkreise bevorzugt (vgl. Interview Experte 5).

Bei einer genaueren Analyse der Region fallen jedoch die unterschiedlichen Regionsbegrenzungen auf: Der Vertreter der Verwaltung bezieht sich im Inter-

---

147 Die EE-Region Oberland liegt im Süden Bayerns an der Grenze zu Österreich. Die Landkreise der EE-Region gehören zum Regierungsbezirk Oberbayern und zur Region Oberland. Der Landkreis Bad-Tölz-Wolfratshausen hat 121.801 Einwohnern und 21 Gemeinden, der Landkreis Weilheim-Schongau hat 130.922 Einwohner und 34 Gemeinden und der Landkreis Miesbach hat 95.641 Einwohner und 17 Gemeinden. Städte mit mehr als 50.000 Einwohnern liegen nicht im Gebiet der EE-Region Oberland. Die Region Oberland ist eine der wirtschaftsstärksten in Deutschland.

view, aber auch bei anderen Gelegenheiten auf die administrative Abgrenzung des Landkreises:

> „Wir denken in der Kategorie vom Oberland. Und dies ist auch etwas rechtliches, nämlich die Planungsregion 17 südlich von München. Was noch fehlt, ist der Landkreis Garmisch (...) Aber ich [sehe] natürlich meinen Landkreis und auch die kleinen Gemeinden. Die Region ist richtig als Rahmen zu nehmen, also die Planungsregion 17, aber für bayrische Verhältnisse ist das schon ein sehr, sehr großes Gebiet" (Experte 3).

Diese Abgrenzung nach den jeweiligen Landkreisen ist auch bei der Analyse von Dokumenten und bei den besuchten Veranstaltungen deutlich geworden. In der Region herrscht eine starke Betonung der jeweiligen administrativen Gebiete, weshalb es auch für jeden der drei an der Bürgerstiftung und EE-Region Oberland beteiligten Landkreise ein eigenes Klimaschutzkonzept gibt (siehe Kapitel 4.3.3).

Andere Akteure fassen das Gebiet kleiner und bezeichnen nur ihre Gemeinden, sobald es um den konkreten Ausbau von erneuerbaren Energien geht. Wieder andere Akteure fassen das ursprüngliche Gebiet größer. So umfasst die Planungsregion Oberland neben den drei Landkreisen Weilheim-Schongau, Bad Tölz-Wolfratshausen und Miesbach auch den Landkreis Garmisch-Patenkirchen, der der Bürgerstiftung Energiewende Oberland jedoch nicht beigetreten ist. In den Interviews und bei anderen Gelegenheiten wird auf diese originäre Abgrenzung der Region Oberland immer wieder verwiesen:

> „Eigentlich besteht Oberland aus vier Landkreisen, aber Garmisch hat sich noch nicht erweichen lassen, auch beizutreten" (Experte 4).

Der Geschäftsführer der Stadtwerke Bad Tölz fasst das Gebiet der Energieregion nach dem Einzugsgebiet seiner Stadtwerke:

> „Wir als Energieversorger sehen die drei Landkreise der Energiewende als unser Kundenklientel und in dem Bereich bewegen wir uns mit erneuerbaren Energien".

Diskussionen gibt es immer wieder, ob der benachbarte Landkreis Starnberg auch in die Region Oberland integriert werden kann.

> „Dieser geht zur Zeit aber seinen eigenen Weg" (Experte 1).

Die EE-Region Oberland arbeitet nur am Rande mit anderen Regionen außerhalb der Bürgerstiftung Energiewende Oberland im Bereich der erneuerbaren Energien zusammen, so z. B. mit München Land. Punktuelle Zusammenarbeit gibt es auch mit dem Energie- und Umweltzentrum Allgäu (EZA), das laut Experte 3 aber in einigen Bereichen bereits weiter in seiner Entwicklung im EE-Bereich ist.

> „Das Allgäu ist von Haus aus identischer, diese Identität müssen wir erst noch ein bisschen aufbauen. (...) Die haben auch schon mehr unter dem Aspekt der Energieberatung, da müssen wir noch lernen" (Experte 3).

Kontakt besteht zu anderen EE-Regionen, zum Beispiel zu Fürstenfeldbruck, das auch zu einer Vorreiterregion in Bayern gehört. Der Kontakt war aber zu Beginn der EE-Entwicklung intensiver, als im Rahmen der Solidargemeinschaftsideen zwei bis drei Treffen jährlich stattfanden (vgl. Interview Experte 5). Experte 2 hingegen spricht davon, dass die EE-Region in der Entwicklung schon weiter sei als andere Regionen und deshalb nur wenig Zusammenarbeit erfolge.

In den Interviews, aber auch durch die Dokumentenanalyse ist deutlich geworden, dass die Bürgerstiftung den EE-Prozess in der Region dominiert.

> „Ich kann mich daran nicht erinnern, dass es Leute gibt, die am Prozess außerdem der Bürgerstiftung mitwirken. Obwohl, wenn jemand hier an den einzelnen Facharbeitskreisen mitwirkt, weil wir ja kein Verein sind, ist er dort natürlich auch nicht Mitglied, mit Mitgliedsnummer und diesen Geschichten. Das sind einfach ehrenamtlich Tätige, die in der Bürgerstiftung dann mitwirken" (Experte 4).

> "Die Koordination des Prozesses läuft über die Stiftung. Das ist gar keine Frage. Und das wollen wir jetzt auch noch so richtig in geordnete Bahnen bringen" (Experte 4).

Weiterhin bemerkt Experte 4, dass die Koordination mit den drei Landkreisen gut funktioniert.

> „Aber es kann durchaus sein, dass die Koordination irgendwann mal schwierig wird, zumal die Landräte auch aus unterschiedlichen Parteien kommen" (Experte 4).

Deutlich wird aus der Analyse, dass die EE-Region Oberland vor allem dem Gebiet der Bürgerstiftung mit den daran beteiligten Landkreisen Weilheim-Schongau, Bad Tölz-Wolfratshausen und Miesbach folgt. Diese Abgrenzung ist zum einen sozial durch die Institution der Bürgerstiftung konstruiert. Zum anderen orientiert sich die Abgrenzung aber auch an administrativen Grenzen der Landkreise und der Planungsregion Oberland. Diese Abgrenzung wird in der vorliegenden Arbeit für die EE-Region Oberland als Gebiet benutzt.

4.3.2 Institutioneller Kontext

In den folgenden Unterkapiteln werden die institutionellen Rahmenbedingungen, die in der EE-Region Oberland eine Rolle spielen, skizziert. Einflussfaktoren, die von der nationalen Ebene und dem Bundesland Bayern auf die Landkreise einwirken, werden beleuchtet.

4.3.2.1 Einfluss der nationalen Ebene auf die EE-Region Oberland

In zwei der drei Landkreise wurden Klimaschutzkonzepte erstellt, die durch die nationale Klimaschutzinitiative des Bundes (siehe Kapitel 2.6.3.2) anteilig finanziert werden. Im dritten Landkreis wird aktuell an der Erstellung eines Klimaschutzkonzeptes gearbeitet (siehe Kapitel 4.3.3.3).

In den Interviews wird wiederholt auf die notwendige finanzielle Unterstützung von Seiten der nationalen Ebene hingewiesen.

> Experte 4 betont, dass sie „mit Sicherheit auf die Fördermittel zur Erstellung des Klimaschutzkonzeptes zurückgreifen (werden). Aber nicht nur wegen der Finanzen, sondern auch wegen der Vorgaben, die dort gemacht werden (Experte 4)."

Die Landkreise Bad-Tölz-Wolfratshausen und Miesbach[148] werden des Weiteren durch einen Wettbewerb des Landwirtschaftsministeriums als Bioenergieregion Oberland gefördert (siehe Kapitel 4.3.3.2).[149]

In den Interviews wird die Bedeutung des EEG für den regionalen Prozess zum Ausbau der erneuerbaren Energien betont und vor der Kürzung bei einzelnen EE-Technologien gewarnt; bei der Streichung der Photovoltaikvergütung wäre „der Zauber aus" (Experte 3). Es wird gleichwohl betont, dass die Politik lediglich die Rahmenbedingungen vorgebe und es vielmehr auf die Umsetzung vor Ort ankomme.

Weitere Unterstützung von Seiten des Bundes wird in den Interviews nicht erwähnt. Experte 5 unterstreicht sogar, dass er sich „*vom Bund nicht viel*" erwarte. Nationale Politiker aus der Region unterstützen den Prozess partiell; z. B. ist ein Teil der EE-Region Oberland der Wahlkreis von der Landwirtschaftsministerin Ilse Aigner, die auch Stifterin bei der Energiewende Oberland ist.

---

[148] Die beiden Landkreise haben ursprünglich die Bürgerstiftung Energiewende Oberland gegründet, Weilheim-Schongau ist später dazugekommen. Der Förderzuschuss gilt daher für die zwei Gründungslandkreise.

[149] Weitere Informationen zum Wettbewerb Bioenergieregionen siehe Kapitel 2.6.3.2.

4.3.2.2 Bundesland Bayern

Die EE-Region Oberland befindet sich im Bundesland Bayern. Wichtige Impulse im Bereich der erneuerbaren Energien in Bayern werden daher in der Region aufgenommen.

Das Bundesland Bayern ist das flächengrößte Deutschlands und hat nach Nordrhein-Westfalen die meisten Einwohner. Das Bruttoinlandsprodukt lag 2010 hinter dem Nordrhein-Westfalens an zweiter Stelle (vgl. Statistische Ämter des Bundes und der Länder 2012).

Erneuerbare Energien in Bayern

Der Anteil erneuerbarer Energien am Primärenergieverbrauch in Bayern betrug im Jahr 2009 insgesamt 10,7 Prozent (Mußler 2008: 2). Im Strombereich wurden 21,7 Prozent erneuerbare Energien erzeugt (Bayrische Staatsregierung o.J.-a); der Anteil der Windenergie daran ist jedoch sehr gering: Er lag 2010 bei 2,7 Prozent (Agentur für Erneuerbare Energien o.J.). Kernenergie hatte im Jahr 2009 einen Anteil von 57,6 Prozent an der Stromerzeugung in Bayern (Agentur für Erneuerbare Energien o.J.).

Führend ist Bayern im deutschlandweiten Vergleich bei der Stromerzeugung aus Wasserkraft und in der Anzahl und Dichte von Biogasanlagen mit 2030 Anlagen im Jahr 2010 (vgl. Bayrische Staatsregierung 2011: 4).

Die Bayrische Landesregierung hat im Jahr 2011 ein Energiekonzept erstellt und als Hauptziel formuliert, die CO_2-Emissionen bis zum Jahr 2020 deutlich unter 6 t pro Kopf zu senken (Agentur für Erneuerbare Energien o.J.). Dafür sind u. a. ein Ausbau der erneuerbaren Energien, aber auch erhöhte Energieeinsparung und -effizienz vorgesehen. Bayern plant Erdgas weiter auszubauen, wenn tatsächlich auf die Kernenergienutzung verzichtet wird (Bayrische Staatsregierung 2011: 5). Auch Offshore-Windstrom und Strom aus Solarkraftwerken im Mittelmeerraum sollen genutzt werden (vgl. Bayrische Staatsregierung 2011: 5) und bis 2021 20 Prozent der Endenergie und 50 Prozent des Stroms aus erneuerbaren Energien produziert werden (vgl. Bayrische Staatsregierung 2011: 5).

Die Zuständigkeiten in Bayern für den Bereich der erneuerbaren Energien sind auf zwei unterschiedliche Ministerien verteilt, namentlich das Bayerischen Staatsministerium für Umwelt und Gesundheit sowie das Bayerischen Staatsministerium für Wirtschaft, Infrastruktur, Verkehr und Technologie. Umweltminister im Jahr 2012 war Dr. Marcel Huber von der CSU, Wirtschaftsminister Martin Zeil von der FDP.

Seit September 2011 gibt es die Energieagentur „Energie Innovativ". Im April 2011 ist ein Energieatlas Bayern vom Umweltministerium entwickelt worden, um über erneuerbare Energien zu informieren. Förderung im Bereich der erneuerbaren Energien gibt es von bayrischer Seite jedoch kaum. Einzelne Programme fördern z. B. die Gründung von Energieagenturen.[150]

In Bayern gibt es seit 1994 die Arbeitsgemeinschaft Bayerischer Solarinitiativen (vgl. Arbeitsgemeinschaft Bayerische Solarinitiativen o.J.) – ein bundeslandweiter Zusammenschluss von Initiativen, die sich jährlich treffen und gegenseitig unterstützen. Der Sprecher der Initiative, Hans-Josef Fell, ist Politiker bei der Partei Die Grünen und auch national ein bekannter Fürsprecher der erneuerbaren Energien. Über diese Arbeitsgemeinschaft wird bayernweit, aber auch national Einfluss auf den EE-Prozess ausgeübt.

Die Stellung der Kommunen im Bundesland Bayern

In Bayern entspricht die Amtszeit des Landrats der Amtszeit des Kreistags: Beide werden normalerweise gleichzeitig auf jeweils sechs Jahre gewählt (vgl. Bayrische Staatsregierung 2006: Art. 42). Das Bundesland Bayern hat 2056 Gemeinden und Städte, außerdem 71 Landkreise und sieben Bezirke (Bayrische Staatsregierung o.J.-b). Die größte und einzige Millionenstadt ist München.

Die vier bayrischen kommunalen Spitzenverbände Bayerischer Städtetag, Bayerischer Gemeindetag, Bayerischer Landkreistag und Verband der bayerischen Bezirke haben starken politischen Einfluss in Bayern (vgl. Fuchs 2010: 44). Der Freistaat kann seit 2004, festgesetzt im Konnexitätsprinzip, bei der Verlagerung von Aufgaben auf die Kommunen Bestimmungen über die Deckung der Kosten treffen (vgl. Fuchs 2010: 44). Zur Umsetzung dieses Prinzips gibt es ein Konsultationsverfahren mit den kommunalen Spitzenverbänden (vgl. Fuchs 2010: 44). Durch personelle Verbindungen und Wechselbeziehungen – viele Landtagsabgeordnete sind zeitgleich auch Mitglied im Gemeinderat oder Kreistag – wird eine enge Verknüpfung von Landes- und Kommunalpolitik hergestellt (vgl. Fuchs 2010: 45).

Gemeinderatsmitglieder sind ehrenamtlich tätig, in Gemeinden mit mehr als 10.000 Einwohnern können aber berufsmäßige Gemeinderatsmitglieder gewählt werden (vgl. Fuchs 2010: 46). Der erste Bürgermeister ist in Gemeinden bis

---

150 Informationen zu den Förderprogrammen in Bayern gibt es unter: http://www.stmwivt.bayern.de/service/foerderprogramme/foerderprogramme-energie/ (letzter Zugriff: 22. 11.2012).

5.000 Einwohnern ebenso ehrenamtlich tätig, solange der Gemeinderat nichts Gegenteiliges beschließt.

Der Landrat, aber auch der erste Bürgermeister und Oberbürgermeister haben eine hohe Bedeutung. Sie sind Vorgesetzte der kommunalen Bediensteten und das alleinige Vollzugsorgan der Gemeinden/Kreise. Außerdem stellen sie die Tagesordnungen für die Sitzungen auf und vertreten die Gemeinden/Kreise nach außen. Insgesamt setzen sie die entscheidenden politischen Akzente und werden auch politisch beispielsweise für wirtschaftliche Entwicklungen in der Gemeinde/ den Kreisen verantwortlich gemacht (vgl. Fuchs 2010: 51).

> „Bürgermeister mehr noch als Landräte bringen sich vielfach in die Position, gewissermaßen als Volkstribunen zu erscheinen, die pragmatisch handeln, frei vom ideologischen Ballast, der ihre eigene Partei kennzeichnet und bindet" (Fuchs 2010: 52).

In Bayern gibt es außerdem oberhalb der Kreisebene weitere kommunale Selbstverwaltungskörperschaften, die Bezirke als dritte kommunale Ebene. Die sieben Bezirke sind mit dem Verwaltungsgebiet der Regierungen als staatliche Mittelbehörden territorial deckungsgleich (vgl. Bayrische Staatsregierung o.J.-b). Ausgehend von ihrem kulturellen Selbstverständnis definieren sich die bayrischen Bezirke auch als Regionen (vgl. Fuchs 2010: 58).

Die freien Wähler sind neben der SPD und der CSU, die das das konservative Wählerpotential immer stärker mit ihnen teilen muss (vgl. Fuchs 2010: 61), die „dritte kommunalpolitische Kraft im Lande" (Fuchs 2010: 48).

Neben den politischen Parteien ist in Bayern eine starke Zivilgesellschaft mit vielen lokalen Agenda-Gruppen vorhanden.

Einfluss des Bundeslandes auf die EE-Region Oberland

In den Interviews, aber auch im Rahmen der Dokumentenanalyse wird keine besondere Unterstützung durch die Bundeslandebene für die EE-Region Oberland sichtbar. Bayern sei zu groß, als dass man „beobachten könne, dass jemand aus Nordbayern Unterstützung leistet" (Experte 3). Die Bürgerstiftung hat als besonders lobenswerte Bürgerinitiative eine Preis vom Landtag erhalten: „Aber das ist schon alles. (...) vom Land erwarte ich relativ wenig" (Experte 5). Experte 4 erwähnt zumindest die Bereitschaft des Umwelt- und des Wirtschaftsministeriums, ein Projekt der Energiewende Oberland mit dem Titel "Intelligente dezentrale Stromversorgung im Oberland" zu unterstützen. Insgesamt hat sich seit Fukushima die Stimmung verändert. Auch die Vollzugshinweise bei baurechtlichen Planungsprozessen seien „erneuerbaren Energien freundlicher gegenüber" (Experte 3).

Beim Ausbau der Windkraft gibt es jedoch ein langes Genehmigungsverfahren, das nach einem Versprechen von politischer Seite gestrafft werden soll. Gerade beim „Ausbau der Windkraft muss man aber sehen, ob der Worte Taten folgen" (Experte 2). Bemängelt wird in den Interviews, dass es keine Energieagentur gebe, welche den Prozess besonders unterstützt (vgl. Interview Experte 1).

Eine wichtige Rolle in der EE-Region Oberland spielt vor allem der Landtagsabgeordnete Bachhuber, der in den Interviews als relativ engagiert beschrieben wird (vgl. Interview Experte 1, Experte 5). Er stellt damit das „Bindeglied zwischen den Landkreisen und der Landesregierung" dar (Experte 1).

4.3.3 Prozess des Ausbaus der erneuerbaren Energien

Die Prozesse, die in der EE-Region Oberland zu einem Ausbau der erneuerbaren Energien geführt haben, werden zunächst in den daran beteiligten Landkreisen – Bad Tölz- Wolfratshausen, Miesbach und Weilheim-Schongau – in eine chronologische Reihenfolge gebracht, anschließend werden Meilensteine zu einzelnen EE-Phasen zusammengefasst und strukturiert.

Anders als in den EE-Regionen Hameln-Pyrmont und Marburg-Biedenkopf ergeben sich dadurch jedoch keine klar abgrenzbaren Prozessphasen. Vielmehr kann in der Region eine Vorphase mit relativ unstrukturierten und vereinzelten Bemühungen im Bereich der erneuerbaren Energien beobachtet werden.

Es lassen sich die in der unten stehenden Abbildung dargestellten zwei Hauptphasen unterscheiden, die der Landkreis bisher im EE-Bereich durchlaufen hat:

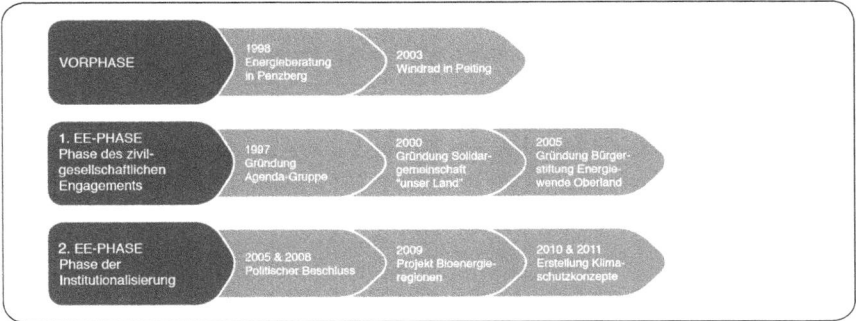

Abbildung 14: EE-Phasen in der EE-Region Oberland

Die Phasen werden im Folgenden analysiert.

4.3.3.1 Vorphase: Phase des vereinzelten EE-Ausbaus

Der Beginn der Vorphase im EE-Prozess kann nicht genau festgestellt werden. Temporär haben seit den 1990er Jahren[151] zwar Aktionen in der EE-Region Oberland zum Ausbau der erneuerbaren Energien stattgefunden, sie konzentrierten sich jedoch vor allem auf einzelne Kommunen. So gab es in Penzberg, einer Kommune im Landkreis Weilheim-Schongau, eine erste Energieberatung im Jahr 1998 (vgl. Mummert 2011). In Peiting im Landkreis Weilheim-Schongau wurde im Jahr 2003 eine Windkraftanlage als Bürgerwindanlage gebaut, für die erste Windmessungen bereits 1996 stattgefunden hatten (vgl. Schramm 2012).

In den Interviews nennen die am aktuellen EE-Prozess beteiligten Akteure keine Ereignisse dieser ersten Phase; auch die Dokumentenanalyse liefert keine nennenswerten Vorkommnisse. Insofern kann diese Vor-Phase nicht als Startphase des EE-Prozesses gesehen werden.

---

[151] Erste Ausbauaktivitäten der Wasserkraft haben in Deutschland zu Anfang des 19. Jahrhunderts begonnen (vgl. Bundesministerium für Wirtschaft und Technologie o.J.). Auch in der Region Oberland gibt es schon seit vielen Jahre Wasserkraftanlagen (vgl. Interview Experte 3), andere Energieerzeugungsarten wie Stückholzheizungen haben dort ebenso eine lange Tradition (vgl. Interview Experte 3). Der Ausbau dieser Anlagen kann gleichwohl nicht als Beginn eines systematischen Ausbaus von erneuerbaren Energien in der EE-Region Oberland gelten.

4.3.3.2 1. EE-Phase: Phase des zivilgesellschaftlichen Engagements

Die erste EE-Phase hat ebenso wie die Vor-EE-Phase keinen genauen Startpunkt. Vielmehr haben Entwicklungen in verschiedenen Bereichen zu einem Ausbau der erneuerbaren Energien beigetragen. Merkmale dieser Phase sind die Gründung verschiedener Gruppen im Kontext der Agenda-Bewegungen, aber auch anderer Vereinen, aus denen dann eine Bewegung im Energiebereich erwachsen ist.

1995 wurde die Brucker Land GmbH gegründet, die vor allem für die Erzeugung, Verarbeitung und Vermarktung von regionalen Lebensmitteln zuständig war. Im Jahr 2000 wurde sie durch den Zusammenschluss aller Solidargemeinschaften in die „Unser Land GmbH"[152] überführt, der derzeit elf Landkreise rund um München angehören (vgl. Unser Land o.J.). Es wurde auch eine Solidargemeinschaft Oberland gegründet. Karlheinz Rauh, Mitbegründer der Energiewende Oberland, war im Verein „Unser Land" vier Jahre Vorstandsvorsitzender (vgl. Interview Experte 5).

1997 haben sich auf dem Gebiet der EE-Region Oberland erste Agenda-Gruppen gegründet (vgl. Interview Experte 5). Karlheinz Rauh fungierte als Sprecher der Agenda 21 Wolfratshausen und war bis zur Gründung der Energiewende Oberland sehr aktiv (vgl. Interview Experte 5).

> „In der Agenda Wolfratshausen gab es 10 verschiedene Arbeitsgruppen, es gab auch eine mit dem Thema Umwelt/Energie" (Experte 5).

Zeitgleich versuchte der Landkreis Bad Tölz-Wolfratshausen, die verschiedenen Agenden im Landkreis zu koordinieren.

> „Frau Raschke wurde dann die Agenda-Koordinatorin" (Experte 5).

Gründung der Energiewende Oberland

Die Gründung der Energiewende Oberland wurde vor allem von Karlheinz Rauh und Martina Raschke initiiert, nachdem sie im Frühjahr 2004 gemeinsam beschlossen hatten, Projekte zur Energiewende in Bad Tölz-Wolfratshausen anzustoßen (vgl. Interviews Experte 1, Experte 2, Experte 5). Die Projekte wurden aus der bestehenden Agenda heraus geplant (vgl. Interview Experte 5). Auch Experte 4 bekräftigt, dass die Bewegung hin zu erneuerbaren Energien „sicherlich mit der Agenda-Bewegung zusammen (hängt). Das endete dann mit der

---

152 Schirmherr von „Unser Land" ist Alois Glück, ehemaliger Präsident des bayrischen Landkreistages (Unser Land o.J.).

Gründung dieser Bürgerstiftung". Motivation für die Gründung der Bürgerstiftung war, die Energieversorgung in den Landkreisen aus erneuerbaren Energien bereit zu stellen und die Energien regional zu erzeugen, um Wertschöpfung im Landkreis zu behalten (vgl. Energiewende Oberland o.J.-a).

Zunächst wurde eine Potenzialerhebung für die beiden Landkreise[153] erstellt, um zu prüfen, ob eine Versorgung mit erneuerbaren Energien überhaupt möglich sei. Das Ergebnis war, dass eine Vollversorgung mit erneuerbaren Energien machbar ist, wenn ein Drittel oder ein Viertel des Energieverbrauchs von 2004 eingespart wird (vgl. Interview Experte 5).

Martina Raschke und Karlheinz Rauh haben anschließend im Oktober 2004 ein Treffen im Landratsamt organisiert, bei dem 170 Personen anwesend waren – u. a. Mitglieder der Agenda-Gruppen und der Solidargemeinschaft (vgl. Interview Experte 5). Bei einem Treffen im ökologischen Bildungszentrum wurde darauf auch eine Energiewenderesolution mit dem Ziel der Energieautarkie verfasst und beschlossen (vgl. Interview Experte 5). Eine Satzung für eine Stiftung konnte erarbeitet werden.

Die erste Stifterversammlung mit 86 Gründungsstiftern fand im Jahr 2005 in Wolfratshausen statt. Martina Raschke war die ersten vier Jahre Vorsitzende des Vorstandes, Karlheinz Rauh Vorsitzender des Stiftungsrates (vgl. Interview Experte 5).

Als Landkreise sind 2005 Bad Tölz-Wolfratshausen und Miesbach der Bürgerwende Energiestiftung Oberland beigetreten. Beteiligt an der Gründung der Energiestiftung waren laut Experte 5 vor allem Rentner.

> „Aber ohne die Rentner geht es einfach nicht. Weil wenn sie eine Familie aufbauen oder im Beruf vorankommen wollen, ist es sehr schwierig. Sehr schwierig. Aber es müssen auch junge dabei sein. Aber sie müssen nicht so vorne weg sein." (Experte 5).

Private Stifter sind aber auch andere Personen wie z. B. Bürgermeister geworden (vgl. Interview Experte 5).

In der Bürgerstiftung ist eine ausgewogene Berücksichtigung der drei beteiligten Landkreise wichtig: „

> Als Vorsitzender in der EWO [Energiewende Oberland] wird es nicht gerne gesehen, wenn es einen gibt, der den Landkreis kaum kennt. (...) Der derzeitige Vorsitzende Prof. Seiler kommt aus Garmisch-Partenkirchen. Er ist auch Vorsitzender des

---

153 Die Betrachtung beider Landkreise zusammen – Bad Tölz-Wolfratshausen und Miesbach – ist aus der Solidargemeinschaft Oberland entstanden (vgl. Interview Experte 5).

Klimabeirates von Weilheim-Schongau und daher sehr bekannt in der Region" (Experte 5).

Aufgabe des Vorsitzenden[154] ist u. a., mit den Landräten und der Politik zu sprechen.

Da zur Planungsregion Oberland formell auch der Landkreis Garmisch-Patenkirchen gehört, versuchen die Beteiligten der Energiewende Oberland, die Verantwortlichen des Landkreises zu einem Beitritt zu überzeugen.

Initiativen im Landkreis Weilheim-Schongau

Neben den Prozessen, welche in den zwei, später drei Landkreisen von der Bürgerstiftung Energiewende Oberland initiiert wurden, gab es in den einzelnen beteiligten Landkreisen Entwicklungen im EE-Bereich. Erste Ereignisse im Bereich der erneuerbaren Energien lassen sich in Weilheim-Schongau auf Landkreisebene ab ca. 2005 ausmachen, etwa zeitgleich zur Gründung mit der Energiewende Oberland in den beiden Nachbarlandkreisen. Weilheim Schongau ist jedoch in den Ausbau der erneuerbaren Energien eingestiegen, als Dr. Zeller im Mai 2008 zum Landrat in dem Landkreis gewählt wurde. Der Vorgänger-Landrat war für Atomkraft und hat „von erneuerbaren Energien gar nichts gehalten" (Experte 3). So gab es seit der Kommunalwahl 2008 einen „Umschwung im Denken" (Experte 3), was viele einzelne Aktionen zum Ausbau der erneuerbaren Energien auf Ebene des Landkreises zur Folge hatte.

Eine Studienfahrt der Bürgermeister aus dem Landkreis Weilheim-Schongau im Jahr 2008 hatte vor allem Modelle der Energieeinsparung zum Thema (vgl. Weilheim-Schongau 2010: 9-267). Im Januar desselben Jahres wurde, noch unter dem alten Landrat, ein Klimarat[155] gegründet. Ebenso erschien zum ersten Mal die Broschüre Energiefuchs, die in unregelmäßigen Ab-

---

[154] Der derzeitige Vorsitzende der Energiewende Oberland, Prof. Seiler, war lange Zeit Vorsitzender der Agenda 21 in Garmisch, welche sich inzwischen jedoch aufgelöst hat. Außerdem war er Umweltbeauftragter in Garmisch-Patenkirchen (vgl. Interview Experte 5).

[155] Daraus entwickelte sich dann im Juni 2008 der Klimabeirat im Landkreis Weilheim-Schongau. Er besteht aus acht externen Experten und fünf Kreisräten. Aufgabe des Klimabeirates ist, den Landrat und den Kreistag in Fragen der Klimapolitik zu beraten (vgl. Weilheim-Schongau 2010: 9-267).

ständen im Landkreis verteilt wird und u. a. über Energieverbrauch, Reduktionsmöglichkeiten und die Beratungsangebote des Landkreises informiert.[156]

4.3.3.3 2. EE-Phase: Phase der Institutionalisierung

Diese aktuelle zweite Phase der Institutionalisierung erfolgte in einem fließenden Übergang von der vorhergehenden. Eingeläutet wurde sie durch die politischen Beschlüsse in den beiden der Bürgerstiftung Energiewende Oberland angehörigen Landkreise Bad-Tölz-Wolfratshausen und Miesbach im Jahr 2007 sowie dem damals noch nicht zugehörigen Landkreis Weilheim-Schongau im Jahr 2008.

Politischer Beschluss

Im Jahr 2004 wurde im Zuge der Gründung der Bürgerstiftung Energiewende Oberland die Resolution verfasst, bis zum Jahr 2035 die in der Region benötigte Energie ausschließlich im Landkreis zu erzeugen. Diese Erklärung wurde von den damaligen Mitgliedern unterzeichnet, auch die Landkreise Bad Tölz-Wolfratshausen und Miesbach trugen den Entschluss mit (vgl. Interview Experte 4); der Landkreis Weihleim-Schongau unterstützt diesen Beschluss durch seinen Beitritt im Jahr 2011. Konkretisiert wurden die Beschlüsse im Landkries Miesbach, wo im Zuge der Erstellung des Klimaschutzkonzeptes die Ziele überprüft und auch Aussagen zur CO_2-Reduzierung getroffen wurden.

Unabhängig von der Energiewende Oberland hat der Landkreis Weilheim-Schongau im Juli 2007 einstimmig durch den Kreistag beschlossen,

> die „klimarelevanten Emissionen des Landkreises bis zum Jahr 2020 mindestens um 40 Prozent gegenüber 1990 zu reduzieren" (Weilheim-Schongau 2010: 2-17).

Experte 3 weist darauf hin, dass der politische Beschluss gegen die Meinung des damaligen Landrats vom Kreistag gefasst wurde.

> „Die CSU konnte dann auch nicht anders. (...) Im Nachhinein hat sich das aber schon als wichtig herausgestellt" (Experte 3).

Gleichzeitig weist Experte 3 darauf hin, dass der Beschluss ohne Fukushima wahrscheinlich nicht mehr Bestand hätte.

Experte 3 weist aber auch auf die Bedeutung des politischen Beschlusses hin:

---

156 Verteilt wird auch die Broschüre EVA Info, welche mit landkreisspezifischen Informationen über Energie und Abfall informiert. Einmal jährlich wird eine Liste der im Landkreis gemeldeten Energieberater veröffentlicht.

"Ein politischer Beschluss ist jetzt auch ein Instrument geworden des politischen Prozesses. Das hat davor eher deklaratorischen Charakter gehabt. Jetzt ist es ein richtiges Instrument. Und im Nachhinein das Klimaschutzkonzept, das naturwissenschaftlich und mathematisch errechnet wurde (...). Ist zwar bloß ein Stück Papier. Aber das wir das Ziel auch schaffen, ist ganz elementar. Wenn man sich Ziele vornimmt, müssen das wirklich ganz tolle Ziele sein. Aber es ist natürlich auch umso besser, wenn man erlebt, dass einem jemand bestätigt, dass das sogar erreichbar wäre. Dann entfaltet der politische Beschluss nochmal eine andere Wirkung."

Insgesamt wird in den Interviews deutlich, welche Bedeutung ein politischer Beschluss für den Ausbauprozess hat. Experte 2 betont, dass an einem solchen Ziel das „Handeln messbar sei", Experte 1, dass diese „Vision" wichtig zur Orientierung sei, um einen Rückfall in fossile Brennstoffe zu vermeiden. Experte 4 glaubt, dass ein politischer Beschluss die Voraussetzung sei, „um überhaupt arbeiten zu können". Ein Beispiel seien die finanziellen Grundlagen, welche die Bürgerstiftung Oberland brauche, um Eigenbeiträge für Programm-Bewerbungen zur Verfügung zu stellen. Hierbei komme „dem Kreistag eine ganz wichtige Rolle zu" (Experte 4). Experte 5 ergänzt, dass der politische Beschluss „alles nochmal hier geändert (hat) im Landkreis" (Experte 5).

Initiativen im Landkreis Weilheim-Schongau

Die Initiativen und Prozesse zum Ausbau der erneuerbaren Energien haben sich ab 2008/2009 im Landkreis Weilheim-Schongau intensiviert.

Den Anfang machte das Klimaschutzkonzept des Landkreises Weilheim-Schongau, das im Januar 2010 veröffentlicht wurde (vgl. Weilheim-Schongau 2010: 2-17).

Seit Mai 2009 gibt es im Landkreis Weilheim-Schongau eine Energiemesse[157], in Kooperation mit den örtlichen Energieberatern führt der Landkreis auch eine kostenlose Erstberatung zur Energieeinsparung für Privatpersonen durch (vgl.Weilheim-Schongau 2010: 9-266). Im Januar 2010 ist eine Regionalmanagerin eingestellt worden. Sie ist der Stabsstelle für Wirtschaftsförderung zugeordnet und soll neben Koordinationsfunktionen zwischen den Gemeinden auch eine Anlaufstelle für Energiefragen aufbauen (vgl. Weilheim-Schongau 2010: 9-267). Im November 2010 hat das erste kommunale Energieforum in Weilheim-Schongau stattgefunden.

Der Beitritt von Weilheim-Schongau, aber auch von Garmisch-Patenkirchen zur Bürgerstiftung wurde schon zu Beginn der Bürgerstiftung angedacht, weil

---

157 Weitere Informationen unter www.energiemesse-weilheim.de (Letzter Zugriff 15.11.2012).

die vier Landkreise zusammen die Planungsregion Oberland bilden. Aus den Interviews wurde deutlich, dass ein Grund für den bisher noch nicht erfolgten Beitritt von Garmisch-Patenkirchen die wenig unterstützende Haltung des dortigen Landrats ist, obwohl der dortige Kreistag sich für einen Beitritt ausgesprochen hat.

Der Landkreis Weilheim-Schongau ist im Januar 2011 der Bürgerstiftung Energiewende Oberland beigetreten.

Bewerbung Bioenergieregionen

Aus der Bürgerstiftung Energiewende Oberland heraus fand im Jahr 2008-2009 eine Bewerbung beim Wettbewerb Bioenergieregionen des Landwirtschaftsministeriums statt. In den Interviews wird deutlich, dass die beteiligten Akteure mit einer Bewerbung zunächst wegen der für das Programm erforderlichen Eigenmittel gezögert haben. Die Bewerbung wird jedoch im Nachhinein als wichtig beurteilt (vgl. Interview Experte 5). Unterstützer für den Eigenanteil von 40 Prozent war die Raiffeisenbank.

Die Region Oberland ist im Zuge des Wettbewerbs von Mitte 2009 bis 2012 mit ca. 400.000 Euro gefördert worden, seit 2012 wird sie in einer zweiten Förderphase unterstützt (vgl. Bundesministerium für Ernährung Landwirtschaft und Verbraucherschutz o.J.). Der Landkreis Weilheim-Schongau ist in der zweiten Förderphase eine Zwillingsregion (vgl. Bundesministerium für Ernährung Landwirtschaft und Verbraucherschutz o.J.).

Integriertes Klimaschutzkonzept

Die Landkreise Weilheim-Schongau und Bad Tölz-Wolfratshausen haben jeweils ein integriertes Klimaschutzkonzept erstellt, das vom BMU im Rahmen der nationalen Klimaschutzinitiative gefördert wurde (siehe Kapitel 2.6.3.2).

Das Klimaschutzkonzept des Landkreises Weilheim-Schongau wurde bereits 2008 beauftragt 2009 erstellt und im Januar 2010 veröffentlicht (vgl. Weilheim-Schongau 2010: 2-17). Im Klimaschutzkonzept wurde angeregt, dass die Akteure im EE-Bereich in Weilheim-Schongau und die zahlreich vorhandenen Gruppen aus dem zivilgesellschaftlichen Bereich sich untereinander vernetzten.

Im Landkreis Miesbach beschloss ein Bürgermeisterworkshop die Erstellung eines Klimaschutzkonzepts, was der Kreistag einen Monat später aufgriff (vgl. Landkreis Miesbach 2011: 8). Erstellt wurde das Konzept im Landkreis Miesbach zwischen November 2010 und Ende Oktober 2011.

Die Konzepte der Landkreise Miesbach und Weilheim-Schongau befinden sich zurzeit in der Umsetzungsphase.

> „Beim Klimaschutzkonzept ist jetzt die große Frage, was wird umgesetzt und wie wird das umgesetzt. Das hängt natürlich auch von den politischen Entscheidungen in München und Berlin ab. Denn ohne Unterstützung finanzieller Natur, egal in welcher Form, ob das über steuerliche Anreize geht, über Zuschüsse oder über Förderprogramme - ohne solche Aktivitäten läuft wenig" (Experte 4).

Als Ergebnis des Klimaschutzkonzeptes in Weilheim-Schongau ist die Gründung einer Energieagentur geplant, die nicht zuletzt dem Ziel der CO_2-Reduktion dienlich sein soll (vgl. Weilheim-Schongau 2010: 10-270 f.)

Kritik wird in den Interviews an beiden Konzepten geübt. In Weilheim-Schongau seien die Kommunen nicht angemessen eingebunden worden, so dass eine Umsetzung schwierig sei (vgl. Interview Experte 5). In Miesbach wird bemängelt, dass das Konzept von „Unternehmen von außerhalb" erstellt worden ist (vgl. Interview Experte 5).

Aktuell wird im Landkreis Bad Tölz-Wolfratshausen ein Klimaschutzkonzept erstellt, nachdem für einzelne Kommunen des Landkreises schon Konzepte vorhanden sind (vgl. Schieder 2011). Es soll im Oktober 2013 vorliegen und wird ebenfalls im Rahmen der nationalen Klimaschutzinitiative des BMU gefördert (vgl. Landratsamt Bad-Tölz-Wolfratshausen o.J.). Dem Antrag für das Gesamtkonzept ist ein langer Diskussionsprozess vorausgegangen (vgl. Schieder 2011). Laut Experte 4 hänge der Landkreis ein wenig hinter den anderen beiden Landkreisen bei der Entwicklung der erneuerbaren Energien zurück.

Die Energiewende Oberland und besonders das Energiekompetenzzentrum werden auch in die Erstellung der Klimaschutzkonzepte einbezogen.

> „Und das ist eigentlich unser Ansatz, den wir propagieren und der auch bei den Landräten auf positives Echo gestoßen ist. Das wir sagen: Nicht Einzelmaßnahmen sondern abgestimmte, integrierte ganze Maßnahmen sind hier erforderlich. Nur so kommen wir weiter" (Experte 4).

Die interviewten Experten beurteilen die Klimaschutzkonzepte allesamt als wichtig:

> „Klimaschutzkonzepte sind ganz wichtig, um die Vision der Energiewende Oberland ganz konkret umzusetzen. Das geht nur mit einer klaren Roadmap in den einzelnen Gemeinden und Landkreisen" (Experte 1).

Auch lassen sich durch Klimaschutzkonzepte Ziele des politischen Beschlusses konkretisieren, so Experte 3.

4.3.3.4 Derzeitige EE-Phase

In der EE-Region Oberland gibt es noch keinen großen Anteil von erneuerbaren Energien.[158] Laut Energy Map erzeugte Weilheim-Schongau im Jahr 2012 28 Prozent Strom aus erneuerbaren Energien, laut Klimaschutzkonzept sogar 30 Prozent (vgl. Weilheim-Schongau 2010: 4). Den größten Anteil zur Stromerzeugung im Landkreis leistet Wasserkraft, die größten Anlagen werden von E.ON betrieben (vgl. Weilheim-Schongau 2010: 4-147). Es gibt eine Windkraftanlage im Landkreis Weilheim-Schongau (vgl. Weilheim-Schongau 2010: 12).

Laut Klimaschutzkonzept schränkt der bestehende Regionalplan in Kombination mit weiteren Ausschlusskriterien eine sinnvolle Windenergienutzung im Landkreis stark ein, weil viele Standorte auf Bergkuppen in Ausschlussgebieten liegen (vgl. Weilheim-Schongau 2010: 12). Eine Überarbeitung des Regionalplans ist jedoch in Planung (vgl. Weilheim-Schongau 2010: 12). Allgemein wird im Klimaschutzkonzept auf die möglichen Realisierungsschwierigkeiten durch geringe Akzeptanz hingewiesen (vgl. Weilheim-Schongau 2010: 12). Derzeit wird vom Landratsamt eine detailliertere Abschätzung des Windenergiepotenzials durchgeführt, welche letztlich die Vorranggebiete zur Windenergienutzung identifizieren soll (vgl. Weilheim-Schongau 2010: 7-239). Schon Anfang 2011 wurde indes durch den Planungsausschuss der Region Oberland der Beschluss gefasst, das Regionalplankapitel zur Energieversorgung, besonders der Windkraft, fortzuschreiben. Mitte 2012 hat es dazu ein erstes Anhörungsverfahren gegeben (vgl. Kübler und Merz 2012: 3).

Für Photovoltaikanlagen werden keine Vorranggebiete ausgewiesen, der Planungsausschuss hat dies abgelehnt (vgl. Kübler und Merz 2012: 3).

Biogasanlagen gibt es relativ viele im Landkreis. Die Energy Map weist 40 Anlagen im Dezember 2012 aus (Deutsche Gesellschaft für Sonnenenergie e.V. 2012).

Bad Tölz – Wolfratshausen erzeugte im Jahr 2012 14 Prozent, der Landkreis Miesbach 9 Prozent Strom aus erneuerbaren Energien. Das Klimaschutzkonzept von Miesbach bescheinigt dem Landkreis 11 Prozent Strom aus erneuerbaren Energien (vgl. Landkreis Miesbach 2011: 73).

---

158 Zahlen zur Stromerzeugung können vor allem anhand der Energy Map geschätzt werden, Ergänzungen aus den Klimaschutzkonzepten in Weilheim-Schongau und Bad Tölz-Wolfratshausen gezogen werden. Die Betrachtung des Ausbaustandes ist nur anhand von Landkreisabgrenzungen möglich.

Windkraftanlagen gibt es in beiden Landkreisen nicht. Doch weist Experte 2 im Interview darauf hin, dass die EE-Region gerade dabei sei, Windkraft auszubauen.

> „Bisher war in Bayern, aufgrund der Schönheit der Landschaft und manche meinen ja, Windräder wären nicht schön, das liegt aber im Auge des Betrachters – war Bayern tabu für Windräder und Südbayern sowieso. Sie werden hier nichts finden" (Experte 2).

Der Regionalplan Oberland schließt viele Orte mit günstigen Windverhältnissen von einer Windenergienutzung aus und sieht bisher keine Vorranggebiete vor (vgl. Planungsverband Region Oberland 2011). So sind raumbedeutsame Windraftanlagen in der „Erholungslandschaft Alpen" praktisch ausgeschlossen (Planungsverband Region Oberland 2011), Regelungen gibt es nur zur Verhinderung von Windenergieanlagen, damit das Landschaftsbild und die „Erholungslandschaft Alpen" nicht beeinträchtigt werden.

Experte 1 befürchtet, dass in der EE-Region Oberland bisher noch wenig erreicht worden ist.

> „Mit Ausnahme des Bereichs Photovoltaik, da hat sich was bewegt. Aber nur, solange das übers EEG subventioniert wurde" (Experte 1).

Während Experte 2 bemerkt, dass es mit konkreten EE-Projekten erst in der letzten Zeit „richtig losgegangen" sei, betont Experte 3 im Interview, dass der Ausbau der erneuerbaren Energien schnell voranschreite,

> „weil wir auch nicht bei Null anfangen mussten. (...). Die Technik hat sich weiter entwickelt. Das ist im vollen Gange, wir sind voll im Schwung dran und es passiert an allen Ecken ganz, ganz viel". Vieles befinde sich schon in der Umsetzungsphase, die Region selbst „in der Aufschwungphase". „Ich würde mal sagen, wir haben das erste Drittel der Aufschwungphase jetzt erreicht. Unser Ziel ist ja im Jahr 2035 dann an der Spitze zu sein" (Experte 3).

Experte 2 hingegen sieht noch einen beträchtlichen Unterschied zwischen Wunsch und Realität: „[D]ie ersten Schritte sind gemacht, aber erreicht haben wir, gemessen an unserem Endziel, noch zu wenig".

Auch der Ausstieg der Bundesregierung aus der Atomenergie ist thematisiert worden. So hat die Stiftung Energiewende Oberland sich vor dem Ausstiegsbeschluss nicht eindeutig gegen Atomenergie positioniert. Einige Mitglieder, besonders Mitglieder der CSU, seien für den weiteren Ausbau von Atomkraft gewesen, weil diese keine CO_2 erzeugt, so Experte 5. „Inzwischen hat sich das alles aber relativiert" (Experte 5).

Insgesamt ist in der EE-Region Oberland nur eine Windkraftanlage vorhanden. Jedoch gibt es viele Biomasseanlagen mit insgesamt ca. 77 Anlagen im Dezember 2012 (Deutsche Gesellschaft für Sonnenenergie e.V. 2012). Auch Wasserkraft und Photovoltaik haben einen relativ hohen Ausbaustand.

4.3.3.5 Herausforderungen und notwendige Einflussfaktoren

In den Interviews mit den regionalen Experten werden eine Reihe von aktuellen Herausforderungen in der Region genannt; am häufigsten der Ausbau von Windenergie in der EE-Region.

Experte 1 bemerkt, dass der „Windausbau ein Landkreisthema sei und dieser auch entsprechende Flächen finden und ausweisen müsse" (Experte 1). Durch den Regionalplan würden derzeit Vorranggebiete für Windenergie ausgewiesen (vgl. Interview Experte 3). Der Ausbau der Windenergie rufe jedoch große Widerstände in der Region hervor; ein Argument gegen den Ausbau sei der Tourismus. (vgl. Interview Experte 5). Auch große Umweltverbände wie der BUND stellten sich gegen den Ausbau der Windenergie.

Ein anderes Thema ist der Ausbau weiterer EE-Technologien. So werde auch der Solarbereich nur „minimal" ausgebaut (vgl. Interview Experte 1).

Die interviewten Experten betonen, dass eine große Herausforderung die Umsetzung des Ausbaus der erneuerbaren Energien sei. Aus den Klimaschutzkonzepten müssten konkrete Maßnahmen abgeleitet werden (vgl. Interview Experte 2, Experte 5) und die Bürgerstiftung Oberland müsse beginnen, richtige Arbeit zu leisten (vgl. Interview Experte 3). Auch Experte 4 betont diesen Punkt: „Es muss gerade alles in geordnete Bahnen bei der Bürgerstiftung gelenkt werden und Prozesse koordiniert werden" (Experte 4). Kritisiert wird, dass die Arbeit dort zu noch zu ehrenamtlich und zu akademisch verlaufe (vgl. Interview Experte 3). Eine große Herausforderung sei die Verstetigung des Prozess', vergleichbar zu dem der Agenda-21. Die Verstetigung soll über die Bildung und über die Gründung des Energiekompetenzzentrums erreicht werden (vgl. Interview Experte 5).

Auch die Situation im Verkehrsbereich sei noch ungelöst (vgl. Interview Experte 5).

Notwendige Faktoren dafür, dass die Umstellung auf erneuerbare Energien gelingen kann, seien die Schaffung von Rahmenbedingungen durch die Bundesregierung (vgl. Interview Experte 1, Experte 2), z. B. indem die Genehmigungsbedingungen für den Ausbau von erneuerbaren Energien verbessert werden (vgl. Interview Experte 2). Dazu gehöre Bürokratieabbau, die Bereitstellung von Geld und die Investition von Akteuren (vgl. Interview Experte 2 und Experte 4). Alleine fehle es den Kommunen an Kapitel, um den EE-Ausbau weiter voran zu treiben (vgl. Interview Experte 2).

> „Wichtig ist auch immer, dass der Bürgermeister oder der Landrat hinter der Idee steht und das mit Rat und Tat nach vorne treibt". (Experte 1).

Problematisch sei die Bereitstellung von Eigenanteilen bei Projekten, die eingeworben werden (vgl. Interview Experte 5). Die Landkreise seien nicht bereit, diese Eigenanteile zu tragen (vgl. Interview Experte 5).

4.3.4 Akteurskonstellationen

4.3.4.1 Beteiligte Akteure

Wie im vorherigen Kapitel deutlich geworden ist, wird der Prozess zum Ausbau der erneuerbaren Energien in der Region vor allem durch die Bürgerstiftung Energiewende Oberland gesteuert. Die Akteursstruktur scheint heterogen, betrachtet man zunächst die an der Bürgerstiftung Energiewende Oberland beteiligten Akteure. Der Besuch von Veranstaltungen hat in der Praxis jedoch gezeigt, dass die Akteursstruktur relativ homogen ist, sofern man die Energiewende Oberland als einen zivilgesellschaftlichen Akteur ansieht; die Interviews bestätigen diesen Eindruck.

Bei der Auswahl der Interviewpartner in der EE-Region Oberland ist darauf geachtet worden, möglichst aus allen Akteursgruppen Repräsentanten zu interviewen. Gleichwohl ist dieser Abschnitt wegen der Größe der Region und Vielzahl der in ihr aktiven Akteure wahrscheinlich nicht abschließend analysiert, insofern nicht alle beteiligten Akteure aus den drei Landkreisen interviewt werden konnten. Es wurde jedoch darauf geachtet, möglichst Akteure aus unterschiedlichen Landkreisen zu interviewen, um auch die Sicht der Landkreisbewohner in der Analyse deutlich zu machen. Die fünf interviewten Experten aus der EE-Region Oberland kommen aus der Verwaltung, der Zivilgesellschaft, der Wirtschaft und auch aus der Wissenschaft. Sie sind maßgeblich am EE-Prozess beteiligt und werden in den Interviews als bedeutsam benannt.[159]

---

159 Zur Charakterisierung der Akteure werden Einschätzungen der Experten zu im Landkreis aktiven oder wichtigen Akteuren und Ergebnisse aus Dokumentenanalysen verwendet.

182 Erneuerbare-Energie-Regionen

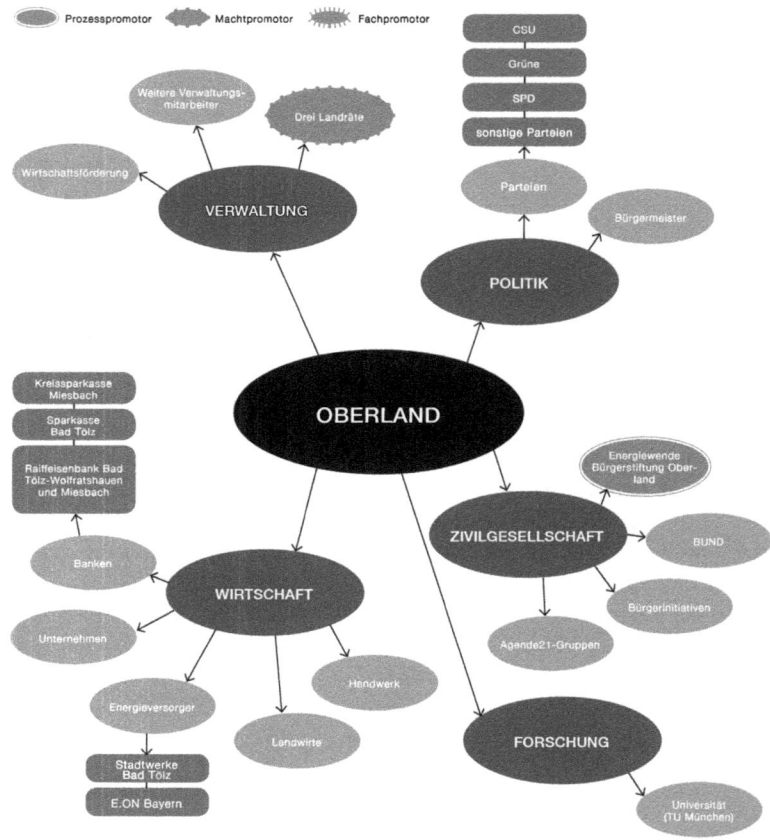

Abbildung 15: Vorhandene EE-Akteure in der EE-Region Oberland

Die in der Abbildung dargestellten Akteure werden im Folgenden beschrieben.

Verwaltung

In der Verwaltung sind unterschiedliche Akteure im Bereich der erneuerbaren Energien aktiv. Die drei **Landräte** der beteiligten Landkreise – mit ihrer traditionell starken Stellung in Bayern – werden von allen Akteuren als Beteiligte im EE-Prozess genannt. Die Landräte in Weilheim-Schongau, Bad-Tölz-Wolfratshausen und Miesbach kommen aus unterschiedlichen Parteien: Der Landrat aus Bad Tölz-Wolfratshausen kommt von den Freien Wählern, der

Landrat aus Weilheim-Schongau von der SPD und der Landrat aus Miesbach von der CSU. Jeder von ihnen wird jedoch als Befürworter der erneuerbaren Energien wahrgenommen. Sie stimmen sich auch über die Parteigrenzen hinweg ab, wenn es um Entscheidungen im EE-Bereich geht (vgl. Interview Experte 3, Experte 4), um mit einer Stimme in ihre Kreistage zu gehen, was sie dann auch so in der Bürgerstiftung Energiewende Oberland kommunizieren (vgl. Interview Experte 3, Experte 4). Experte 5 schränkt jedoch ein, dass sich die Landräte nicht immer so einig bei den Entscheidungen seien, wie es nach außen den Anschein habe; gegenseitig behindern würden sie sich gleichwohl nicht (vgl. Interview Experte 5).

Die Landräte wurden alle im Jahr 2008 neu gewählt. Diese Unterstützung des politischen Prozesses (vgl. Interview Experte 1), die Willensbildung in der Bevölkerung (vgl. Interview Experte 2) und die Steuerung von Genehmigungsverfahren (vgl. Interview Experte 2) werden als wichtige Aufgaben der Landräte definiert.

Der Landkreis Weilheim-Schongau ist im Januar 2011 der Bürgerstiftung Energiewende Oberland beigetreten. Bis 2008, während und nach der Gründung der Bürgerstiftung war in Weilheim-Schongau ein CSU-Landrat im Amt, den Experte 5 und Experte 2 als einen Unterstützer der Atomenergie beschreiben. Der darauf folgende Landrat Dr. Friedrich Zeller „ist überzeugt von der Energiewende und ist als einziger der drei Landräte auch privater Stifter" (Experte 5).

Die Verwaltung in den drei an der EE-Region Oberland beteiligten Landkreisen ist unterschiedlich strukturiert.

Landrat Zeller hat in Weilheim-Schongau eine Stelle bei der **Wirtschaftsförderung** angesiedelt, welche sich um das Thema Klimaschutz und den Ausbau der erneuerbaren Energien kümmert. Energie ist jedoch nur ein Bereich von vielen, die Aufgaben sind u. a. Energieberatung, die Erstellung von Broschüren, die Organisation von Foren und Bürgermeisterdienstbesprechungen.

In der Verwaltung des Landkreises Miesbach gibt es im Bereich Klimaschutz inzwischen wieder eine zuständige Mitarbeiterin, nachdem die Stelle lange nicht besetzt war.

Im Landkreis Bad Tölz-Wolfratshausen ist der Bereich Klimaschutz keiner konkreten Stelle zugeordnet. Auf den Seiten der Verwaltung wird lediglich auf die Agenda 21 im Bereich Umwelt des Landkreises hingewiesen. Ansprechpartner aus der Verwaltung ist hier der Wirtschaftsförderer (vgl. Landratsamt Bad Tölz-Wolfratshausen o.J.). In den Landkreisen Bad Tölz-Wolfratshausen und

Miesbach sind außerdem ein Regionalmanagement installiert (vgl. Kübler und Merz 2012: 8).

In den Interviews und auch in der Analyse von Dokumenten spielen die Mitarbeiter aus der Verwaltung kaum eine Rolle im EE-Prozess. Lediglich die Wirtschaftsförderin im Landkreis Weilheim-Schongau wird als partiell in den EE-Prozess involviert beschrieben.

Politik

Bürgermeister spielen bei den Prozessen in ihrer Kommune eine wichtige Rolle, u. a. haben sie Mitspracherecht bei den Stadtwerken (vgl. Interview Experte 2). Sie können den EE-Prozess aber auch durch ihre Gemeindeparlamente beeinflussen (vgl. Interview Experte 1). In den Analysen wird jedoch kein Bürgermeister als besonders wichtig sichtbar. Im EE-Prozess in der gesamten EE-Region Oberland spielen sie nur eine untergeordnete Rolle.

In den drei Landkreisen dominieren unterschiedliche **Parteien**. Keine Partei wird als hemmend für den Ausbau der erneuerbaren Energien deutlich.

„Ich sehe keine Parteien, die das blockieren" (Experte 2). Experte 2 ergänzt, dass „auf Landkreisebene (...) Gott sei Dank keine Mainstream-Politik gemacht (wird), sondern Sachpolitik. Da ziehen alle mit. Es ist irgendwo ein grünes Kernthema, aber alle anderen sind inzwischen darauf aufgesprungen."

Die **CSU** spielt in Bayern eine wichtige Rolle in der Parteienlandschaft. Experte 5 bemerkt dazu: „wenn Sie nicht die CSU gewinnen, haben Sie wenig Chancen. Da können Sie sich abstrampeln." In den Landkreisen Miesbach und Bad Tölz-Wolfratshausen konnte die CSU für den Ausbau der erneuerbaren Energien gewonnen werden und im Landkreis Weilheim-Schongau ist sie Stifter bei der Energiewende Oberland (vgl. Interview Experte 5). „Behindern tun sie es mittlerweile nicht mehr" (Experte 5). Experte 3 berichtet aus dem Landkreis Weilheim-Schongau, wo der damalige CSU-Landrat u. a. Atomkraft unterstützt habe. Durch den Wechsel des Landrats habe sich diese Situation nun aber geändert (Experte 3).

Die **Grünen** werden in den drei Landkreisen als Unterstützer der erneuerbaren Energien dargestellt. „Die Grünen stehen aufgrund ihrer Überzeugung hinter den Ideen. Bei den anderen Parteien fehlt ein bisschen der Glaube, ob das wirklich ernst gemeint ist" (Experte 1). Nicht zuletzt sind sie „von Anfang an bei der Energiewende Oberland dabei und (...) Gründungsstifter" (Experte 5).

Die **SPD** tritt beim Thema der erneuerbaren Energien nicht besonders in Erscheinung. Zwar sind *„einige Ortsverbände der SPD bei der Energiewende*

Oberland mit dabei" (Experte 5), auch der Landrat Dr. Zeller aus Weilheim-Schongau ist als SPD-Mitglied Unterstützer der erneuerbaren Energien, konkrete Anstöße im EE-Bereich in der Region kommen aber nicht von der SPD.

Wirtschaftsakteure

In der EE-Region Oberland sind unterschiedliche Akteure aus der Wirtschaft aktiv. Viele Unternehmen unterstützen als Stifter die Energiewende Oberland (vgl. Energiewende Oberland o.J.-b). Beteiligt sind vor allem kleine Unternehmen aus den drei Landkreisen, auch Unternehmen, die nicht originär im Bereich der erneuerbaren Energien aktiv sind, z. B. eine Gärtnerei und ein Betonwerk. Als ein großes Unternehmen in der Region ist das Unternehmen Tyczka, welches mit Flüssiggas handelt, ein Gründungsstifter der Energiewende Oberland (vgl. Energiewende Oberland o.J.-b). Experte 1 bemängelt gleichwohl, dass es keine wichtigen Wirtschaftsunternehmen gebe, die den Prozess unterstützen.

Es werden allerdings auch Wirtschaftsunternehmen aus München in den EE-Prozess einbezogen. Das Projekt „Smart Energy Region Oberland"[160] wird von der Energiewende Oberland in Zusammenarbeit mit einer Reihe von Wirtschaftsunternehmen wie Audi AG, BSH Bosch und Siemens Hausgeräte GmbH, E.ON Bayern AG, ESB Energie Südbayern GmbH und Erdwärme Bayern durchgeführt (vgl. SmartEnergy Region Oberland o.J.).

Landwirte sind bei der EE-Region Oberland in den EE-Prozess involviert, treten bei Richtungsentscheidungen im EE-Bereich jedoch nicht besonders in Erscheinung. Auch bei allgemeinen EE-Themen in der EE-Region Oberland sind sie laut Experte 5 oft nicht präsent und waren z. B. nicht an der Planung der Bürgergenossenschaft Energiewende Oberland beteiligt (vgl. Interview Experte 5). Selbst bei dem Projekt Bioenergieregion würden die Landwirte nicht besonders stark mitarbeiten (vgl. Interview Experte 5). Während der Landwirtschaftsverband Stifter ist, engagieren sich einzelne Landwirte kaum im EE-Prozess.

> Sie sind „natürlich in erster Linie an ihrem bisherigen traditionellen Geschäft,und da ist Viehwirtschaft – Ackerbau haben wir ja fast nicht – interessiert. (...) Aber es gibt mittlerweile viele Landwirte, die ihre Scheunen und ihre Häuser (...) mit Solaranlagen bestückt haben. (...) Und wenn sie mit einem dieser Leute reden, warum er das macht: das ist natürlich meine Altersvorsorge, ganz eindeutig" (Experte 5).

Diese Einschätzung wird auch in den anderen Interviews deutlich:

---

160 Weitere Informationen zu dem Projekt sind zu finden unter http://smartenergy-oberland.de/ hp1/Home.htm (letzter Zugriff: 22.01.2013).

"Sind wichtig, sind vom Landwirt zum Energiewirt mutiert (...) Aber bei ihnen spielen die Gewinnerzielungsabsichten eine große Rolle. Wenn es für den Landwirt sinnvoll ist, seine Dächer für Photovoltaik zur Verfügung zu stellen, wird er es tun. Und wenn es sinnvoll ist, seine Flächen für Wind oder Bioenergie zur Verfügung zu stellen, wird er das auch tun" (Experte 1).

"Die Landwirte setzen die Energiewende tatsächlich um, indem sie Brennstoffe liefern, aber es sind sicher auch Firmen, die die Technologien liefern wie Blockheizkraftwerke und solche Geschichten" (Experte 2).

Experte 3 beschreibt die Landwirte als Umsetzer des EE-Ausbaus: "Bei uns in Bayern läuft das alles ein bisschen anders. Da wird dann angepackt. Die eigentlichen Macher sind dann progressive Bauern. Es geht im übrigens auch um sehr viel Geld. Die haben da meistens auch schon ein bisschen Vermögen, können die Grundstücke besser nutzen" (Experte 3).

Auch Experte 4 weist auf ihre Bedeutung hin: "Sie spielen eine wichtige Rolle, weil es ein landwirtschaftlich geprägtes Gebiet ist" (Experte 4).

In der EE-Region sind eine Reihe von **Energieversorgern** aktiv, die Stadtwerke in Schongau, Bad Tölz und Weilheim, aber auch die Stadtwerke München und E.ON. Den Energieversorgern wird im EE-Bereich jedoch nicht immer eine unterstützende oder aktive Rolle zugeschrieben. Zwischen ihnen gibt es sowohl Kooperation als auch Konkurrenz (vgl. Interview Experte 2, Experte 4).

Am meisten Engagement wird den **Stadtwerken Bad Tölz** zugeschrieben, welche den Anteil der erneuerbaren Energien ausbauen wollen (vgl. Interview Experte 1). Als erstes Stadtwerk in Bayern haben sie im Jahr 2009 beschlossen, ausschließlich erneuerbaren Strom zu verkaufen (vgl. Interview Experte 2); dafür verwenden sie vor allem Strom aus Wasserkraft, den sie in Österreich kaufen (vgl. Stadtwerke Bad Tölz o.J.). Zugleich sind sie in der Region auch beim Ausbau der erneuerbaren Energien am weitesten fortgeschritten (vgl. Interview Experte 2). Ihr Gebiet erstreckt sich aber vornehmlich auf die Kommunen in Bad Tölz, für die sie u. a. ein Solardachkataster erstellt haben. Nicht zuletzt unterstützen die Stadtwerke Bad Tölz die Energiewende Oberland und finanzieren immer wieder Events derselben.

In den Landkreisen (außer in Bad Tölz) hat **E.ON Bayern** viele Konzessionen. E.ON Bayern ist ein weiterer Stifter bei der Energiewende Oberland und arbeitet u. a. im Verbund Smart Energy Region Oberland als Projektpartner mit (vgl. Smart Energy Region Oberland o.J.). In den Interviews wird jedoch vor allem deutlich, dass sie in Konkurrenz zu den Stadtwerken handeln und den EE-Prozess in der Region nicht immer positiv begleiten.

Auch die **Stadtwerke München**, eines der größten Energieversorgungsunternehmen Deutschlands, haben Einfluss auf den EE-Prozess in Oberland. Kritisiert werden jedoch die Vereinnahmungsversuche und dass die Wertschöpfung nicht in der EE-Region belassen würde (vgl. Interview Experte 4).

Regionale **Banken** wirken vor allem durch finanzielle Unterstützung am EE-Prozess mit. So sind die Raiffeisenbank in Bad Tölz-Wolfratshausen und Miesbach, die Sparkasse Bad Tölz und die Kreissparkasse Miesbach Gründungsstifter der Energiewende Oberland (vgl. Energiewende Oberland o.J.-b). Die Raiffeisenbank unterstützt zusätzlich finanziell die Bioenergieregion Oberland. Weil die Landkreise keinen Eigenanteil zur Verfügung stellen wollten, hat dies die Raiffeisenbank übernommen.

Zivilgesellschaft

Wie schon in der Darstellung des Prozesses der EE-Region Oberland ersichtlich wurde, hat sich der EE-Prozess vor allem aus der Zivilgesellschaft heraus entwickelt.

Die **Energiewende Oberland** ist aus der Agenda-Bewegung heraus entstanden (siehe Kapitel 4.3.3.2). Gegründet wurde die Bürgerstiftung im Jahr 2005. Beteiligt waren zunächst die Landkreise Bad Tölz-Wolfratshausen und Miesbach mit insgesamt 86 Gründern aus der Bürgerschaft, der Wirtschaft und aus den Kommunen; 2001 ist der Landkreis Weilheim-Schongau dazu gestoßen. Gründer waren Karlheinz Rauh und Martina Raschke. Vorsitzender der Bürgerstiftung Oberland ist seit März 2011 der emeritierte Professor Wolfgang Seiler.

Die Ziele der Energiewende Oberland sind im Stiftungszweck festgehalten, der sich der Nachhaltigkeit verpflichtet und in den drei beteiligten Landkreisen eine Selbstversorgung mit regional erzeugter Energie bis 2035 erreichen will (vgl. Energiewende Oberland o.J.-a).

Die interviewten Experten sehen die Aufgaben der Energiewende Oberland unterschiedlich. Eine Schwerpunkt sei das Marketing (vgl. Interview Experte 2), ein anderer die Vernetzung der Energiewende und die Umsetzung von Maßnahmen (vgl. Interview Experte 3). Nicht zuletzt soll die Energiewende Oberland Berater für Kommunen sein und Unterstützung für konkrete Klimaschutzprojekte auf Gemeindeebene leisten (vgl. Interview Experte 3).

„Wenn sie das (ein Forum bieten) nicht machen, brauchen wir sie nicht" (Experte 3).

Im Gegensatz dazu betont Experte 2, dass die Energiewende nicht diejenigen seien, „die die Energiewende tatsächlich umsetzen" (Experte 2); vielmehr müsse jeder Landkreis und jede Gemeinde die Umstellung auf erneuerbare Energien selber schaffen. Allgemein sei der Zusammenschluss zur Energiewende Oberland ein gutes Konzept, um die Umstellung auf erneuerbare Energien in der Fläche zu erreichen. Kritisiert wird jedoch, dass sie bisher noch nicht strukturiert und kontinuierlich arbeite. Die Arbeit laufe zu akademisch und ehrenamtlich (vgl. Interview Experte 3).

> „Wir sind die handwerklichen Typen. Die Welten treffen da schon ein bisschen aufeinander. Das muss man ändern" (Experte 3).

Experte 4 bescheinigt der Energiewende Oberland eine gute Arbeit:

> „Ich glaube, dass die Bürgerstiftung vieles angeregt und angestoßen hat, was jetzt in den Landkreisen umgesetzt wird. Und das ist auch der Grund, warum wir von den Landräten, aber auch von den Kreistagen sehr stark unterstützt werden und große Anerkennung finden" (Experte 4).

In den Interviews wird immer wieder deutlich, dass der Beitritt von Garmisch zur Energiewende Oberland gewollt ist (vgl. Interview Experte 3, Experte 4).

> „Garmisch wäre jetzt symbolisch wichtig. (...) Weil wenn die Leute von Oberland reden, meinen sie auch Garmisch. Praktisch hat das keine Bedeutung, weil das mit Abstand der kleinste Landkreis ist und auch industriell nicht so wichtig ist" (Experte 3).

Die Energiewende Oberland ist ein zentraler Ort für die Vernetzung der Akteure in der Region zum Ausbau von erneuerbaren Energien.

> „Ich kann mich daran nicht erinnern, dass es Leute gibt, die am Prozess außerhalb der Bürgerstiftung mitwirken. (...). Die Koordination des Prozesses läuft über die Stiftung. Das ist gar keine Frage" (Experte 4).

Aktiv am Aufbau der Bürgerstiftung Energiewende Oberland beteiligt waren vor allem Rentner, „nur ganz wenige, die halt noch berufstätig waren" (Experte 5). Die Arbeit in der Energiewende Oberland erfolgt zu großen Teilen ehrenamtlich, was aber geändert werden soll (vgl. Interview Experte 4).

In der EE-Region Oberland gibt es in den einzelnen Landkreisen **BUND-Ortsgruppen**. Die BUND-Gruppe in Weilheim-Schongau ist vor allem im Bereich Naturschutz aktiv (vgl. Bund Naturschutz in Bayern e.V. o.J.). Auch in Miesbach und in Bad Tölz-Wolfratshausen gibt es eine BUND-Gruppe. Die interviewten Experten weisen gleichwohl darauf hin, dass die Leute vom BUND im EE-Bereich oftmals etwas verhindern wollen (vgl. Interview Experte 3).

> „Die Naturschützer, die angeblich die Natur schützen wollen, verhindern massiv die Entwicklung, die eigentlich dazu führen würde, dass wir unser Klimaschutzziel erreichen" (Experte 3).

Wie bereits dargestellt (siehe Kapitel 4.3.3.2), entspringt die Energiewende Oberland der **Agenda-Bewegung**. Erste Agenda-Gruppen wurden in der EE-

Region Oberland 1997 gegründet. Karlheinz Rauh und Martina Raschke waren zunächst in der Agenda-Bewegung aktiv. Auch der Leiter des Projektes Bioenergieregionen ist zuvor in einer Agenda-Bewegung aktiv gewesen (vgl. Interview Experte 5). In Weilheim-Schongau wirkte die Agenda 21-Gruppe u. a. an der Erstellung des Klimaschutzkonzeptes mit (vgl. Weilheim-Schongau 2010). Einige Agenda-Gruppen gibt es mittlerweile nicht mehr.

> „Die Agenda-21-Gruppen hängen immer ab von einzelnen Leuten. Da sind schon sehr starke, sehr gute Leute" (Experte 3).

Im aktuellen Prozess ist das Engagement der Agenda-Gruppen vor allem in das Wirken der Energiewende Oberland übergegangen.

Neben den dargestellten **Vereinen** gibt es zusätzliche aktive Vereine in der Region, vor allem im Bereich Naturschutz, die den EE-Prozess jedoch nicht beeinflussen (vgl. Interview Experte 2).

> „Also alle die, die sich da im Bereich Umwelt engagieren, sind in der Regel nicht nur bei einer Gruppierung" (Experte 4).

In der EE-Region gibt es auch eine Reihe von **Bürgerinitiativen**, die meisten von ihnen richten sich *gegen* den Ausbau der Windenergie, etwa im Landkreis Bad Tölz-Wolfratshausen (vgl. Interview Experte 1). Experte 4 ergänzt: „Es gibt eigentlich Bürgerinitiativen gegen alles". Neben der Windenergie erregen auch Wasserkraft und Biomasse den Widerstand von Bürgerinitiativen (vgl. Interview Experte 4, Experte 5).

> „Die sind ja gegen alles. Das soll alles bleiben, wie es ist. Nur wo die Energie herkommt, kann ihnen keiner sagen. (...) Ich bin für die Windkraft, aber nicht hier. (...) Das ist immer das gleiche, not in my backyard. (...) Die Energie muss alle zur Verfügung stehen. Aber bitte ganz woanders" (Experte 4).

Forschung

Forschungsakteure wirken laut Experte 3, Experte 4 und Experte 5 nicht aktiv am EE-Ausbau mit. Experte 3 wünscht sich, dass die Forschungseinrichtungen eine größere Ausstrahlung auf den ländlichen Raum haben.

Akteure aus der Forschung sind in der EE-Region Oberland zunächst am Aufbau der Energiestiftung als Privatpersonen involviert gewesen. In der EE-Region ist zwar keine Universität vorhanden, doch liegt das Fraunhofer Institut für Bauphysik auf dem Gebiet der Energiewende Oberland. Ein Professor des Instituts hat bei der Energiewende Oberland einen Arbeitskreis geleitet (vgl. Interview Experte 4). Auch der Vorsitzende der Energiewende Oberland, Professor Seiler, stammt aus der Forschung. Über ihn gibt es enge Kontakte zur TU München (vgl. Interview Experte 4).

4.3.4.2 Rollen und Interaktionen der Akteure

Um Akteursrollen und Interaktionen der Akteure untereinander zu analysieren, werden, wie in Kapitel 3.4.2.5 vorgestellt, zunächst dominante Akteure in den in Kapitel 4.3.3 identifizierten Prozessphasen herausgestellt, bevor die Rollen der Akteure in der EE-Region Oberland herausgearbeitet werden.

In der EE-Region Oberland wirken die beteiligten Landräte aufgrund ihrer besonderen institutionellen Stellung in Bayern als Machtpromotoren. Sie beeinflussen einzelne Prozesse in ihren Landkreisen und haben u. a. die Erstellung von Klimaschutzkonzepten angeregt. Obwohl die Landräte aus den drei beteiligten Landkreisen aus unterschiedlichen Parteien kommen, unterstützen sie gemeinsam den EE-Prozess, was für legitimatorische Entscheidungen in der EE-Region von großer Bedeutung ist. Die Landräte bestimmen die Entscheidungsfreiheit der Energiewende Oberland und geben Zusagen für finanzielle Mittel, die aus der Verwaltung heraus den EE-Prozess unterstützen; sie wirken auch auf die Meinungsbildung der Bevölkerung ein. Die Landräte werden von den Akteuren zu größten Teilen als unterstützend im EE-Prozess wahrgenommen.

Die Identifikation eines einzelnen Fachpromotors fällt in der EE-Region Oberland nicht leicht. Wissenschaftliche Akteure sind über die Energiewende Oberland eingebunden, ebenso Mitarbeiter von Unternehmen, welche ihr fachliches Wissen in den EE-Prozess einbringen könnten. Als Fachpromotoren können insofern keine einzelnen Akteure ausgemacht werden, weil die Energiewende Oberland in ihrer Gesamtheit als Fachpromotor agiert und bei ausgewählten Fragestellungen Expertise – vor allem über thematische Arbeitskreise – anbietet.

Als Prozesspromotor kann die Energiewende Oberland insgesamt gesehen werden. Herauszuheben sind vor allem die Gründer Martina Raschke und Karlheinz Rauh, welche den Prozess zur Gründungsphase der Stiftung entschieden angestoßen und wichtige Impulse gesetzt haben. Jede Phase des Prozesses und jede Aktion in der EE-Region wird über die Energiewende Oberland koordiniert, Anstöße zu neuen Projekten und die Einbindung neuer Akteure erfolgt auf diesem Weg.

Als hemmende Akteure werden vor allem die Vielzahl von Bürgerinitiativen deutlich:

> „Es gibt gegen alles und gegen jeden in Deutschland gerade Bürgerinitiativen. Und ich glaube, da wird es immer Akteure geben, die hemmen" (Experte 1).

Das Hauptnetzwerk zur Vernetzung der Akteure stellt die Energiewende Oberland dar. Daneben gibt es das Wirtschaftsforum Oberland, welches auch bei der Energiewende Oberland aktiv ist, vor allem aber Wirtschaftsakteuren eine Plattform zur Vernetzung bietet (vgl. Interview Experte 2). Auch ein Verbund der Stadtwerke kann als Vernetzung angesehen werden.

Der regionale Planungsverbund bietet seinerseits eine Plattform, auf welcher EE-Entscheidungen abgesprochen werden. Vor allem beim Thema Windkraftstandorte werden über den Planungsverbund Absprachen getroffen (vgl. Interview Experte 2).

Ferner gibt es in den einzelnen Landkreisen Vernetzungseinrichtungen.

> „In der Stabsstelle 3, Wirtschaftsförderung, des Landkreises Weilheim-Schongau gibt es ein kommunales Energieforum. Das ist ein Treffen im Kreis der Bürgermeister mit dem Landrat, auch mit Gemeindewerkleiter, manchmal interessierte Gemeinderäte. Das Treffen findet alle 2 Monate statt" (Experte 3).

In Weilheim-Schongau sind viele Gruppen aus dem zivilgesellschaftlichen Bereich vorhanden. Akteure, welche im Klimaschutzkonzept Erwähnung finden, sind das jährlich stattfindende Wieser Zukunftsforum, die Agenda 21 in Weilheim, Peißenberg und Peitingen, der BUND, die Energiewende Pfaffenwinkel, die Umweltinitiative Pfaffenwinkel, ProBahn und das Weilheimer Energieberaterforum (vgl. Weilheim-Schongau 2010: 9-268).

4.3.5 Prozesslogik in der EE-Region Oberland

Die Akteurskonstellation in der EE-Region Oberland ist heterogen, auch wenn die Energiewende Oberland, durch die unterschiedliche Akteursgruppen am EE-Prozess mitwirken, als homogener Akteur nach außen auftritt. Machtpromotoren lassen sich nicht eindeutig identifizieren.

Die Energiewende Oberland ist ein klarer Prozesspromotor, gleichwohl kann nicht von einem eindeutigen bottom-up-Prozess gesprochen werden. Zwar ist die Energiewende bürgerschaftlich organisiert, doch bestimmen die Landräte aus den beteiligten Landkreisen als Machtpromotoren mit über die Richtung, in welche die Energiewende Oberland geht, und entscheiden nicht zuletzt über die

Zusagen einzelner finanzieller Unterstützungen. Beschlüsse und Konzepte können nur über die Landkreise umgesetzt werden, welche die Landräte ebenso dominieren.

4.3.6 Fazit: Einflussfaktoren der EE-Entwicklung im Oberland

Der EE-Prozess in der EE-Region Oberland wird besonders durch die Bürgerstiftung Energiewende Oberland bestimmt.

Bei der **Konstituierung der Region** wird deutlich, dass die Abgrenzung der Region vor allem anhand der Grenzen der Planungsregion 17 – Oberland – erfolgt. Bisher sind der Energiewende Oberland drei Landkreise beigetreten, auch wenn einzelne Kommunen in den Landkreisen nicht Teil der Energiewende sind. Daher erfolgt vor allem eine Abgrenzung anhand administrativer Zuständigkeiten, die sich auf die drei Landkreise Weilheim-Schongau, Bad Tölz-Wolfratshausen und Miesbach beschränkt, solange die Region Garmisch-Patenkirchen nicht auch beitritt.

Beim **institutionellen Kontext** spielen im Bereich der nationalen Förderung vor allem die Gesetze wie das EEG, aber auch Förderprogramme wie ein Zuschuss zur Erstellung von Klimaschutzkonzepten vom BMU oder der Wettbewerb Bioenergieregionen vom BMELV eine Rolle. Das Bundesland Bayern unterstützt den Prozess nicht besonders. Die bayrische Regierung hat zwar die Agentur Bayern Innovativ gegründet, viel Unterstützungsleistung von der Bundeslandebene ist in der EE-Region Oberland jedoch nicht bemerkbar.

Der **EE-Prozess** hat keine klaren Phasen durchlaufen; Pionieranlagen im Windkraft- oder Solarbereich sind in den 1990er Jahren in der Region kaum vorhanden. Der Prozess ist aus der Agenda-Bewegung erwachsen und von der Zivilgesellschaft weitergeführt worden, so dass zwei nicht klar abgrenzbare EE-Phasen zu unterscheiden sind. Erst durch die Gründung der Bürgerstiftung Energiewende Oberland aus der Agenda-Bewegung heraus hat die EE-Bewegung in der Region begonnen, den diese Bürgerstiftung fortan bestimmt; maßgeblich durch eine Resolution zur Erzeugung von erneuerbaren Energien bis 2035, die von den beteiligten Landkreisen unterschrieben worden ist. Unabhängig davon hat der Landkreis Weilheim-Schongau im Jahr 2007 einen politischen Beschluss zum Ausbau der erneuerbaren Energie getroffen. Weitere Meilensteine sind die erfolgreiche Bewerbung beim Projekt Bioenergieregionen und die Erstellung von zwei Klimaschutzkonzepten in Miesbach und Weilheim-Schongau gewesen. Deutlich wird jedoch, dass die EE-Region Oberland insgesamt recht wenig erneuerbare Energien erzeugt. In allen drei Landkreisen zusammen gibt es lediglich ein Windrad, und der Ausbau der Windenergie stellt ein großes Konfliktfeld in der Region dar. Als wichtigste Herausforderungen können folglich die Ausweisung weiterer Flächen in der Windenergie gelten und das finanzielle Engagement der Landkreise im EE-Bereich gelten.

Die **Akteurskonstellation** weist eine bedingt heterogene Zusammensetzung auf: Akteure aus unterschiedlichen Bereichen sind in der zivilgesellschaftlichen Initiative Energiewende Oberland versammelt, die den Prozess als Prozesspromotor kontrolliert. Als Machtpromotoren wirken die drei Landräte am EE-Prozess mit. Fachpromotoren treten nur aus der Energiewende Oberland heraus, z. B. in Form von Arbeitskreisen, in Erscheinung.

Die Vernetzung der Akteure in der Bürgerstiftung Energiewende Oberland ist somit entscheidend für die Entwicklung des EE-Prozesses, unterstützt durch die drei Landräte. Es lässt sich nicht abschätzen, ob sich der zur Zeit relativ geringe Ausbau der erneuerbaren Energien signifikant steigern lässt. Gründe dafür sind u. a. die vorhandenen Bürgerinitiativen in der Region und der ausbleibende Ausbau von Windkraft. Fest steht jedoch, dass die Region in anderen Bereich wie der anwendungsbezogenen Forschung und dem Ausbau von Strukturen zur Energieeffizienz eine Vorreiterrolle einnimmt.

194 Erneuerbare-Energie-Regionen

4.4 EE-Region Lübow-Krassow

Zwei engagierte Bürger bringen die erneuerbaren Energien in die Region

„Das strategische Element ist, von oben und von unten zu arbeiten. Nur von unten ist für meine Begriffe unheimlich schwierig, wenn nicht aussichtslos. Und nur von oben bringt garnichts. Und wenn man es schafft – es ist natürlich ein Zweifrontenkrieg – die gleichen Ziele zu setzen und zu verankern, den Kampf zu führen. Dann kann man einigermaßen und mit natürlich großem Aufwand vorwärts schreiten" (Experte 1).

4.4.1 Konstituierung der Region

Eine Beschreibung und eine klare Definition der Grenzen der EE-Region Lübow-Krassow[161] gestalten sich aufgrund der unklaren administrativen Grenzen der EE-Region und der häufigen Kreisgebietsreformen in Mecklenburg-Vorpommern als schwierig.

Brigitte Schmidt, eine Hauptprotagonistin in der EE-Region (siehe Kapitel 4.4.4) schreibt in einem Bericht über die Grenzen der Region:

„Die Region Lübow-Krassow liegt im Nord-Osten des Landkreises Nordwestmecklenburg und bestand im Jahr 2000 aus 8 Dorfgemeinden, die zu 3 unterschiedlichen Amtsbereichen gehören" (Schmidt 2006: 15).

Die Region hatte damit eine Fläche von 18.264 km^2 mit einer Einwohnerzahl von 10.428.

„Bedingt durch Kreisgebietsreformen hat sich der Amtsbereich Dorf Mecklenburg in den letzten 10 Jahren erweitert zum Amtsbereich Dorf Mecklenburg-Bad Kleinen" (Schmidt 2006: 16).

In den Interviews mit den Experten wird dieser anfängliche Regionszuschnitt[162] bestätigt.

---

161 Die EE-Region Lübow-Krassow liegt im Nordwesten Mecklenburg-Vorpommerns und besteht aus Teilen des Landkreises Nordwestmecklenburg. Kreisstadt des Landkreises Nordwestmecklenburg ist seit September 2011 Wismar. Der Landkreis hatte im Jahr 2010 160.423 Einwohner (vgl. Bertelsmann Stiftung o.J.). Zwischen 1994 und 2011 hat es viele Gebietsänderungen gegeben – sowohl im Landkreis als auch im Bundesland Mecklenburg-Vorpommern. 2011 wurde die Zahl der Landkreise im Bundesland Mecklenburg Vorpommern von zwölf auf sechs verringert.

162 Namentlich waren die acht Gründungsgemeinden: Dorf Mecklenburg, Lübow, Hagenböck, Krusenhagen, Hornstorf, Benz, Neuburg, Krassow/Zurow.

Der derzeitige Zuschnitt der EE-Region wird aus den Interviews und der Dokumentenanalyse jedoch nicht klar. Lediglich eine Vergrößerung der EE-Region wird bekräftigt: „Damals war der gesamte Arbeitsbereich in Bad Klein. Jetzt ist der Bereich Amt Dorf Mecklenburg und Bad Klein" (Experte 3).[163]

Administrativ ist die Region in den Landkreis Nordwestmecklenburg eingebunden, den Experte 1 als „administrativen Großbereich" beschreibt. Die Kreisgebietsreformen in Mecklenburg-Vorpommern haben einen bedeutenden Einfluss auf die nicht eindeutige Abgrenzung der EE-Region gehabt, insofern es zu einer ständigen Veränderung des Zuschnitts des Landkreises Nordwestmecklenburg kam. Insgesamt gibt es in Mecklenburg-Vorpommern nur sechs Landkreise mit einem jeweils sehr großen Gebiet. Der Landkreis Nordwestmecklenburg hat zwar eine große Fläche, aber nur eine geringe Bevölkerungsdichte.

Der Beschluss, eine 100ee-Region als Ziel zu formulieren, wurde vom damaligen Landrat aus Nordwestmecklenburg unterschrieben (siehe Kapitel 4.4.3.2); insofern ist auch der Landkreis in den Prozess der EE-Region, die im Landkreis liegt, involviert gewesen. Die derzeitige Landrätin hat den Beschluss jedoch nicht unterschrieben und nimmt wenig Anteil an der Entwicklung der erneuerbaren Energien in der EE-Region Lübow-Krassow. Experte 3 hält den Landkreis Nordwestmecklenburg als zu groß für die EE-Region, auch die anderen Experten grenzen den Landkreis von der EE-Region Lübow-Krassow ab. Experte 2, Experte 4 und Experte 5 sehen den Landkreis Nordwestmecklenburg jedoch als geeignete Abgrenzung für die EE-Region. Experte 3 sagt, dass für den praktischen Ausbau der erneuerbaren Energien die Region sogar weiter gefasst werden müsse, über die Landkreisgrenze hinaus bis nach Rostock. „Ansonsten sind wir viel zu klein. Hier gibt es keine wirtschaftlich starken Unternehmen" (Experte 3).

Der Landkreis Nordwestmecklenburg liegt in der Planungsregion Westmecklenburg, welche zurzeit für die beiden in ihr liegenden Landkreise ein Klimaschutzkonzept erstellt. Die Verwaltung des Landkreises Nordwestmecklenburg orientiert sich bei dem EE-Thema ebenfalls verstärkt an den Abgrenzungen der Planungsregion Westmecklenburg. Vor allem bei der Raumplanung werden

---

163 Experte 3 spricht von 12 Gemeinden, die Teil der Region sind: „Aus den 8 Gemeinden sind mittlerweile 12 geworden. Unser Amtsbereich und ein größerer Amtsbereich Neubuhr. Obwohl die ehr eine passive Rolle dabei spielen" (Experte 3). Experte 1 spricht von 15 Gemeinden: „Aufgrund der Kreisgebietsreformen sind zur Zeit 15 Gemeinden in der EE-Region eingeschlossen. (...) Die Starterkommunen sind als solche Kommunen manchmal gar nicht mehr existent und dann aufgegangen in Großkommunen. Andere sind dazugekommen" (Experte 1).

Projekte in Bezug auf erneuerbare Energien zusammen mit den Verwaltungen des anderen Landkreises Ludwigslust-Parchim sowie der Planungsregion Nordwestmecklenburg anvisiert. Aus der Arbeit der Verwaltung des Landkreises Nordwestmecklenburg geht hervor, dass der Ausbau der erneuerbaren Energien vor allem im Planungsverbund mit der Planungsregion Westmecklenburg verläuft. Auch dieser große regionale Zuschnitt wird so als mögliche EE-Region ersichtlich.

Eine weitere Abgrenzung, die in den Interviews erwähnt wird, ist der IHK-Bezirk Schwerin, der im Zuschnitt mit der Planungsregion Westmecklenburg identisch ist. Der Bezirk hat u. a. im Jahr 2011 ein Positionspapier zu erneuerbaren Energien verfasst und sich darin für die Bedeutung des Ausbaus derselben ausgesprochen (vgl. Industrie- und Handelskammer zu Schwerin 2011). Durch teilnehmende Beobachtungen, Dokumentenanalyse und weitere Interviews wird dieser IHK-Bezirk jedoch nicht weiter thematisiert, er spielt für den Ausbau erneuerbarer Energien in der EE-Region Lübow-Krassow keine bedeutende Rolle.

Die EE-Region Lübow-Krassow ist administrativ nicht klar definiert. „Viele Externe verstehen nicht, wie (...) die Region (abgegrenzt wird) " (Experte 1). Experte 4 und Experte 5 sehen die EE-Region Lübow-Krassow vor allem aufgrund des Wirkens von Dr. Brigitte und Dr. Dietmar Schmidt als existent an (siehe Kapitel 4.4.4).

> Experte 1 folgend ist die EE-Region „die Region der Willigen innerhalb des Landkreises. (...) Diese Region der Willigen oder dieses Projekt der Willigen ist ohne Grenzen" (Experte 1).

Die EE-Region Lübow-Krassow arbeitet aufgrund ihres nicht klar abgrenzbaren Regionszuschnitts sowohl mit dem Landkreis als auch mit anderen Regionen in Mecklenburg-Vorpommern partiell zusammen. Wie Kapitel 4.4.4 verdeutlicht, wird die Region vor allem durch das Solarzentrum und die Betreiber Brigitte und Dietmar Schmidt bestimmt, die in verschiedene nationale und internationale Gremien und Zusammenschlüsse eingebunden sind. Konkrete, wiederkehrende Zusammenarbeiten gibt es jedoch nicht.

Deutlich wird anhand dieser Region der Raumbezug (vgl. Osthorst und Pütz 2008: 64) als Produkt der Beziehungen der Akteure innerhalb des Gebietes der EE-Region, die gemeinsam erneuerbare Energien ausbauen wollen. Die Region folgt keinen klaren administrativen Grenzen, sondern wird von den in ihr handelnden Akteuren konstruiert.

4.4.2 Institutioneller Kontext

In den folgenden Unterkapiteln werden die institutionellen Rahmenbedingungen, die in der EE-Region Lübow-Krassow eine Rolle spielen, skizziert. Einflussfaktoren, die von der nationalen Ebene und dem Bundesland Mecklenburg-Vorpommern auf die Region einwirken, werden beleuchtet.

4.4.2.1 Einfluss der nationalen Ebene auf die EE-Region Lübow-Krassow

In der EE-Region Lübow-Krassow ist kein Klimaschutzkonzept mit Förderung durch die nationale Klimaschutzinitiative entstanden, Brigitte Schmidt hat aber ein eigenes Konzept für die Region erstellt (vgl. Schmidt 2006). Zurzeit erstellt auch die Planungsregion Westmecklenburg, welche durch die beiden Landkreise Ludwigslust-Parchim und Nordwestmecklenburg und die kreisfreie Stadt Schwerin gebildet wird, ein Klimaschutzkonzept, dessen Ergebnisse Anfang 2013 vorliegen sollen. Das Konzept wird durch die nationale Klimaschutzinitiative des Bundes gefördert.

Das Solarzentrum in Wietow, das in der EE-Region Lübow-Krassow liegt, bekommt vielfältige Förderungen, u. a. von der EU durch das Programm Baltic Sea[164] oder durch das Altener-Projekt Promote 100 – Projekt 100 % RENET[165], das im Jahr 2001 gegründet worden ist. Weitere Förderung gab es auch im Bereich der Bildung oder bei verschiedenen Kunstprojekten. Die Experten weisen in den Interviews auf die unsichere Förderlage hin: „Politische Förderungen werden je nach Zustand der Regierung über Nacht geändert" (Experte 1). Kritisiert wird von Experte 4 die Abhängigkeit des Solarzentrums Wietow von „Fördertöpfen".

Auch der Landkreis Nordwestmecklenburg wird durch unterschiedliche Förderprogramme unterstützt, z. B. für das Projekt Bioenergy Promotion[166]

---

164 Dieses Förderprogramm konzentriert sich auf Ostseeregionen. Informationen finden sich unter http://www.sustainable-projects.eu/index.php5?node_id=84&lang_id=4 (Zuletzt abgerufen: 01.09.2012).

165 Informationen über RENET gibt es unter: http://www.100re.net/default.asp?Lang=DEU (Zuletzt abgerufen: 01.09.2012). Die Website wird allerdings seit 2006 nicht mehr aktualisiert.

166 Informationen zum Projekt Bioenergy Promotion finden sich unter http://www.nordwestmecklenburg.de/index.phtml?Aktion=showdata&ID=578&Instanz=2207& Datensatz=1&SpecialTop=11 (Zuletzt abgerufen: 01.09.2012). Das Projekt wird durch das Interreg-IV-Projekt RES-Chain fortgesetzt.

durch das EU-Programm Baltic Sea. Bezahlt wird aus der Förderung u. a. eine Stelle in der Verwaltung.

In den Interviews wird der Einfluss des Bundes bei der Gesetzgebung betont, besonders die Bedeutung des EEG. Bemängelt wird, dass es keine spezifischen Ansprechpartner auf nationaler Ebene und keine Einflussmöglichkeiten von regionaler Seite gibt (vgl. Interview Experte 2).

4.4.2.2 Bundesland Mecklenburg-Vorpommern

Da die EE-Region Lübow-Krassow sich im Bundesland Mecklenburg-Vorpommern befindet, kann das Bundesland im Bereich der erneuerbaren Energien wichtige Impulse setzen, welche in der Region aufgenommen werden.

Seit der Kreisgebietsreform vom September 2011 gliedert sich das Bundesland in sechs Landkreise, fünf davon sind die flächengrößten in Deutschland, obwohl Mecklenburg-Vorpommern flächenmäßig im bundesdeutschen Durchschnitt insgesamt nur an sechster Stelle liegt. Es hat mit 1,6 Millionen Einwohner die geringste Einwohnerdichte aller Bundesländer; Mittel- und Kleinstädte und eine dörfliche Struktur sind prägend. Bis 2030 wird ein Bevölkerungsrückgang von 12,5 Prozent erwartet (vgl. Bertelsmann Stiftung o.J.). Es gibt im Bundesland 14 Nationalparks, mehr als im bundesdeutschen Durchschnitt.

Das Bruttoinlandsprodukt (BIP) lag im Jahr 2010 bei 34,68 Mrd. Euro (BIP in jeweiligen Preisen) und damit an drittletzter Stelle im gesamtdeutschen Durchschnitt (Statistische Ämter des Bundes und der Länder 2012). Die Wind- und Solarenergiebranche ist ein wichtiger Wirtschaftszweig.

Erneuerbare Energien in Mecklenburg-Vorpommern

Mecklenburg Vorpommern hat im bundesdeutschen Vergleich einen hohen Anteil erneuerbarer Energien, der Anteil lag 2009 bei 51,8 Prozent (Agentur für Erneuerbare Energien o.J.). Einen besonders hohen Anteil hat das Land im Bereich der Windenergie, aus der bereits 46 Prozent des Strom erzeugt werden. Im Bundesland gibt es daher auch viele Hersteller von Windenergie- und Solaranlagen, z. B. Nordex[167]. Entwicklungsbedarf besteht trotzdem noch, insofern

„die Nutzung erneuerbarer Energien in Mecklenburg-Vorpommern (...) nicht den Stand [hat], der aufgrund des vorhandenen Potenzial realisierbar wäre. Ein wichtiger

---

167 Nordex ist ein Anbieter von Windenergieanlagen. Die Zentrale hat ihren Sitz in Rostock. Mit mehr als 900 Mio. Euro Umsatz im Jahr 2011 ist Nordex ein wichtiges Unternehmen im Land Mecklenburg-Vorpommern (vgl. http://www.nordex-online.com /de/unternehmen-karriere/daten-fakten.html - letzter Zugriff: 10.01.2013).

Grund hierfür ist, dass Mecklenburg-Vorpommern ein armes Land ist" (Grüttner 2011: 122).

Ein Vorteil ist zweifelsohne, dass es viel freie Fläche in dem Bundesland gibt (vgl. Grüttner 2011: 122). Im bundesweiten Vergleich schneidet Mecklenburg-Vorpommern allerdings schlecht bei den Indikatoren Landesenergieagentur, Information und Vorbildfunktionen ab (vgl. Diekmann, Groba et al. 2010: 118).

Ein erstes Energiekonzept wurde im Jahr 1994 vom Wirtschaftsministerium des Landes vorgelegt. Das Konzept reichte bis ins Jahr 2010, sah aber für erneuerbare Energien nur eine geringe Bedeutung vor (vgl. Grüttner 2011: 124 f.). Der erste Landesatlas erneuerbare Energien wurde 1997 veröffentlicht, in dem auch auf die wirtschaftlichen Möglichkeiten durch erneuerbare Energien hingewiesen wurde (vgl. Grüttner 2011: 125).

Im Jahr 2009 wurde die Gesamtstrategie „Energieland 2020" erstellt (Ministerium für Wirtschaft Arbeit und Tourismus Mecklenburg-Vorpommern 2009)[168]. Gemäß einer Koalitionsvereinbarung vom Oktober 2006 bildeten die erneuerbaren Energien darin einen Schwerpunkt. Ziel ist, den Anteil der erneuerbaren Energien an der Stromerzeugung auf 25 - 30 Prozent zu steigern (vgl. Ministerium für Wirtschaft Arbeit und Tourismus Mecklenburg-Vorpommern 2009: 2).

Im März 2011 hat im Auftrag der SPD-Landesfraktion die Technische Universität Berlin eine Studie zur wirtschaftlichen Entwicklung in Mecklenburg Vorpommern durch den Ausbau der erneuerbaren Energien erstellt. Darin sind auch Handlungsempfehlungen formuliert und Szenarien im Bereich der Wertschöpfung berechnet worden, um von dem Ausbau erneuerbarer Energien stärker wirtschaftlich zu profitieren.[169]

Das Programm „Coaching Bioenergiedörfer" unterstützt und bündelt bestehende Initiativen in Mecklenburg Vorpommern, die erneuerbare Energien ausbauen wollen. Es wird von der Akademie für Nachhaltige Entwicklung Meck-

---

168 Die Strategie wurde erstellt vom Ministerium für Wirtschaft, Arbeit und Tourismus gemeinsam mit der Staatskanzlei, dem Ministerium für Landwirtschaft, Umwelt und Verbraucherschutz, dem Ministerium für Verkehr, Bau und Landesentwicklung, dem Ministerium für Bildung, Wissenschaft und Kultur und den Hochschulen des Landes.

169 Der Report ist unter http://www.tu berlin.de/fileadmin/f27/PDFs/Forschung/MV_als_ Leitregion_finale_version.pdf (Letzter Zugriff: 13.08.2012) zu finden.

lenburg-Vorpommern durchgeführt und vom Zukunftsfond Mecklenburg-Vorpommern unterstützt.[170]

Die Stellung der Kommune im Bundesland Mecklenburg-Vorpommern

Oberste Planungsbehörde in Mecklenburg-Vorpommern ist das für Raumordnung und Landesplanung zuständige Ministerium für Energie, Infrastruktur und Landesentwicklung in Mecklenburg-Vorpommern. Inhaltlich sind vier regionale Planungsverbände[171] involviert.

Die Kommunalverfassung Mecklenburg-Vorpommern gilt seit 1994. Der Beginn des Bundeslandes war jedoch von Auseinandersetzungen um den Zuschnitt der kommunalen Strukturen geprägt (vgl. Meyer 2010: 187). Aus Schleswig-Holstein wurde das Modell des Amtes zur Verwaltung der kleineren Gemeinden im kreisangehörigen Raum übernommen. Die zunächst über 1000 kreisangehörigen Gemeinden wurden weitgehend auf freiwilliger Basis flächendeckend zu Ämtern zusammengeschlossen, die amtsangehörige Gemeinde ist politisch selbstständig (vgl. Meyer 2010: 187). Zentrales Koordinationsgremium ist der Amtsausschuss, dem die Bürgermeister angehören (vgl. Meyer 2010: 188); auf Gemeindeebene[172] sind die etwa 10.000 Mandatsträger ehrenamtlich tätig (vgl. Meyer 2010: 187). Verwaltungsleitendes Organ ist der ehrenamtliche Amtsvorsteher, der durch den leitenden Verwaltungsbeamten unterstützt wird. Seit 1999 werden die Bürgermeister und Landräte direkt gewählt, ihre Amtsperiode beträgt sieben bis neun Jahre.

Die gleichen Rechte wie ein Bürgermeister hat auf Landkreisebene der Landrat. Er ist gesetzlicher Vertreter der Gemeinden/des Landkreises, leitet die Verwaltung, ist Dienstvorsitzender aller Beschäftigten der Gemeinde und fachlich weisungsbefugt (vgl. Meyer 2010: 197). Die Stellung des ehrenamtlichen Bürgermeisters unterscheidet sich in einigen Punkten deutlich. Maßgeblich ist, dass amtsangehörige Gemeinden keine eigenständige Verwaltung haben, weshalb das Amt für den verwaltungsmäßigen Vollzug zuständig ist. Parteipolitisch

---

170 Weitere Informationen finden sich unter http://nachhaltigkeitsforum.de/401 (Letzter Zugriff 30.01.2013).

171 Sie wurden durch Zusammenschlüsse der Landkreise und kreisfreien Städte unterteilt: Westmecklenburg, Mittleres Mecklenburg/Rostock, Vorpommern und Mecklenburgische Seenplatte.

172 Die Gemeindestruktur im Kreisangehörigen Raum ist eher kleinteilig. Kreisfreie Städte, amtsfreie Gemeinden und sogenannte geschäftsführenden Gemeinden, welche die hauptamtliche Verwaltung für ein Amt übernehmen, haben einen hauptamtlichen Bürgermeister.

prägen vor allem die Parteien CDU, SPD und DIE LINKE die Kommunen im Land (vgl. Meyer 2010: 202). Präsent sind ebenfalls die FDP, die Grünen und die NPD (vgl. Meyer 2010: 202).

Einfluss des Bundeslandes auf die EE-Region Lübow-Krassow

Die interviewten Experten schreiben der Landesebene unterschiedlichen Einfluss auf den regionalen Prozess zu.

Laut Experte 3 hat die Landesregierung großen Einfluss beim Ausbau der erneuerbaren Energien:

> „Jetzt hat die Landesregierung das vor allem auf die ökonomische Sicht aufgebaut" (Experte 3). „Um die Fördermittel musste man schon schwer kämpfen. Aber ich denke, dass hat sich mit der jetzigen Landesregierung geändert" (Experte 3).

Besondere Erwähnung findet sowohl in den Interviews als auch bei regionalen Veranstaltungen das Bioenergiecoaching, das die Region beim Ausbau der erneuerbaren Energie unterstützt (siehe Kapitel 4.4.4). Kritisiert wird allerdings, dass die Initiative der Bioenergiedörfer vor allem auf Bioenergie fokussiere (vgl. interview Experte 5).

Experte 2 weist auf weitere Förderprogramme des Landes hin, z. B. Investitionszuschüsse durch das staatliche Amt für Umwelt und Natur:

> „Die werden konsultiert, wenn bestimmte Baumaßnahmen gemacht werden sollen" (Experte 2).

Experte 1 hingegen schreibt der Landesregierung eine Verhinderungsplanung im Bereich der Windkraft zu.

Deutlich wird aus der Analyse jedoch, dass die Landesebene vor allem durch die Anwesenheit von Landespolitikern in der EE-Region Lübow-Krassow und dem Austausch mit dem Ehepaar Schmidt Einfluss ausübt. Das Solarzentrum in Wietow profitiert durch die finanzielle Förderung vom Land.

4.4.3 Prozess des Ausbaus der erneuerbaren Energien

Die Prozesse und Ereignisse in der EE-Region Lübow-Krassow, die zu einem regionalen Ausbau der erneuerbaren Energien geführt haben, werden mittels eines Phasenmodells dargestellt, analysiert und ausgewertet. Zudem werden der aktuelle EE-Ausbaustand und Herausforderungen für die Zukunft skizziert. Dafür werden die Ereignisse im Bereich der erneuerbaren Energien zunächst in eine chronologische Reihenfolge gebracht, anschließend Meilensteine zu einzelnen EE-Phasen zusammengefasst und strukturiert, so dass sich einzelne EE-Etappen analytisch darstellen lassen.

Durch die changierenden Regionsgrenzen in der EE-Region Lübow-Krassow und die unterschiedlichen Landkreiszuständigkeiten ist der Prozess jedoch nicht immer nur auf die EE-Region Lübow-Krassow beschränkt, sondern dehnt sich teilweise auch auf Nachbargemeinden, zum Teil sogar auf das Gebiet des Landkreises aus. Im Gegensatz zu den bisher analysierten Regionen gibt es in dieser Region nur zwei Phasen, die im Folgenden dargestellt werden.

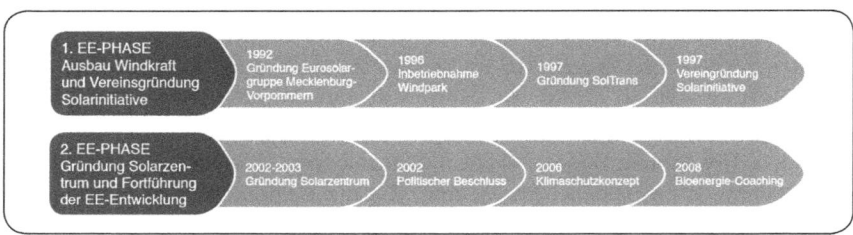

Abbildung 16: EE-Phasen in der EE-Region Lübow-Krassow

4.4.3.1 Erste EE-Phase: EE-Ausbau und Vereinsgründung

Die EE-Region Lübow-Krassow liegt im Gebiet der ehemaligen DDR, weshalb die historische Entwicklung der Umweltbewegung und der Übergang in die Bundesrepublik Deutschland mitbeachtet werden müssen.[173] Mit der Wiedervereinigung wurden beispielsweise einige Institutionen, wie die Stadtwerke Grevesmühlen im Jahr 1990, neu gegründet, die jedoch keinen unmittelbaren Einfluss auf die EE-Region Lübow-Krassow ausüben (siehe Kapitel 4.4.4.1).

Die EE-Region Lübow-Krassow beschränkt sich auf wenige aktive Akteure. Wie in Kapitel 4.4.4 ersichtlich wird, sind die Hauptpromotoren in der Region

---

173 Eine kurze Übersicht zur Umweltbewegung in der DDR findet sich unter Bruns, Olhorst et al. (2009: 83 f.). In der DDR wurde das Potenzial der erneuerbaren Energien „aufgrund der geologischen und klimatischen Bedingungen als sehr gering eingeschätzt"; 1988 etwa wurde für das Jahr 2000 ein Anteil von 0,4 - 1 Prozent der erneuerbaren Energien vorhergesagt (Bruns, Ohlhorst et al. 2009: 71). Eine sichere Energieversorgung hatte Priorität vor dem Umweltschutz. Ein Grund dafür war die geringe Bedeutung, die der gesellschaftlichen Akzeptanz beigemessen wurde (vgl. Bruns, Ohlhorst et al. 2009: 82). Auch gab es keinen Anreiz für Privatpersonen, Energie zu sparen, da der Strompreis von 1948 bis 1988 unverändert blieb (vgl. Bruns, Ohlhorst et al. 2009: 82). Dies kann zum Teil die vorherige Entwicklung der EE-Region Lübow-Krassow erklären.

Dr. Brigitte und Dr. Dietmar Schmidt: Sie initiieren und steuern seit dem Beginn die Prozesse in der EE-Region. 1992 hat Dr. Brigitte Schmidt die Eurosolargruppe Mecklenburg Vorpommern an der Universität in Wismar gegründet (vgl. Schmidt 2006: 17).[174] Seitdem ist sie auch im Vorstand von Eurosolar Deutschland[175] aktiv.

Der eigentliche Prozess zum Ausbau der erneuerbaren Energien und der Entwicklung der EE-Region Lübow-Krassow hat jedoch mit dem Bau des Windparks begonnen (vgl. Interviews Experte 1, Experte 3). Die Planungen für den Windpark begannen im Jahr 1993, als auch Kontakt zu kommunalen Entscheidungsträgern wie dem Bürgermeister von Lübow und dem heutigen Verwaltungsbeamten der Großkommune Rohde in der EE-Region aufgenommen wurde, ebenso zu Akteuren aus der Wirtschaft (vgl. Interviews Experte 1, Experte 3). Als heikle Frage erwies sich die Standortsuche für die Windräder, die laut Experte 1 „bei Mondschein" stattfand. Im Jahr 1996 wurde der Windpark Lübow AG[176] ans Netz angeschlossen. Zur Steigerung der Akzeptanz wurden die Anlagen in dem Windpark bemalt und einzelne von ihnen nach Bewohnern des Dorfes benannt (vgl. Interview Experte 1).

Ungefähr zeitgleich mit der Gründung des Windparks hat sich auch die Verwaltung des Landkreises Nordwestmecklenburg erstmals mit dem EE-Thema auseinandergesetzt. Startpunkt in der Verwaltung war vor allem eine Änderung im Baugesetzbuch im Jahr 1996, durch welche die Windkraft privilegiert wurde (vgl. Interview Experte 4). Im Zuge dessen wurden auch Windeignungsräume im Landkreis Nordwestmecklenburg ausgewiesen (vgl. Interview Experte 4). Die Beschäftigung mit dem Thema fand aber „sehr zaghaft" (Experte 4) in der Verwaltung statt.

1997 gab es eine Reihe von weiteren Initiativen und Gründungen, die mehrheitlich von Brigitte und Dietmar Schmidt initiiert wurden. Brigitte Schmidt gründete eine Firma für solare Transporte (Soltrans)[177], die vor allem die sechs Elektromobile im Solarzentrum betreibt (vgl. Interview Experte 1), ebenso den

---

174 Die Eurosolar-Gruppe Mecklenburg-Vorpommern tritt jedoch nicht erkennbar im Bundesland oder überregional in Erscheinung.

175 Eurosolar Deutschland wurde im Jahr 1988 gegründet. Weitere Informationen sind zu finden unter http://www.eurosolar.de/de/ (letzter Zugriff: 24.01.2013).

176 Der Windpark wurde zusammen mit der Rübsamen Windenergie GmbH aus Halstenbek bei Hamburg erstellt (vgl. Rübsamen Windenergie GmbH o.J.).

177 Die Firma tritt seitdem jedoch nicht besonders öffentlich in Erscheinung.

Verein Solarinitiative Mecklenburg-Vorpommern (SIMV) (siehe Kapitel 4.4.4.1).

2001 wurde ein weiterer Windpark in Hornstorf, einer Gemeinde in der Region, erbaut. Insgesamt gibt es derzeit in Hornstorf neun Windkraftanlagen.

4.4.3.2 Zweite EE-Phase: Gründung Solarzentrum und teilweise Institutionalisierung

Das Solarzentrum Wietow wurde von Brigitte und Dietmar Schmidt initiiert und in den Jahren 2002 - 2003 mit Fördermitteln durch das Umweltministerium bzw. den Zukunftsfond des Landtages fertig gestellt.

> „Das von der Solarinitiative Mecklenburg-Vorpommern (SIMV) e.V. und der Gemeinde Lübow getragene Zentrum soll durch die Nutzung regenerativer Energien den Klimaschutz nachhaltig fördern und innovative Arbeitsplätze schaffen" (Umweltministerium Mecklenburg-Vorpommern 2003).

Schwerpunkttechnologie im Solarzentrum ist die Solarenergie, Ziel ist u. a. eine Verbindung von Forschung mit Ausbildung, Information und Beratung. Außerdem finden im Solarzentrum Veranstaltungen statt, die einen Bezug zu erneuerbaren Energien haben, z. B. Solarkonferenzen, aber auch Aktionen im Bereich Kunst oder Bildung.

Politischer Beschluss

Im Februar 2002 ist ein politischer Beschluss zur Umstellung der Energieversorgung auf erneuerbare Energien für die EE-Region Lübow-Krassow getroffen worden (vgl. Schmidt 2006: 19). In der Resolution wird die Bedeutung des Solarzentrums Mecklenburg-Vorpommern für den Ausbau in der Region betont:

> „Das Solarzentrum Mecklenburg-Vorpommern, Dorf Mecklenburg, bildet den Garant für die Bündelung der Aktivitäten für die Ansiedlung von Innovationen für die Auswertung und Begleitung aller Projekte in der Kernregion" (Schmidt 2006: 16).

Eine Unterschrift für den politischen Beschluss hat der damalige Landrat geleistet, die von der derzeitigen Landrätin jedoch nicht erneuert wurde (vgl. Interview Experte 1, Experte 4). Auch die Gemeindevertreter der beteiligten Gemeinden haben unterschrieben.

> „Aus ursprünglich 7 Gemeinden, die ihre Kooperationsbereitschaft in der „100% regenerativ versorgten Region Lübow-Krassow" durch „Letter of intent" bekundet haben, sind inzwischen 13 geworden" (Schmidt 2006: 18).
>
> Experte 1 beurteilt den Beschluss als „ein ganz wichtiges Element. (...) Der politische Beschluss ist wichtig wegen der Autorität. Du brauchst eine Autorisierung, dass du außerhalb von administrativen Grenzen agierst" (Experte 1).

Beim politischen Beschluss seien jedoch keine jährlichen Kennzahlen festgelegt worden, kritisiert derselbe Experte. Experte 4 und Experte 5 schreiben dem politischen Beschluss der EE-Region Lübow-Krassow eine gewisse Bedeutung für die Weiterentwicklung der erneuerbaren Energien in der Region zu. Der Beschluss habe laut Experte 4 auch Einfluss auf die Entwicklung der erneuerbaren Energien im Landkreis Nordwestmecklenburg gehabt. Durch die Resolution sei zumindest das Thema der 100ee-Region im Landkreis bekannt geworden (vgl. Interview Experte 4).

> „Mit dem Begriff konnte ja keiner was anfangen so richtig. In dem Sinne war das schon wichtig" (Experte 4).

Er bemängelt jedoch, dass hinter dem Beschluss keine strukturelle oder organisatorische Idee stecke. Experte 3 erwähnt im Interview ebenfalls den politischen Beschluss, hält ihn aber nicht für wichtig für die EE-Entwicklung in der Region.

Der Landkreis Nordwestmecklenburg hat für den gesamten Landkreis keinen politischen Beschluss zum Ausbau der erneuerbaren Energien erwirkt. Es ist jedoch geplant, mittelfristig auch für den Landkreis einen solchen Beschluss zu erwirken (vgl. Interview Experte 4, Experte 5). Experte 4 und Experte 5 sehen darin eine Legitimation für die Beschäftigung der Verwaltung mit dem Ausbau der erneuerbaren Energien. Durch den politischen Beschluss könnte auch die aktuelle Landrätin mit in den politischen EE-Prozess einbezogen werden (vgl. Interview Experte 4, Experte 5).

> „Bisher ist alles freiwillig gewesen. Und wir müssen es schaffen, dass wir durch einen politischen Beschluss im Kreis zum Beispiel das auf der Agenda haben als Ziel des Kreises" (Experte 5).

Klimaschutzkonzept

Brigitte und Dietmar Schmidt haben infolge der Legitimation der EE-Region Lübow-Krassow durch die politischen Vertreter ein Klimaschutzkonzept für die EE-Region erstellt; diese geschah ohne Zuschuss aus nationalen Mitteln. Experte 1 betont im Interview, dass extra wenig „Papier gemacht" wurde. Das Konzept wurde im Jahr 2006 veröffentlicht.[178] Weitere Akteure aus der Region wurden allerdings nicht die Erstellung des Konzepts einbezogen.

Für die Stadt Grevesmühen im Landkreis Nordwestmecklenburg gibt es zwar Klimaschutzkonzepte, sie beschäftigen sich aber nicht mit der EE-Region

---

178 Das Konzept ist zu finden unter: http://www.originalsozial.de/fileadmin/m_v_2020/ Schmidt_-_Projekt-Leitlinien_EE.pdf (letzter Zugriff: 08.12.2012).

Lübow-Krassow. Der Landkreis hat kein eigenes Klimaschutzkonzept erstellt; es liegt aber ein Konzept zu Bioenergiedörfern vor. Für die Region Westmecklenburg[179], die den Landkreis Nordwestmecklenburg und damit die EE-Region Lübow-Krassow mit einschließt, wird seit dem Jahr 2011/2012 ein Klimaschutzkonzept erstellt, das vom Bundesumweltministerium aus Mitteln der nationalen Klimaschutzinitiative bezuschusst wird.

Schließlich wird im Rahmen des Projektes Bioenergy Promotion eine Bioenergepotentialstudie erstellt.

Weitere Entwicklungen in der Region

Die Verwaltung des Landkreises Nordwestmecklenburg hat sich intensiver mit der Entwicklung im EE-Bereich beschäftigt, als im Jahr 2005 die Planung von Bioenergieanlagen ein Thema im Landkreis wurde (vgl. Interview Experte 4). Die Kleinbiogasanlagen erforderten zwar kein Eingreifen der Verwaltung, größere Anlagen betrafen aber die räumliche Entwicklung (vgl. Interview Experte 4). So auch bei der Windenergie, als es um die räumliche Wirkung der neuen Windkraftanlagen ging (vgl. Interview Experte 4). Im Jahr 2010 ist die Verwaltung des Landkreises Nordwestmecklenburg reorganisiert worden, durch die im Bereich der Wirtschaftsförderung eine Stabsstelle bei der Landrätin angesiedelt wurde. Eine grundlegende Reorganisation blieb jedoch aus, weil die Kreisgebietsreform, die ein Jahr später stattfand, noch nicht vollzogen war (vgl. Interview Experte 5).[180]

Im Jahr 2009 wurde für den Landkreis Nordwestmecklenburg das EU-Projekt Baltic Sea bewilligt, im Zuge dessen eine weitere Stelle in der Landkreisverwaltung finanziert wurde, welche sich mit dem Bereich erneuerbare Energien beschäftigt. Durch das EU-Projekt kommt es im Landkreis zu einer

---

179 In der Planungsregion Westmecklenburg gibt es ein regionales Raumentwicklungsprogramm. Im Regionalplan wird der Leitsatz Energie im Kapitel 6 thematisiert, welcher aussagt, dass die Anlagen und Netze sicher, kostengünstig, umwelt- und sozialverträglich erhalten und im Sinne dezentraler Erzeugung weiter ausgebaut werden. Gründe für den Ausbau der erneuerbaren Energien sind im Raumentwicklungsprogramm mit Ressourcen- und Klimaschutz, Versorgungssicherheit und regionale Wertschöpfung beschrieben (vgl. Regionaler Planungsverband Westmecklenburg 2011: 125 ff.).

180 Es sind fünf Zukunftsfelder definiert worden, mit welchen die Wirtschaftsförderung sich zukünftig beschäftigen soll. Ein Bereich ist der Ausbau der erneuerbaren Energien. Die Ausgestaltung des Bereiches mit klaren Aufgabenzuschreibungen ist allerdings noch nicht abgeschlossen, so dass dort viel Gestaltungsspielraum, aber auch einige Unsicherheit bei den Mitarbeitern der Verwaltung bestehen (vgl. Interview Experte 5).

Analyse aller Bioenergie-Potenziale (vgl. Interview Experte 5). Zuvor wurde der Kontakt des Landkreises mit der EE-Region Lübow-Krassow intensiviert und es fand eine Auseinandersetzung um das 100%-Ziel der EE-Region Lübow-Krassow statt (vgl. Interview Experte 5).

2008/2009 wurde ferner auf Initiative der Akademie für Nachhaltigen Entwicklung Mecklenburg-Vorpommern das Bioenergie Coaching aus Mitteln des Zukunftsfonds und der Akademie für Nachhaltigen Entwicklung initiiert. Ziel der Initiative ist eine „Sensibilisierung möglichst vieler Menschen in Dörfern und kleinen Städten zur Nachhaltigen Nutzung ihrer Energiepotentiale" (Meyer 2012). Der Landkreis Nordwestmecklenburg unterstützt das Coaching Bioenergiedörfer, so haben der stellvertretende Landrat und der Bürgermeister des Landkreises die Grevesmühler Erklärung zum Coaching Bioenergiedörfer unterzeichnet (vgl. ANE, Coaching Bioenergiedörfer MV et al. 2010).

Die EE-Region Lübow-Krassow hat national und europäisch Anerkennungen für ihre Bemühungen erhalten, so etwa die Würdigung der Solarinitiative Mecklenburg-Vorpommern von Eurosolar 2004 (vgl. Eurosolar o.J.). 2007 ist die Region vom EU-Parlament in einer Broschüre als vorbildhafte Initiative erwähnt worden (vgl. European Communities 2007: 14).

4.4.3.3 Aktueller EE-Ausbaustand

Aufgrund der unklaren administrativen Grenzen und dem nicht mehr aktuellen Klimaschutzkonzept ist es schwierig, den derzeitigen EE-Anteil in der Region zu ermitteln. Laut Energy Map haben einige der in der EE-Region liegenden Gemeinden einen sehr hohen EE-Anteil im Strombereich mit über 400 Prozent EE-Anteil, andere einen niedrigen mit knapp einem Prozent.[181] Die hohen EE-Anteile ergeben sich vor allem durch in den Gemeinden ansässige Windkraftanlagen. Der gesamte Landkreis Nordwestmecklenburg hat einen Anteil von 46 Prozent EE-Strom. Im Landkreis gibt es 132 Windkraft- und 32 Biomasseanlagen.

Zurzeit gibt es viele Anträge für den Bau von Biogasanlagen. In den Interviews, aber auch in öffentlichen Berichten werden vor allem die damit verbun-

---

181 So hat Benz einen Anteil von 461 Prozent, Hornstorf von 271 Prozent, Schimm von 151 Prozent, Bad Kleinen von 87 Prozent, Zurow von zwei Prozent, Krusenhagen und Metelsdorf aber nur von einem Prozent (vgl. Deutsche Gesellschaft für Sonnenenergie e.V. 2012).

denen Zersiedlungen, Emissionen, Verkehrserschließungen, Auswirkungen auf das Landschaftsbild, Substratmenge etc. thematisiert.

Insgesamt hat die gesamte Region im Wärmebereich Nachholbedarf beim Ausbau von erneuerbaren Energien.

Förderangebote im EE-Bereich gibt es nicht, u. a. aufgrund der fehlenden klaren administrativen Grenzen in der EE-Region Lübow-Krassow. Auch der Landkreis Nordwestmecklenburg stellt keine besonderen Förderungen im EE-Bereich zur Verfügung.

Die Experten beurteilen die derzeitige EE-Phase unterschiedlich. Experte 4 bemerkt, dass die EE-Region Lübow-Krassow „außer jetzt dieser Standort des Solarzentrums und diese vier Windräder, die da stehen (...) noch nicht so richtig (was hat)" (Experte 4). Er beschreibt die derzeitige EE-Phase als „ganz am Anfang". Insgesamt vermutet Experte 4, das die EE-Region zu klein und zu schwach sei, um sich zu einer aktiven Region zu entwickeln. Experte 5 denkt jedoch, dass die Region von einer „reaktiven in eine aktive Haltung" gekommen sei. „Wir sind aber noch in der Selbstfindung" (Experte 5). Experte 1 geht schon von einer relativ fortgeschrittenen Entwicklung im EE-Bereich aus. Auch Experte 3 beschreibt die Phase als eine Phase der praktischen Umsetzung. „Das, was mal angedacht war, ist bei weitem schon überrollt worden" (Experte 3).

4.4.3.4 Herausforderungen und notwendige Einflussfaktoren

Herausforderungen werden in der EE-Region in unterschiedlichen Bereichen benannt.

Zum einen beschreiben die Experten es als schwierig, Akteure in die Prozesse zum Ausbau der erneuerbaren Energien in der Region einzubinden. Vor allem politische Akteure würden oft wechseln, „nach jeder Wahl gibt es neue Akteure, mit denen neue Absprachen getroffen werden müssen" (Experte 1). Die Abstimmung mit Bürgermeistern in den einzelnen Regionen sei daher sehr zeitaufwendig. Experte 4 ergänzt, dass ehrenamtliche Bürgermeister[182] mit den Aufgaben oft überfordert seien. Außerdem gebe es in der Verwaltung Nordwestmecklenburg zu wenig Mitarbeiter, die im Bereich der erneuerbaren Energien tätig sind (vgl. Interview Experte 4).

---

182 In der Region gibt es außer in Grevesmühlen und Wismar nur Bürgermeister im Ehrenamt (vgl. Interview Experte 4).

Zum anderen gestalte sich die Einbeziehung der Bürger in den politischen Prozess schwierig (vgl. Interview Experte 4), nicht zuletzt wegen der großen Fläche des Kreises und der weiten Anfahrtswege (vgl. Interview Experte 5). Es fehle auch die ausreichende Investition in erneuerbare Energien in der Region. Bürger investierten aufgrund des geringen Lohngefüges wenig, auch von anderen Seiten gebe es nicht ausreichend finanzielle Unterstützung. Daher bestehe Bedarf an einer Anpassung der Förderpolitik (vgl. Interview Experte 3).

Andere Herausforderungen sind eher im Bereich einzelner EE-Technologien zu finden. Problematisch sei die Rohstoffsituation, besonders bezogen auf Biogasanlagen (vgl. Interview Experte 2). Durch den verstärkten Ausbau von Biogasanlagen entstünden in der EE-Region Monokulturen (vgl. Interview Experte 3). Da die Anlagen zu groß geplant würden, stehe nicht mehr genügend Mais zu Verfügung (vgl. Interview Experte 2).

Hingewiesen wird auch darauf, dass das Landesraumordnungsprogramm die Flächen für Windkraftanlagen stark reduziert und wenige Eignungsgebiete ausgewiesen habe (vgl. Interview Experte 3). Zugleich schränken die vielen Landschafts- und Naturschutzgebiete in der Region den Ausbau von Windkraft weiter ein.

Eine weitere Herausforderung ist der wirtschaftliche Ausbau und damit die Steigerung der Wertschöpfung durch die Windenergie in der Region und im Landkreis (vgl. Interview Experte 4). Kritisiert wird, dass viele Anlagen von fremden Investoren gebaut werden. Daher verbleiben nur die Steuern und die Pacht in der Region, während der Großteil des Geldes aus der Region abfließt (vgl. Interview Experte 4).

Im Kommunikationsprozess wird die Beschaffung von Daten zur Übersicht, welche Erneuerbare-Energie-Anlagen es im Landkreis gibt, von Experte 4 und Experte 5 als problematisch beschrieben.

Im Hinblick auf die Infrastruktur bestehe Bedarf bei der Modernisierung der Netze sowie des Ausbaus intelligenter Netze (vgl. Interview Experte 4); die dünne Besiedlung der Region, welche eine Investition unrentabel mache, sei jedoch ein Hindernis. Erforderlich sei, das Planungsrecht und das Baugesetzbuch weiter zu entwickeln. Beschrieben werden auch allgemeine Herausforderungen des ländlichen Raums wie Abwanderungsproblematiken und Demographie (vgl. Interview Experte 4).

Als notwendigen Faktor für die Entwicklungen erneuerbarer Energien in der Region sieht Experte 4 die Verpflichtung der Region, den Ausbau der erneuerbaren Energien insgesamt mitzutragen; ein politischer Beschluss sei nötig (vgl. Interview Experte 4, Experte 5), und in jeder Region müsse mindestens ein

Kümmerer aktiv sein. Es brauche auch die Unterstützung der Presse (vgl. Interview Experte 1).

4.4.4 Akteurskonstellationen

4.4.4.1 Beteiligte Akteure

Wie im vorherigen Kapitel deutlich wurde, ist die EE-Region Lübow-Krassow aufgrund des unklaren administrativen Zuschnitts nicht eindeutig definierbar. Umso mehr wird schon durch diese Regionsdefinition deutlich, dass einzelne Akteure den EE-Prozess dominieren. Vor allem das im Solarzentrum Lübow tätige Ehepaar Dr. Brigitte und Dr. Dietmar Schmidmit koordiniert den Prozess, daher ist die Akteursstruktur in der Region eher homogen[183].

In den Interviews und durch die Dokumentenanalyse wird deutlich, dass vor allem Dr. Brigitte und Dr. Dietmar Schmidt den EE-Prozess dominieren. Ihr „Hauptverbündeten sind immer noch die Bürgermeister" (Experte 1). Beide Akteure lassen sich nicht ganz eindeutig einer Akteursgruppe zuordnen, wirken insgesamt aber vornehmlich als Akteure der Zivilgesellschaft. Sie haben den EE-Prozess initiiert und wirken daher seit der ersten EE-Phase mit. Ihre Aktivitäten bestehen in Awareness-Raising, was vor allem Einfluss auf die politischen Akteure und die Akteure der Verwaltung hat. Ferner akquirieren sie Fördermittel und binden die Bevölkerung über regionale Veranstaltungen in den Prozess ein. Es wird die Sorge geäußert, dass der Prozess sich stark verlangsamen oder gar zum Erliegen kommen würde, wenn Brigitte und Dietmar Schmidt die Region verließen (vgl. Interviews Experte 1, Experte 3). Die Dominanz wird aber auch kritisch gesehen:

> „Die sind auch sehr dominant. Dann ist es natürlich auch schwer, dass andere mitagieren können. Die führen den ganzen Prozess sehr genau" (Experte 3).

Neben Brigitte und Dietmar Schmidt sind zwei Akteure aus der Politik Schlüsselpersonen, der Bürgermeister der Gemeinde Lübow und der leitende Verwaltungsbeamte Rohde (vgl. Interview Experte 1). Beide wirken jedoch vor allem

---

183 Die Auswahl der Interviewpartner erwies sich als nicht ganz einfach. Es wurden zentrale Akteure in der EE-Region Lübow-Krassow, aber auch aus dem Landkreis Nordwestmecklenburg interviewt. Die fünf interviewten Experten kamen aus der Landkreisverwaltung, von einem Energieversorger, aus der Zivilgesellschaft und aus Politik/Verwaltung.

innerhalb der Einbindung durch Brigitte und Dietmar Schmidt, wo ihre politische Legitimation im EE-Prozess hilfreich ist.

Schließlich wirken partiell Akteure aus der Verwaltung des Landkreises am EE-Prozess in der Region Lübow-Krassow mit. Sie dominieren den Prozess aber nicht.

Zur Charakterisierung der Akteure werden Einschätzungen der Experten zu in der Region aktiven oder wichtigen Akteuren und Ergebnisse aus Dokumentenanalysen verwendet.

212 Erneuerbare-Energie-Regionen

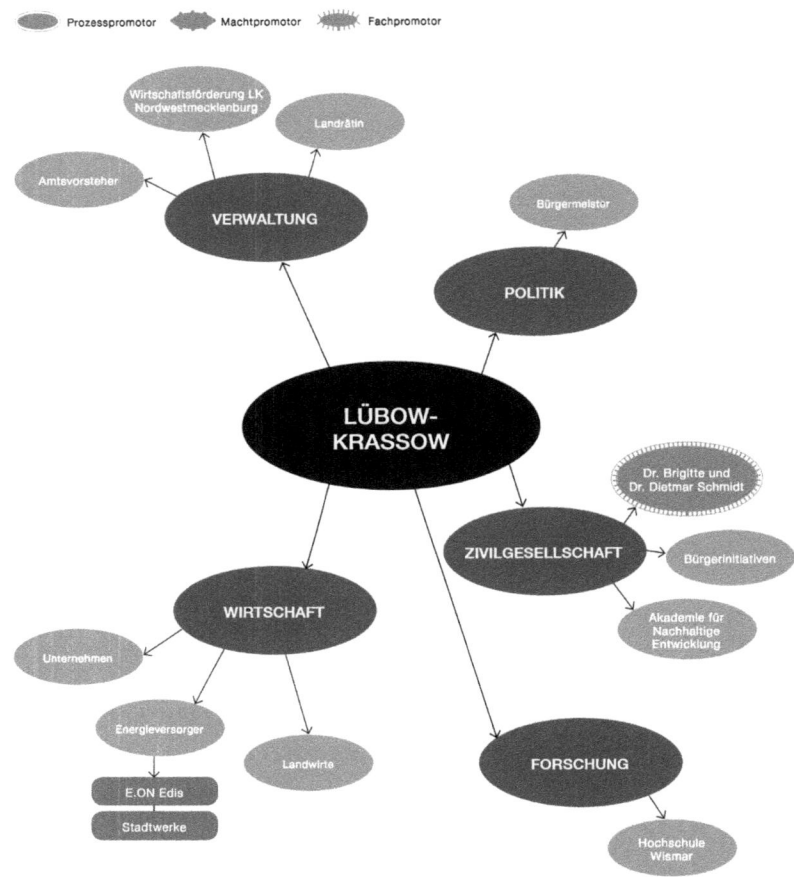

Abbildung 17: Vorhandene EE-Akteure in der EE-Region Lübow-Krassow

Die in der Abbildung dargestellten Akteure werden im Folgenden beschrieben.

Verwaltung

Die Verwaltung des Landkreises Nordwestmecklenburg ist nur zu geringen Teilen in den EE-Prozess in der EE-Region Lübow-Krassow eingebunden; ihre Rolle ist nicht eindeutig definiert und klar kommuniziert, weil es aufgrund der Kreisgebietsreform zu ständigen Veränderungen im Zuschnitt des Landkreises kam. Die Kreisgebietsreform beeinflusst auch die Arbeit der Verwaltung (vgl. Interview Experte 4, Experte 5).

Die Region Westmecklenburg, welche den Landkreis mit einschließt, entwickelt momentan ein Klimaschutzkonzept, was zumindest in der Verwaltung des Landkreises eine Koordination mit der höher gestellten Ebene notwendig macht. Experte 3 ist allerdings der Annahme, dass der Landkreis im EE-Bereich in den nächsten Jahren eine Führungsrolle übernehmen wird.

Die derzeitige **Landrätin** Birgit Hesse von der SPD befindet sich in ihrer zweiten Amtszeit. Die interviewten Experten beschreiben ihren Einfluss im EE-Prozess jedoch als gering bis hinderlich.

> Experte 1 sagt, dass die Landrätin „(...) meiner Meinung nach das Thema nicht verstanden [hat]. Sie kommt aus der Polizeibranche und hat keinen technischen Zugang."

Experte 4 und Experte 5 sind der Meinung, dass die aktuelle Landrätin erst „aufgebaut werden" müsse in „diese Richtung" (Experte 4); auch Experte 3 bescheinigt ihr ein eher passives Verhalten. Experte 2 spricht von einer informativen Einbindung der Landrätin.

Den bis 2008 tätigen Landrat Erhard Bräunig, der den politischen Beschluss zur Umstellung der Energieversorgung unterzeichnet hat, beurteilen die Experten positiver: „Er hatte Zugang zu dem Thema. (...) [Er] fand das eine tolle Idee" (Experte 1).

In der Verwaltung in Nordwestmecklenburg ist die **Wirtschaftsförderung** als Stabsstelle bei der Landrätin angesiedelt worden; die Stelle wurde mit der Kreisgebietsreform angepasst (vgl. Interview Experte 4). Zwei Mitarbeiter in dieser Stabsstelle sind auch im Bereich der erneuerbaren Energien tätig. Der eine Mitarbeiter arbeitet bereits seit vielen Jahren in dieser Position, die zweite Mitarbeiterin finanziert über ein EU-Projekt seit 2009. Sie handeln allerdings vor allem mit der Ziel der Regionalplanung und Regionalentwicklung und sehen die Entwicklung der erneuerbaren Energie besonders unter wirtschaftlichen Aspekten für die Region (vgl. Interview Experte 4, Experte 5). Von den Experten werden sie als relativ engagiert im EE-Bereich beschrieben, wovon auch ihre Teilnahme an Veranstaltungen in der EE-Region Lübow-Krassow zeugt. Eine Kommunikation mit den Protagonisten der EE-Region Lübow-Krassow findet jedoch bislang vor allem schriftlich statt (vgl. Interview Experte 3).

Die Gemeinden der EE-Region Lübow-Krassow sind in Ämtern organisiert, denen Verwaltungsbeamte vorstehen. Einem dieser Verwaltungsbeamten des

Amtes Dorf Mecklenburg Bad Kleinen, Eckard Rohde[184], wird eine bedeutende Rolle im EE-Prozess zugeschrieben. Er ist seit Mitte der ersten Phase im EE-Prozess aktiv und arbeitet bei einigen Initiativen zusammen mit dem Ehepaar Schmidt. Experte 4 weißt im Interview jedoch darauf hin, dass insgesamt die Ebene der Ämter keine Initiativen im EE-Bereich zeigen würden. "Warum auch immer. Die sind noch nicht so weit" (Experte 4).

Politik

Die Politik spielt u. a. aufgrund der unklaren administrativen Zuständigkeiten ebenfalls eine nicht so wichtige Rolle.

Während andere Bürgermeister eine eher untergeordnete Rolle spielen, wird dem **Bürgermeister** der Gemeinde Lübow, Wolfgang Lüdtke, teilweise eine große Bedeutung im EE-Prozess zugeschrieben. Er ist Sprecher der EE-Region Lübow und „stützt die Solarinitiative" (Experte 3). Die Dokumentenanalyse bestätigt diesen Befund: Lübow wird im Zusammenhang mit der EE-Region häufig genannt. Nicht zuletzt verleiht er dem Prozess eine politische Legitimation.

Experte 3 weist auf die generelle Bedeutung der Bürgermeister hin:

"Die Bürgermeister sind die, die Ideen in die Gemeindevertretung reintragen. Wenn die Bürgermeister die Ideen nicht initiieren, wird das meistens nichts" (Experte 3).

Experte 4 bestätigt die Bedeutung der Bürgermeister für den regionalen Ausbau der erneuerbaren Energien.

Im Landkreis hat die SPD bei der letzten Wahl im Jahr 2011[185] die meisten Sitze erreicht. Die **Parteien** spielen im EE-Prozess jedoch kaum eine Rolle (vgl. Interview Experte 3, Experte 4, Experte 5). Lediglich Experte 2 weist in den Interviews darauf hin, dass alle Parteien den EE-Prozess unterstützen.

Von Seiten des Solarzentrums besteht vereinzelt Kontakt mit Parteien der Landesebene. Vor allem die rot-rote Koalition unterstütze auf Landesebene den EE-Prozess (vgl. Interview Experte 1).

---

184 Vor seiner Beschäftigung als Verwaltungsbeamter war Rohde Hauptamtsleiter des Dorfes Mecklenburg, davor Bürgermeister einer kleinen Gemeinde.

185 Im Landkreis Nordwestmecklenburg erhielt die SPD bei der letzten Kreistagswahl im Jahr 2011 22 Sitze, die CDU 15, die Linke 11, die Grünen 4, die NPD und die FPD 3, die LUL 2 und die Freien Wähler einen Sitz.

„Die haben auch ein Regierungsnetz gegründet für den Klimaschutz. Das Solarzentrum war in diesem Konzept der Kugelpunkt für die solare Energie im ganzen Land" (Experte 1).

Kritisiert wird jedoch, dass die SPD seit einigen Jahren ein Konkurrenzprojekt, ein neues Solarzentrum in Neustrelitz, kreiere (vgl. Interview Experte 1). Die Partei Die Grünen ist seit 2001 im Landtag in Mecklenburg Vorpommern vertreten und kommt auch auf kommunaler Ebene zu Veranstaltungen im Solarzentrum (vgl. Interview Experte 1). Auch die Linkspartei hat Kontakt zur EE-Region Lübow-Krassow (vgl. Interview Experte 1).

Wirtschaftsakteure

In der EE-Region gibt es keine großen **Wirtschaftsunternehmen**. Durch die Interviews, aber auch durch Veranstaltungsteilnahme und Dokumentenanalyse wird die Beteiligung wichtiger Wirtschaftsakteure im EE-Prozess nicht ersichtlich. Experte 1 und Experte 3 bestätigen, dass es wenig Wirtschaftsakteure gibt, die am EE-Prozess mitwirken. Vor allem Investoren – auch außerhalb der Region – und Betreiber der Windparks treten als Geldgeber für neue Anlagen in Erscheinung.

Eine regional bedeutende Gruppe sind **Landwirte**, die vor allem als Rohstofflieferanten für die EE-Anlagen wirken (vgl. Interview Experte 1, Experte 2).

„Die Landwirte gehen auf Biogas. Das ist für die Landwirte im Moment am attraktivsten. Da ist die beste Rendite rauszuholen. Sie haben, wenn sie das auch noch selbst produzieren, die größten Einnahmen für sich selbst" (Experte 3).

Außerdem haben die Landwirte durch die Bereitstellung von Flächen einen großen Einfluss auf den EE-Prozess (vgl. Interview Experte 3, Experte 5). Experte 4 ergänzt, dass die Landwirte sich nur am Prozess beteiligen, wenn sie Geld verdienen können.

Als Vertretung der Landwirte ist in der Region der Kreisbauernverband aktiv, der vor allem mit der Verwaltung des Landkreises Nordwestmecklenburg im Austausch steht.

Handwerker treten im EE-Prozess in der EE-Region Lübow-Krassow nicht aktiv in Erscheinung.

„Handwerker und Architekten sind in der Region zu wenig eingebunden" (Experte 1).

Gleichwohl sind sie z. B. im Zuge von Fortbildungen oder Arbeiten am Solarzentrum Wietow in den regionalen Prozess eingebunden.

Ein Akteur aus dem Wirtschaftsbereich, der im EE-Bereich in der Region tätig ist und in den Interviews öfter genannt wird, ist Thorsten Fichtler[186]. Er hat viel Initiative darauf verwandt, regenerative Energien zu nutzen (vgl. Interview Experte 2, Experte 3), arbeitet jedoch „nicht immer mit dem Solarzentrum in Lübow zusammen" (Experte 3).

Ferner wird im Interview die Elektrofirma Kohrt Elektro aus der Gemeinde Neukloster erwähnt. Diese Firma hat am Ausbau des Solarzentrums mitgearbeitet und wurde dadurch auch im Solarbereich geschult. Seit der Mitarbeit am Solarzentrum hat sie zwar einen Schwerpunkt ihres Geschäfts auf Photovoltaik gelegt, tritt darüber hinaus im EE-Prozess jedoch nicht in Erscheinung.

Energieversorger in der EE-Region Lübow-Krassow ist u. a. E.ON Edis. Einige Experten erwähnen den Einfluss von E.ON auf kleine Gemeinden. So würden die ehrenamtlichen Bürgermeister froh sein, dass E.ON regelmäßig Konzessionsabgaben bezahlt und sie sich nicht weiter Gedanken darüber machen müssen (vgl. Interview Experte 5).

Es sind im Landkreis Nordwestmecklenburg zwar auch einige **Stadtwerke**[187] vorhanden, keines von ihnen hat jedoch spezifischen Einfluss auf den EE-Prozess in der EE-Region Lübow-Krassow (vgl. Interview Experte 1, Experte 3). „Ein Grund sind die Zweckverbände, welche die Gebiete in der Region unterteilen" (Experte 3). Im Landkreis gibt es fünf Zweckverbände, welche sich vor allem mit der Wasserversorgung beschäftigen; lediglich der Zweckverband Wismar fällt in das Gebiet der EE-Region.

> „Dieser Zweckverband nimmt Abwasserbeseitigung vor, produziert Wasser und liefert Fernwärme. Es gab in unseren Dörfern ja große Fernwärmenetze wie im Dorf Mecklenburg, Dobitz oder Bad Kleinen. Auch die Fernwärmeversorgung wird durch diesen Zweckverband geregelt und dadurch lässt sich das leichter handhaben" (Experte 3).

---

186 Fichtler ist u. a. Geschäftsführer von der HKF Haustechnik GmbH, der Zurow Bau GmbH und Metallbau und Sanierung. Seine Unternehmen sind im Firmenverbund Krassow organisiert.

187 In Neustrelitz, Grevesmühlen und Schwerin.

Der Einfluss der Zweckverbände auf den EE-Prozess in der EE-Region wird jedoch nicht deutlich, lediglich im Landkreis wirken sie partiell am EE-Prozess mit.

Zivilgesellschaft

Die Zivilgesellschaft wird vor allem von dem **Verein Solarinitiative Mecklenburg Vorpommern** (SIMV e.V.) dominiert, der 1997 von Dr. Brigitte Schmidt und Dr. Dietmar Schmidt gegründet wurde; die beiden sind bis heute die Hauptakteure des Vereins.

> „Ziel ist der Erhalt und Schutz der Umwelt durch die Nutzung erneuerbarer Energien. Dafür stützt er sich auf die Agenda 21 und will die Wissenschaft, Aus- und Weiterbildung auf dem Gebiet der Nutzung umweltgerechter Energiequellen (der direkten und indirekten solaren Energiequellen) und die Energieeinsparung fördern" (Weiterbildungsdatenbank Mecklenburg Vorpommern o.J.)
>
> „Das bisher größte Projekt ist die Errichtung des Solarzentrums Mecklenburg-Vorpommern. Das Solare Kongress-, Informations- und Demonstrationszentrum MV in Wietow wurde im September 2003 eröffnet" (Weiterbildungsdatenbank Mecklenburg Vorpommern o.J.).

Der Verein hat 40 Einzelmitglieder.[188] Ein Schwerpunkt des Vereins liegt im Bereich Solarenergie. „Es sind aber relativ wenig Säulen, auf denen das basiert" (Experte 2). Lübow fungiert als eine „Säule", der Landkreis, der die Koordination übernimmt, als die andere (vgl. Interview Experte 2).

Aus der Analyse wird deutlich, dass Dr. Brigitte und Dr. Dietmar Schmidt einflussreiche und impulsgebende Akteure im EE-Prozess für die EE-Region sind. „Aber in Lübow ist es eben Frau Schmidt, die immer wieder anklopft" (Experte 3). Allerdings kritisiert Experte 5, dass die Umgebung/die Bevölkerung nicht in den EE-Prozess einbezogen werde. Ein Problem sei, dass das Solarzentrum vor allem von externer Förderung abhängig sei (vgl. Interview Experte 5). Auf Veranstaltungen hingegen ist zumindest der Versucht deutlich geworden, die Bevölkerung in den EE-Prozess einzubeziehen; so gab es z. B. den Auftritt eines lokalen Chors. Auch der Pfarrer wird immer wieder in den Prozess einbezogen. Ferner wurde eine Windanlage nach der ältesten Bewohnerin des Dorfes benannt (vgl. Interview Experte 1).

---

188 Darüber hinaus kooperiert der Verein mit anderen Vereinen und mit 56 regionalen Handwerksfirmen im Bündnis Solar – Sonne und Arbeit (vgl. Schmidt 2006: 17).

218 Erneuerbare-Energie-Regionen

1992 wurde eine **Eurosolargruppe Mecklenburg Vorpommern** in Wismar gegründet, die später in die SOLO – Solare Offensive Mecklenburg-Vorpommern überführt wurde (vgl. Interview Experte 1). Dieser Solo-Initiative sind jeweils ein bis zwei Personen pro Partei zugeordnet. Die Treffen mit den Parlamentariern wurden jedoch von anfänglichen Terminen im Solarzentrum in den Landtag verlegt (vgl. Interview Experte 1). Durch ihre gelegentliche Anwesenheit nehmen landesweit tätigen Politiker in der EE-Region zwar partiell Einfluss auf den regionalen Prozess, sie wirken aber nicht als ursächlich bedeutende Akteure am EE-Prozess mit.

Auch die Akademie für nachhaltige Entwicklung MV[189], die ihren Sitz in Güstrow hat, ist in der EE-Region, vor allem im Zuge regionaler Veranstaltung zu erneuerbaren Energien, präsent. Die Akademie wirkt z. B. durch das Bioenergie Coaching (siehe Kapitel 4.4.3) aktiv am EE-Prozess mit. Dabei konzentriert sie sich jedoch nicht nur auf den Prozess in Lübow-Krassow, sondern wirkt in ganz Mecklenburg-Vorpommern.

Andere Umweltvereine wie der BUND sind in der Region nicht vorhanden. „Die sind alle in Schwerin und nicht hier ansässig" (Experte 1). Auch Experte 4 und Experte 5 bestätigen, dass zivilgesellschaftliche Akteure wie der BUND oder Nabu in der Region nicht aktiv sind. In der Region gebe es keinen zivilgesellschaftlichen Rückhalt: „Letztendlich ist alles übergeordnet. Wir haben keine Basis" (Experte 5). Ein **Agenda-21-Prozess** in Grevesmühlen hat sich inzwischen aufgelöst (vgl. Interview Experte 2).

Konstante Bürgerinitiativen gegen erneuerbare Energien gibt es nicht in der EE-Region., lediglich einzelne Protestaktionen sind vorgekommen, z. B. gegen die Biogasanlage eines Bauern (vgl. Interview Experte 1). Es hat nur „im Ansatz mal eine Bürgerinitiative gegen Windenergieanlagen[gegeben]. Die hat sich aber wieder aufgelöst" (Experte 2). Infolge der Ausweisungen von Eignungsgebieten seien Bürgerinitiativen gegen die Windenergie jedoch nicht mehr vorhanden (vgl. Interview Experte 4). Experte 4 und Experte 5 erwähnen allerdings, dass es bei der Planung von Bioenergieanlagen immer wieder zu Bürgerinitiativen kommt.

---

189 Informationen zur Akademie finden sich unter www.nachhaltigkeitsforum.de (letzter Zugriff 05.12.2012).

Forschung

Die Betreiber der Solarzentrums, Brigitte und Dietmar Schmidt, sind auch forschend im Bereich der Solarenergie tätig und betreuen im Rahmen ihrer Arbeit am Solarzentrum z. B. auch Diplomarbeiten (vgl. Interview Experte 1). Aufgrund ihrer darüber hinausgehenden Arbeit im Solarzentrum in dem Bemühen, den EE-Prozess in der Region weiter zu entwickeln, müssen sie jedoch vor allem als Akteure der Zivilgesellschaft klassifiziert werden.

4.4.4.2 Rollen und Interaktionen der Akteure

Um Akteursrollen und Interaktionen der Akteure untereinander zu analysieren, werden, wie in Kapitel 3.4.2.5 vorgestellt, zunächst dominante Akteure in den identifizierten Prozessphasen herausgestellt, bevor die Rollen der Akteure in der Region Lübow-Krassow als eventuelle Promotoren des EE-Prozesses betrachtet werden.

In der EE-Region Lübow-Krassow ist kein klarer Machtpromotor erkenntlich. Die Landrätin ist nicht in den EE-Prozess eingebunden, während ihr Vorgänger zumindest zum Teil mitgewirkt hat, z. B. durch die Unterzeichnung der politischen Resolution. Weitere Machtpromotoren sind auch aufgrund der fehlenden klaren administrativen Zuständigkeiten nicht ersichtlich.

Als Fachpromotor können Dr. Brigitte und Dr. Dietmar Schmidt gelten. Sie haben durch die intensive, auch wissenschaftliche Auseinandersetzung mit dem Thema große Expertise, besonders im technischen EE-Bereich. So betreiben sie das Solarzentrum, führen Schulungen durch, halten Vorträge und bieten ihr Wissen auch zahlenden Kunden an. Weitere wissenschaftliche Akteure sind nur zum Teil, wie z. B. durch die Beratung beim Verfassen von einzelnen Diplomarbeiten, eingebunden.

Neben ihrer Rolle als Fachpromotoren erscheinen Brigitte und Dietmar Schmidt vor allem als Prozesspromotoren in der EE-Region. Sie haben den EE-Prozess mit dem Bau der Windräder gestartet und im Jahr 1997 den Solarverein Mecklenburg Vorpommern gegründet. Sie sorgen dafür, dass relevante Akteure sich immer wieder im Solarzentrum versammeln, laden zu Veranstaltungen ein und binden die Bevölkerung der umliegenden Gemeinden ein.

Weiterhin sind der Bürgermeister und der leitende Verwaltungsbeamte am Prozess beteiligt. Ohne die Initiative von Brigitte und Dietmar Schmidt würde der Prozess jedoch nicht in gleicher Art und Weise vorangetrieben.

Hemmende Akteure werden in den Interviews nicht konkret genannt. Ein Grund dafür ist laut Experte 3 die Katastrophe von Fukushima:

> „Seit Japan hat es ein Umdenken gegeben. (...) Auch von der Gemeindevertretung ist das ein anderes Denken geworden" (Experte 3).

Als potentiell hemmende Akteure werden lediglich Bürgerinitiativen deutlich, die z. B. gegen Biomasseanlagen entstehen (vgl. Interview Experte 4).

In der EE-Region Lübow-Krassow findet eine Vernetzung vor allem über das Solarzentrum statt. Zunächst gab dazu gezielte Stammtische zur Vernetzung mit vier Veranstaltungen pro Jahr, zu denen alle Bürgermeister, Landtagsabgeordneten, Vereine etc. eingeladen wurden.

> „Die waren aber zu ineffektiv. (...) Für die Region hat dieser Stammtisch aber nichts gebracht. Man hätte stattdessen thematische Stammtische machen müssen. Die Wissensschere war zu groß." (Experte 1).

Durch die Öffnung des Solarzentrums für Feiern der lokalen Bevölkerung besteht die Möglichkeit, Führungen durch das Solarzentrum anzubieten, die im Rahmen der Feiern stattfinden. So wird die Bevölkerung für das Thema sensibilisiert.

Auch im Landkreis Nordwestmecklenburg gibt es Netzwerke im EE-Bereich. Diese haben sich z. B. im Bereich der Elektromobilität oder im Rahmen der Initiative der Bioenergiedörfer konstituiert (vgl. Interview Experte 2, Experte 5). Diese Netzwerke auf Landkreisebene wirken jedoch nicht am EE-Prozess der Region Lübow-Krassow mit.

4.4.5 Prozesslogik in der EE-Region Lübow-Krassow

Die Akteurskonstellation in der EE-Region Lübow-Krassow ist homogen, der EE-Prozess wird vor allem von Brigitte und Dietmar Schmidt dominiert. Sie haben den Zuschnitt der EE-Region bestimmt, vernetzen die Akteure durch ihr Solarzentrum und stellen Kontakte zu Fördermittelgebern und anderen Akteuren auf der nationalen und sogar internationalen Ebene her. Klare Machtpromotoren lassen sich in der Region nicht identifizieren. Brigitte und Dietmar Schmidt wirken als Fach-, vor allem aber als Prozesspromotoren. Der Prozess kann jedoch nicht als klarer bottom-up-Prozess identifiziert werden: Durch die Einbindung von Akteuren auch außerhalb der Region, vor allem von Landespolitikern, aber auch der Eurosolargruppe und sogar EU-Vertretern wirken ebenfalls top-down-Zwänge in die Region hinein. Die Prozesslogik ist daher eine Mischform aus bottom-up und top-down-Ansätzen.

4.4.6 Fazit: Einflussfaktoren der EE-Entwicklung in Lübow-Krassow

Der EE-Prozess in der Region Lübow-Krassow wird durch unterschiedliche Faktoren beeinflusst.

Bei der **Konstituierung der Region** wird deutlich, dass keine einheitliche Abgrenzung der EE-Region vorhanden ist. Durch das heterogene Akteursnetzwerk wird die EE-Region unterschiedlich definiert; es gibt keine Zusammenarbeit mit Nachbarregionen. Die Regionsdefinition wird vor allem von den dominanten Akteuren aus der Zivilgesellschaft/Forschung Brigitte und Dietmar Schmidt geprägt.

Beim **institutionellen Kontext** spielen im Bereich der nationalen Förderung vor allem finanzielle Förderungen für das Solarzentrum eine Rolle. Auch Gesetze wie das EEG werden im regionalen Kontext als Einflussfaktoren für den weiteren EE-Ausbau identifiziert. Das Bundesland Mecklenburg-Vorpommern nimmt partiell durch Zielvorgaben und Konzepte Einfluss, z. B. durch die 2011 von der TU-Berlin für die SPD-Fraktion in Mecklenburg-Vorpommern erstellte Studie zur wirtschaftlichen Entwicklung in Mecklenburg-Vorpommern (siehe Kapitel 4.4.2.2). Ein enger Kontakt zur EE-Region besteht jedoch nicht.

Der regionale **EE-Prozess** hat nur wenige Phasen durchlaufen. Insbesondere der Bau des Solarzentrums ist als Meilenstein in der EE-Region Lübow-Krassow erkennbar; auch der Ausbau des Windparks ist ein wichtiger Entwicklungsschritt. Der politische Beschluss und das Klimaschutzkonzept können aufgrund ihrer nur eingeschränkten legitimatorischen Absicherung nicht vorbehaltlos als Meilensteine angesehen werden. Der Anteil der erneuerbaren Energien ist durch die vor Ort ansässigen Windkraftanlagen relativ hoch. Aufgrund der kleinen Größe der Region kann schnell eine bilanzielle Vollversorgung im Strombereich mit erneuerbaren Energien erreicht werden. Deutlich wird jedoch, dass bisher wenige Aktivitäten im EE-Bereich entstanden sind, welche als Prozessphasen zur Entwicklung der Region beitragen.

Die relativ homogene **Akteurskonstellation** mit wenigen aktiven Akteuren führt daher auch zu keinem konstanten Akteursnetzwerk. Dominante Akteure sind vor allem die Fachpromotoren Brigitte und Dietmar Schmidt; ein Machtpromotor fehlt in der Region. Durch die Kreisgebietsreform mit ständigen Veränderungen des administrativen Zuschnitts und der Größe des Landkreises mit wenig Bevölkerung konnte sich keine kohärente Akteursgruppe herausbilden, um gemeinsam den Ausbau der erneuerbaren Energien voranzutreiben. Zugleich ist der Ausbau der erneuerbaren Energien in der Verwaltung des Landkreises noch nicht als eine Hauptaufgabe erkannt worden. Die Mitarbeiter, die in der Stabsstelle Wirtschaftsförderung dafür zuständig sind (siehe Kapitel 4.4.4.1), haben als Aufgaben vor allem die Regionalentwicklung und Wirtschaftsförderung. Erneuerbare Energien sind nur ein Teilbereich davon.

Vor allem die unklare Regionsdefinition, das Fehlen einer klar definierten administrativen Region, aber auch das nicht vorhandene EE-Netzwerk sind ausschlaggebend für die Entwicklung der Region. Nichtsdestoweniger gibt es einen hohen Anteil von erneuerbaren Energien, der aber vor allem dem Engagement der Fachpromotoren zu verdanken ist. Gebaut wurden vornehmlich Windanlagen, doch auch im Bereich Solar und Biomasse sind Projekte realisiert worden. Mit dem Solarzentrum gibt es einen Ort der Vernetzung der Akteure untereinander und eine Anlaufstelle in der Region im EE-Bereich. Dies unterstreicht jedoch wiederum die Abhängigkeit des Prozesses von den Fachpromotoren.

5 Ergebnisse und Forschungsperspektiven

Ausgangspunkt vorliegender Arbeit war die Feststellung, dass es eine Forschungslücke innerhalb der Analyse gibt, auf welche Art und Weise die regionale Energiewende ausgestaltet und umgesetzt wird. Ein Schwerpunkt sollte auf die Untersuchung der Frage gelegt werden, welche Faktoren auf regionaler Ebene zum erfolgreichen Ausbau der erneuerbaren Energien beitragen, um nicht zuletzt das in dem Feld vorherrschende empirische Defizit zu schließen.

Ziel war es daher zunächst, ein theoretisch-konzeptionelles Design aufzuzeigen, anhand dessen die empirische Analyse auf die eben dargelegte Frage eine Antwort geben kann. Der analytische Rahmen sollte es ermöglichen, das Bedingungsgefüge für die Zusammenarbeit der Akteure zum regionalen Ausbau von erneuerbaren Energien kontextspezifisch und umfassend zu bestimmen. Anhand von vier Fallstudien sollten empirisch begründbare Aussagen für die Erfolgsfaktoren des regionalen Ausbaus der erneuerbaren Energien gefunden werden.

Im Folgenden werden die Ergebnisse der Arbeit zusammenfassend dargestellt: Es erfolgt eine Darstellung der theoretisch-konzeptionellen Ergebnisse, darauf eine vergleichende Betrachtung der Fallstudienergebnisse. In einem Fazit werden die Einflussfaktoren für den erfolgreichen Ausbau der erneuerbaren Energien auf regionaler Ebene dargestellt. Abschließend werden die mögliche Generalisierbarkeit der Ergebnisse und ein eventuell weiterer Forschungsbedarf diskutiert.

5.1 Theoretisch-konzeptionelle Ergebnisse

Zur Analyse der eingangs vorgestellten Frage wurden mehrere Schritte durchlaufen. Zunächst wurde die vorhandene Literatur – schwerpunktmäßig Studien aus der Sozialwissenschaft – hinsichtlich Annahmen über Einflussfaktoren und Bedingungen für die Analyse von Prozessen und Akteurskonstellationen auf regionaler Ebene ausgewertet und zusammengeführt. Wie in der Arbeit deutlich wurde, handelt es sich beim Ausbau von erneuerbaren Energien auf regionaler Ebene um einen Multi-Level-Governance Prozess. Die Rahmenbedingungen für diesen Prozess werden vor allem vom Bund und der EU, aber auch vom jeweiligen Bundesland vorgegeben. Neben den politischen Akteuren der unterschiedlichen politischen Ebenen sind insbesondere auch nicht-staatliche Akteure, wie beispielsweise engagierte Bürger, Vereine, Genossenschaften oder auch Unternehmen in diesen Prozess eingebunden und spielen häufig eine zentrale Rolle. Auf diese Aspekte wurde durch die Analyse mit Hilfe der Governance-Ansätze ein Schwerpunkt gelegt. Spezifiziert wurden diese Ansätze anhand des akteurszentrierten Institutionalismus, mit dessen Kriteriensysteme Variablen zur Wechselwirkung zwischen Akteuren und Institutionen deutlich wurden.

Speziell für die regionale Ebene wurden die Ansätze mit Hilfe der Regional Governance-Forschung zugänglich gemacht. Ergebnisse für die Kooperation von Akteuren auf regionaler Ebene sowie für die Bestimmung und Konstituierung von Region lassen sich auf diese Weise ableiteten. Durch das Konzept werden besonders der Bedeutungsgewinn der regionalen Ebene und die damit einhergehende veränderte Rolle des Staates deutlich, was die untersuchten Beispielen bestätigen. Der Zugang zu Entscheidungsprozessen wird besonders für Akteure der Zivilgesellschaft erleichtert, so dass staatliche und private/gesellschaftliche Akteure gemeinsam Probleme lösen. Deutlich wurde auch, dass Netzwerke auf regionaler Ebene, die im Feld der erneuerbaren Energien aktiv sind, typische Element aufweisen: Ein Kümmerer ist beteiligt; es gibt finanzielle Anreize sowie institutionalisierte Formen; die Zusammensetzung der Akteure bestimmt über den Erfolg der Netzwerke. Diese Faktoren galt es, empirisch nachzuweisen und eventuelle weitere Faktoren zu identifizieren.

5.2 Vergleichende Betrachtung der Fallstudien

Die vorliegende Arbeit zielte darauf ab, Erfolgsfaktoren für die regionale Energiewende zu identifizieren. Der Fokus richtete sich dabei auf Prozesse zum Ausbau der erneuerbaren Energien und auf die damit verbundenen Akteurskonstellationen. Daneben sollten weitere Einflussfaktoren auf den regionalen Ausbauprozess von erneuerbaren Energien aufgedeckt werden.

Die Darstellung der vier Fallstudien hat gezeigt, dass die regionale Energiewende von einer Reihe komplexer Faktoren auf verschiedenen Ebenen beeinflusst wird. Die Strukturen und Prozesse in den vier Regionen weisen Ähnlichkeiten auf, unterscheiden sich aber zum Teil hinsichtlich grundlegender Einflussfaktoren.

Ähnlichkeiten lassen sich zunächst im Verlauf einzelner Phasen und der damit verbundenen Meilensteine feststellen, welche die Regionen im EE-Prozess gekennzeichnet haben.

Auch die in den Regionen agierenden Akteursgruppen wirken auf den ersten Blick ähnlich. Eine genauere Analyse der Akteurskonstellationen offenbart jedoch einige Unterschiede: Die Gruppe der aktiven Akteure und das Engagement derselben variiert bemerkbar, was auch in der unterschiedlichen Ausgestaltung der Macht-, Fach- und Prozesspromotoren deutlich wird.

Im Folgenden werden die Fallstudienergebnisse vergleichend diskutiert. Die zentrale Frage ist dabei, welche Faktoren auf regionaler Ebene zum erfolgreichen Ausbau der erneuerbaren Energien beitragen, worauf zusammenfassend im Anschluss eine Antwort gegeben wird. Das Forschungsdesign und die Fragestellung bestimmen dabei die die Untersuchung strukturierenden Variablen: die Unterscheidung nach Konstituierung der Region, Institutioneller Kontext, die Betrachtung der Prozesse zum Ausbau der erneuerbaren Energien und die damit einhergehenden Akteurskonstellationen.

5.2.1 Konstituierung der Region

Aus der Analyse im Rahmen von Regional Governance wurde ersichtlich, dass die Konstituierung von Regionen häufig von sozialen Prozessen bestimmt wird, weshalb in den Fallstudien auf diesen Aspekt besonderes Gewicht gelegt worden ist. Zunächst galt es jedoch, eine Abgrenzung der jeweils zu untersuchenden Regionen herauszuarbeiten.

Deutlich wurde, dass die Bildung der Regionen nicht immer einheitlich erfolgt.

In **Hameln-Pyrmont** ist die Abgrenzung der Region nicht eindeutig. Mitarbeiter der Verwaltung orientieren sich anhand der administrativen Grenzen. Als weitere mögliche Abgrenzung gibt es das Gebiet der regionalen Entwicklungskooperation Weserbergland, das auch angrenzende Landkreise umfasst. Bei dieser Abgrenzung wird jedoch deutlich, dass die Region kein homogenes Bild bezüglich des EE-Prozesses erkennen lässt und Hameln-Pyrmont als Vorreiter der übrigen Regionen gilt. Die weiteren Untersuchungen in der Region lassen eine Analyse anhand der administrativen Grenzen am sinnvollsten erscheinen. Perspektivisch erscheint eine Ausweitung des Gebiets auf die Region Weserbergland möglich; dies ergibt sich aus den im Jahr 2010/2011 gegründeten Klimaschutzagentur und Energiegenossenschaft Weserbergland. In diesem Fall tragen Akteure durch Kooperationen auch jenseits administrativer Landkreisgrenzen dazu bei, dass das Gebiet sich erweitert.

In der Region **Marburg-Biedenkopf** hingegen gestaltet sich die Abgrenzung der Region relativ eindeutig. Alle Experten verweisen in den Interviews auf den Landkreis Marburg-Biedenkopf als Regionszuschnitt für die EE-Region. Dieser administrative Zuschnitt wird von denen am Prozess beteiligten Akteuren nicht in Frage gestellt. Nicht zuletzt ist die Rolle des Landrats als ein Hauptakteur ein bedeutsamer Faktor für diese administrative Abgrenzung der Region.

Auch in der Region **Oberland** orientiert sich die Abgrenzung der Region anhand administrativer Grenzen. Die drei Landkreise Weilheim-Schongau, Bad Tölz-Wolfratshausen und Miesbach haben sich zur Bürgerstiftung Energiewen-

226 Ergebnisse und Forschungsperspektiven

de Oberland zusammengeschlossen und agieren gemeinsam. Die Planungsregion Oberland besteht zusätzlich noch aus dem Landkreis Garmisch-Patenkirchen, der jedoch nicht Teil der Bürgerstiftung Energiewende Oberland ist. Diese Konstituierung geht auf die Kooperation der Akteure zurück, die darin eine geeignete Region sehen, um gemeinsam erneuerbare Energien auszubauen. Deutlich wird in der Analyse der Region dennoch immer wieder, dass sich viele Akteure auf das Gebiet ihres einzelnen Landkreises beziehen, wenn sie konkrete Aufgaben innerhalb der EE-Region darstellen; andere Akteure beschreiben sogar das Gebiet ihrer Gemeinden. Daher bildet diese soziale Konstruktion zwar das Grundgerüst der Region, es gelten beim konkreten Ausbau jedoch auch administrative Grenzen.

Ein anderer Fall ist die Region **Lübow-Krassow**. Die Konstituierung der EE-Region Lübow-Krassow gestaltet sich aufgrund der unklaren administrativen Grenzen der EE-Region und der häufigen Kreisgebietsreformen in Mecklenburg-Vorpommern als schwierig. Im Jahr 2008 bestand die Region aus acht Gründungsgemeinden. Inzwischen ist die Region größer geworden, hat sich aber noch nicht vollständig auf das Gebiet des Landkreises Nordwestmecklenburg ausgedehnt. Eine fest definierte Abgrenzung der EE-Region wird durch die Analysen nicht klar. Neu hinzukommende Regionen werden vor allem von Brigitte und Dietmar Schmied zur „Koalition der Willigen" gezählt, die als „Kümmerer" die Konstituierung der Region prägen.

Deutlich wird in der Analyse, dass die Konstituierung der Regionen vor allem anhand administrativer Grenzen erfolgt, wie in den Landkreisen Marburg-Biedenkopf, Hameln-Pyrmont und den drei an der Region Oberland beteiligten Landkreisen. Durch einen solchen Zuschnitt fallen eine Reihe von Aspekten leichter: Die Zuständigkeiten sind klar bestimmt und die Verantwortung der Verwaltung für das Gebiet verspricht in der Regel personelle und finanzielle Kontinuität. Auch in der Außendarstellung ist die Definition der Region anhand von administrativen Grenzen leichter, wodurch Fördergelder schneller beantragt werden können. So haben die Landkreise ein Klimaschutzkonzept erstellen lassen und wurden dafür vom Bundesumweltministerium gefördert. Einen anderen administrativen Zuschnitt hat das Landwirtschaftsministerium in der Vergabe der Fördergelder für den Wettbewerb Bioenergieregionen gewählt. Sowohl das Gebiet der regionalen Entwicklungskooperation Weserbergland als auch die zwei Gründungslandkreise der EE-Region Oberland werden finanziell bei der Weiterentwicklung von Bioenergie in den Regionen unterstützt. In den Untersuchungen wird gleichwohl deutlich, dass eine Kooperation der beteiligten Landkreise oftmals an administrativen Absprachen scheitert und eine nach Landkreisen getrennte Bearbeitung des Themas in der Region effektiver verläuft.

Außerhalb der administrativen Strukturen agiert die EE-Region Lübow-Krassow. Einzelne Probleme, die sich daraus ergeben, werden an diesem Beispiel evident: Die am EE-Prozess beteiligten Akteure wissen zum Teil selber nicht, wie sich das Gebiet abgrenzt, seitens der Verwaltung gibt es keine klaren Zuständigkeitsregelungen. Damit fehlt auch eine politische Legitimation zur Durchführung des Prozesses. Keine kohärente Akteursgruppe kann in der EE-Region vernetzt zusammenarbeiten, um den EE-Ausbau weiter voran zu bringen. Schließlich gibt es wegen der fehlenden Grenzen kein Konzept zum Ausbau der erneuerbaren Energien für ein einheitliches Gebiet.

Die Analyse zeigt, dass Akteure den Zuschnitt und die Konstituierung der Region dominieren, primär solche aus Verwaltung und Politik. Sie verfügen über personelle Kapazitäten und finanzielle Mittel, um den EE-Prozess zu gestalten.

Akteure aus der Wirtschaft orientieren den Zuschnitt der Region vor allem anhand ihrer Interessen; die Stadtwerke etwa haben vor allem ihr Versorgungsgebiet bei der Definition der Region im Blick. Akteure aus der Zivilgesellschaft können nur bedingt Einfluss auf die Definition der Region ausüben, indem sie z. B. beim Agenda-Setting und der Vernetzung der Akteure wirksam sind. Gestaltungmacht im Sinne von finanziellen Mitteln oder konstanten personellen Kapazitäten für den Prozess haben sie jedoch nicht. Daher sind sie von Politik und vor allem von Verwaltung abhängig, wenn es um das EE-Gebiet geht.

5.2.2 Institutioneller Kontext

Der Ausbau der erneuerbaren Energien auf regionaler Ebene gestaltet sich in einem Multi-Level-Governance Prozess. Die Rahmenbedingungen für diesen Prozess entstehen nicht nur auf regionaler Ebene, sondern werden auch vom Land, vom Bund sowie von der EU vorgegeben.

Deutlich wird besonders die Bedeutung von Fördergeldern für den regionalen Prozess: Alle untersuchten Regionen haben finanzielle Förderung von nationaler Seite erhalten. So wurden die Landkreise Hameln-Pyrmont, Marburg-Biedenkopf und auch Teile der EE-Region Oberland mit Fördergeldern vom Bundesumweltministerium zur Erstellung eines Klimaschutzkonzeptes unterstützt. Zusätzlich erhielt Marburg-Biedenkopf im Rahmen der Initiative „Masterplan 100% Klimaschutz" Geld vom Bundesumweltministerium. Die EE-Regionen Hameln-Pyrmont und Oberland wurden außerdem durch das Landwirtschaftsministerium im Rahmen des Wettbewerbs Bioenergieregionen gefördert.

In der EE-Region Lübow-Krassow hingegen wurde das Klimaschutzkonzept ohne Förderung erstellt. Wie durch Analysen in der Konstituierung der Region deutlich wird, ist diese fehlende Akquise von nationalen Fördermitteln nicht zuletzt Folge des nicht klaren administrativen Zuschnitts. Der Landkreis Nordwestmecklenburg, in dem die EE-Region liegt und ein benachbarter Landkreis haben Geld für die Erstellung eines Klimaschutzkonzeptes vom Bundesumweltministerium erhalten. Brigitte und Dietmar Schmidt haben gleichwohl in der EE-Region Lübow-Krassow für den Aufbau des Solarzentrums Fördergelder bekommen, sowohl von nationaler als auch von europäischer Seite, sowie weitere Unterstützung von Bundesländerseite.

Neben den Fördergeldern üben übergeordnete Ebenen vor allem durch Gesetze Einfluss aus. Hervorgehoben worden ist dabei die Stellung des EEG, welches feste Einspeisevergütung garantiert und somit auch für Kleininvestoren, die vermehrt auf regionaler Ebene aktiv sind, den Bau von EE-Anlagen möglich macht.

Im Sinne von Multilevel-Governance findet eine ebenenübergreifende Politik vor allem im Austausch mit den Bundesländern statt, welche jedoch auf unterschiedliche Art und Weise Einfluss auf den regionalen Ausbauprozess ausüben.

In Niedersachsen wird deutlich, dass die Bundesländerseite den Ausbauprozess auf regionaler Ebene relativ wenig unterstützt; ein Grund ist die fehlende Energieagentur auf Länderebene. Auch in Hessen ist trotz einer solchen Energieagentur relativ wenig Unterstützung für den regionalen EE-Prozess in Marburg-Biedenkopf von Seiten des Bundeslandes zu beobachten. In Bayern besteht in der EE-Region Oberland ebenfalls kaum Kontakt zu Bundesländerinstitutionen. In Mecklenburg-Vorpommern gibt es zwar vereinzelte Aktivitäten zur Unterstützung der regionalen Prozesse, jedoch besteht der Kontakt der EE-Region Lübow-Krassow weniger durch Förderprogramme als durch die Anwesenheit von Landespolitikern bei Diskussionsveranstaltungen oder Ähnlichem in der Region.

Auf der Ebene der Bundesländer sind die Kompetenzen im Energiebereich – ähnliche wie auf nationaler Ebene – bei mehreren Ministerien verteilt, was eine klare Kompetenzzuweisung und die Benennung einheitlicher Ansprechpartner für regionale Anliegen erschwert. Auch für die Unterstützung von Politikern sind die Regionen daher abhängig von politischen Konstellationen und Machtverhältnissen auf nationaler und auf Bundesländer-Ebene.

Zusätzlich haben Bundesländer Einfluss auf den Ausbau einzelner EE-Technologien. Dies ist besonders bei planungsrechtlichen Vorgaben der Fall, z. B. durch die unterschiedliche Ausweisung von Vorrangflächen für Windenergie, was u. a. durch den Regionalplan bestimmt wird. Der Ausbau von erneuerbaren Energien und die konkrete Umsetzung der Prozesse finden jedoch vor Ort statt. Nicht selten ist gerade auf der regionalen Ebene ein Spannungsverhältnis zwischen Autonomie und der Einbindung in Hierarchien zu beobachten, das besonders bei Vorgaben von Seiten der Bundesländer deutlich wird, z. B. in Bezug auf Raumplanung und Autonomie bei dieser Ausweisung von Windvorranggebieten.

In den Analysen werden die unsichere Förderlage und die Abhängigkeit von der finanziellen Förderung von verschiedenen Ebenen sichtbar. Bereits das Schreiben von Förderanträgen erfordert viele personelle Ressourcen und kann daher in der Regel nur in solchen Regionen gelingen, in denen bereits Projekte im Energiebereich angestoßen worden sind. Im Oberland werden seit einigen Jahren viele Projekte bewilligt, weil in der Bürgerstiftung Expertise und finanzielle Mittel oder viel freiwilliges Engagement vorhanden sind, um Förderanträge zu schreiben: in der EE-Region Lübow-Krassow werden die Förderanträge von dem Ehepaar Schmidt geschrieben; in den EE-Regionen Hameln-Pyrmont und Marburg-Biedenkopf wird ein Großteil der Anträge aus der Verwaltung heraus geschrieben.

Im Sinne der Systematik von Hooghe und Marks in Bezug auf Multilevel Governance lassen sich nur teilweise Ansätze des Typ 1 Governance erkennen, eine enge Verflechtung ist hingegen nicht festzustellen. In einigen Bereichen gibt es zwar klare Aufgabenzuweisungen wie etwa bei der Gesetzgebung durch die nationale Ebene. Die Vernetzungen anhand der verschiedenen Ebenen erfolgen jedoch nicht entlang einer geordneten Hierarchie. Netzwerkartige Verflechtungen sind vielmehr nur auf der regionalen Ebene erkennbar, während dichte Vernetzungen, die Ebenen übergreifen, nicht erfolgen.

5.2.3 Prozess des Ausbaus der erneuerbaren Energien

In den ausgewählten EE-Regionen sind unterschiedliche Prozessphasen beim Ausbau der erneuerbaren Energien ersichtlich.

Die Prozesse zum Ausbau der erneuerbaren Energien in den EE-Regionen Hameln-Pyrmont und Marburg-Biedenkopf ähneln sich zum Teil. In beiden Regionen können vier Phasen identifiziert werden, welche zu Beginn vor allem durch öffentliche Proteste gegen ein Atomkraftwerk oder eine geplante Wiederaufbereitungsanlage vor Ort motiviert waren. Auch danach verlaufen die Phasen relativ ähnlich. Beide Regionen treffen einen politischen Beschluss zur Umstellung der Energieversorgung und erstellen ein Klimaschutzkonzept. Zur Zeit befinden sich beide Prozesse in der Phase der Institutionalisierung, in der aus der unterschiedlichen Einbindung der Akteure und verschiedenen Akteursrollen andere Weiterführungen der Prozesse resultieren. So wurden in Hameln-Pyrmont die Klimaschutzagentur Weserbergland und die Energiegenossenschaft Weserbergland gegründet, vor allem auch auf Bestrebungen aus der Zivilgesellschaft heraus. In Marburg-Biedenkopf wird der Prozess maßgeblich durch eine erneute Förderung vom Bundesumweltministerium, den „Masterplan 100% Klimaschutz", strukturiert und unter Leitung der Landkreisverwaltung weitergeführt.

In den EE-Region Oberland und Lübow-Krassow gibt es im Unterschied dazu zwei EE-Phasen. Die Phasen in den beiden Regionen lassen sich jedoch nur bedingt vergleichen, insofern sie vielmehr individuelle regionale Ausbauprozesse zeigen.

In der EE-Region Oberland sind erst in den letzten Jahren Aktivitäten zum Ausbau der erneuerbaren Energien zu beobachten. Der Prozess zum EE-Ausbau begann mit zivilgesellschaftlichem Engagement aus der Agenda 21-Bewegung heraus. Die EE-Bewegung in der Region hat durch die Gründung der Bürgerstiftung Energiewende Oberland begonnen. Wichtige Entwicklungsschritte im Oberland waren die Gründung der Bürgerstiftung und die Resolution zur Erzeugung von erneuerbaren Energien bis 2035. Auch der Förderbescheid und der Start des Projektes Bioenergieregionen sind als wichtige Entwicklungsschritte zu vermerken.

In der EE-Region Lübow-Krassow sind in den letzten Jahren vor allem vereinzelte Aktivitäten, die von wenigen Akteuren ausgingen, zum Ausbau der erneuerbaren Energien zu beobachten. Die erste EE-Phase startete mit der Gründung der Eurosolargruppe Mecklenburg-Vorpommern. Im Jahr 1996 wurde in der Region schließlich ein erster Windpark in Betrieb genommen. Durch den

Ergebnisse und Forschungsperspektiven 231

Bau des Solarzentrums in Wietow im Jahr 2002/2003 und den politischen Beschluss für die EE-Region Lübow-Krassow wurde schließlich die aktuelle zweite EE-Phase eingeläutet.

Es gibt jedoch auch Schritte in der Entwicklung, welche alle Regionen auf ähnliche Weise durchlaufen.

Erste EE-Anlagen wurden 1994 in Marburg-Biedenkopf gebaut[190]. Auch in Lübow-Krassow entstand der Windpark relativ früh, nämlich im Jahr 1996. In Hameln-Pyrmont wurde ein erstes Solarförderprogramm 2001 aufgelegt, die Solarmesse Soltec begann schon im Jahr 1998. Eine Ausnahme bildet Oberland, wo es keinen frühen Bau von EE-Anlagen gab.

In allen EE-Regionen gibt es einen politischen Beschluss zum EE-Ausbau, der vor Erstellung des Klimaschutzkonzeptes getroffen worden ist.[191] Der erste Beschluss wurde in Lübow-Krassow im Jahr 2002 getroffen, Oberland folgte 2005. Marburg-Biedenkopf fasste den politischen Beschluss im Jahr 2007, Hameln-Pyrmont 2008.[192]

Alle Regionen haben außerdem ein Klimaschutzkonzept für ihr jeweiliges Gebiet erstellt.[193] Auch hier ist Lübow-Krassow wieder die erste Region im Jahr 2006; das Konzept wurde aus eigenen Mitteln finanziert und erstellt. Die anderen Regionen nutzen die Förderung vom BMU und erstellen daher ihr Konzept nach der Auflegung des Programms; Hameln-Pyrmont im Jahr 2010, erste

---

190   Der Ausbau der Solarenergie in der Region fand gleichwohl zuvor schon statt, vor allem unterstützt durch die Universitätsinitiative.

191   Andere Vorreiterregionen in Deutschland haben bereits frühere politische Beschlüsse getroffen, so die EE-Region Fürstenfeldbruck, die bereits im Jahr 2000 einen politischen Beschluss gefasst hat, die Energieversorgung auf erneuerbare Energien umzustellen (Informationen sind zu finden unter www.ziel21.de).

192   Die Beschlüsse in den untersuchten Regionen unterscheiden sich zum Teil deutlich in Bezug auf Verbindlichkeit, Zieldefinition etc. So wurde der politische Beschluss in Lübow-Krassow nicht von der zur Zeit im Amt befindlichen Landrätin erneuert und hat damit faktisch keine Wirkung mehr. In Marburg-Biedenkopf beruhen die Zahlen, die dem politischen Beschluss zugrunde liegen, auf Abschätzungen.

193   Bei der Erstellung des Klimaschutzkonzeptes ist jedoch die Förderung durch das Bundesumweltministerium zu beachten, die im Jahr 2008 initiiert wurde und für eine vermehrte Erstellung von Konzepten gesorgt hat. Dies ist ein Grund für die zeitliche Überschneidung der Erstellung der Konzepte in den Regionen.

232 Ergebnisse und Forschungsperspektiven

Landkreise in der EE-Region Oberland im Jahr 2010; in Marburg-Biedenkopf wurde das Konzept im Jahr 2011 fertig gestellt.

Aus dem politischen Beschluss und dem Klimaschutzkonzept folgen keine dauerhaften Netzwerke zur konstanten Zusammenarbeit von Akteuren, um erneuerbare Energien in der Region weiter auszubauen. In Marburg-Biedenkopf und in Lübow-Krassow ist ein solches Netzwerk nicht vorhanden.[194] In Hameln-Pyrmont übernimmt die Funktion die Klimaschutzagentur, im Oberland die Bürgerstiftung.

In den Regionen ist insgesamt kein kohärenter Policy-Zyklus identifizierbar, da sich die Prozesse überlagern und auch der Ausbau der verschiedenen Technologien parallel stattfindet. Außerdem gibt es in den EE-Regionen nur sehr wenige Akteure, die den EE-Prozess konstant begleiten wie Prof. Ackermann in Marburg-Biedenkopf, der bereits seit der ersten EE-Phase aktiv ist. Einige Ereignisse sind in den Regionen dennoch vergleichbar, so das Agenda-Setzen. Gerade der Anstoß zum politischen Beschluss hat vor allem durch Akteure aus der Zivilgesellschaft stattgefunden.

Der zweite Schritt im regionalen EE-Prozess ist jedoch häufig nicht die Politikformulierung, wie im idealtypischen Policy-Zyklus beschrieben, sondern die Implementation, also der konkrete Ausbau der erneuerbaren Energien. Daran sind Akteure aus unterschiedlichen Gruppen beteiligt.

Die Politikformulierung hat in den analysierten EE-Regionen vor allem durch den politischen Beschluss stattgefunden. Dies erfolgte jedoch erst, nachdem bereits ein gewisser Anteil von Erneuerbaren Energien-Anlagen gebaut wurde. Durch den politischen Beschluss wurde politische Legitimität erreicht und finanzielle und personelle Mittel wurden in der Verwaltung zur Verfügung gestellt. Auch die Bevölkerung wurde vermehrt in den EE-Prozess einbezogen, zumindest fand eine verstärkte Öffentlichkeitsarbeit zu der Thematik statt.

Im Sinne des Policy-Zyklus folgt auf die Phase der Implementation typischerweise die Evaluation. Diese hat jedoch bereits durch die Erstellung des Klimaschutzschutzkonzeptes in den EE-Regionen stattgefunden, durch welches

---

194 In Marburg-Biedenkopf gibt es jedoch durch die neuerliche Förderung durch das Umweltministerium im Rahmen des Masterplan Klimaschutz ein Netzwerk, das von der Verwaltung initiiert wurde, um den Masterplan-Prozess zu begleiten.

der Ist-EE-Ausbaustand bestimmt, Maßnahmen identifiziert und Akteure vernetzt wurden, um den Ausbau weiterzuführen.

Die Fallbeispiele zeigen, dass die Prozesslogik zur Etablierung der erneuerbaren Energien in den Regionen nicht übereinstimmt und daher eher zweitrangig ist. In Hameln-Pyrmont und Lübow-Krassow gibt es vor allem bottum-up geprägte Prozesse zum Ausbau der erneuerbaren Energien. Eine Ausnahme bildet Marburg-Biedenkopf mit einem top-down-geprägten Prozess, in dem der Landrat als Machtpromotor[195] den Prozess beeinflusst. Im Oberland ist eine Mischform zu sehen, insofern die Landräte aufgrund ihrer institutionellen Stellung in Bayern großen Einfluss ausüben können. Den Prozess lenkt jedoch vor allem die Bürgerstiftung, welche sich aus unterschiedlichen Akteuren zusammensetzt.

Der tatsächliche Stand des Ausbaus der erneuerbaren Energien ist in den EE-Regionen relativ gering. Vergleichbare Aussagen lassen sich nur für den Strombereich treffen, während für den Mobilitätsbereich keine Zahlen vorliegen und für den Wärmebereich keine vergleichbaren Daten vorhanden sind.

In Marburg-Biedenkopf ist der Anteil der erneuerbaren Energien im Jahr 2011/2012 mit 10 Prozent EE-Strom gering und liegt unter dem deutschen Durchschnitt. Auch in der EE-Region Oberland werden relativ wenig erneuerbare Energien im Strombereich realisiert, der Anteil beträgt in den einzelnen Landkreisen 11 - 28 Prozent. In Hameln-Pyrmont liegt der Anteil der erneuerbaren Energien mit 24 Prozent knapp über dem deutschen Durchschnitt, in der EE-Region Lübow-Krassow ist er durch die vor Ort ansässigen Windkraftanlagen hoch. Aufgrund der kleinen Größe der EE-Region Lübow-Krassow kann schnell eine bilanzielle Vollversorgung im Strombereich mit erneuerbaren Energien erreicht werden. Gleichwohl sind Bürger nicht umfassend in den Ausbau von Anlagen einbezogen, z. B. gibt es wenige Solaranlagen und relativ wenig Bürgerenergiegenossenschaften.

Deutlich wird, dass die Regionen sich insgesamt auf einem guten Weg zum weiteren Ausbau der erneuerbaren Energien befinden: Alle Regionen haben bereits wichtige Meilensteine erreicht. Die Prozesse in den EE-Regionen Hameln-Pyrmont, Marburg-Biedenkopf und Oberland befinden sich zur Zeit in einer Phase der Institutionalisierung; der Prozess in Lübow-Krassow befindet sich in einer Phase der teilweisen Institutionalisierung. Gemessen am Ziel der 100%

---

195 Der Begriff wird in Kapitel 3.4.2 erläutert.

Erneuerbare-Energie-Region sind die Prozesse in einer ersten Konsolidierungsphase. Keine Region hat jedoch bisher eine Vollversorgung mit erneuerbaren Energien in den Bereichen Strom, Wärme und Mobilität erreicht. Aufgrund der weitergehenden regionalen Prozesse ist von einem stetig weiter wachsendem Ausbau der erneuerbaren Energien auszugehen, womit jedoch auf regionaler Ebene eine Reihe von Herausforderungen verbunden sind. In den untersuchten Regionen wurden ähnliche Aspekte genannt:

- Ein Problem ist die Flächensicherung für die Errichtung von EE-Anlagen. Bedenken bestehen etwa vor externen Investoren, die sich Flächen sichern, ohne die Region und die Bevölkerung an der regionalen Wertschöpfung zu beteiligen, die sich aus dem Bau und dem Betrieb der EE-Anlagen ergeben.
- Es ist Widerstand gegen einzelne EE-Technologien sichtbar, vor allem gegen Windkraft, aber auch gegen den Ausbau von Biomasse. Besonders Bürgerinitiativen sind als ein großes Hemmnis für den Bau weiterer EE-Anlagen genannt worden.
- Der Konflikt mit dem Naturschutz, der sich aus dem fortschreitenden Ausbau der Erneuerbare-Energie-Anlagen und den sich damit verändernden Landschaften ergibt, ist ebenso erwähnt worden. In einigen Regionen – besonders deutlich wurde dies durch die Interviews in Bayern – stellen sich die Naturschutzverbände gegen Unterstützer des Ausbaus der erneuerbaren Energien.
- Fehlende finanzielle Mittel und die Abhängigkeit von der Förderung verschiedener übergeordneter Ebenen sind thematisiert worden. Deutlich wurde hier besonders die Schwierigkeit, den erforderlichen Eigenanteil[196] bei der Förderung von nationaler Ebene zu erbringen. Auch die Erstellung von Antragsunterlagen erfordert personelle Kapazitäten und Expertise, die von den Regionen als Herausforderung beschrieben wird.
- Es ist deutlich geworden, dass im Wärme- und Mobilitätsbereich auf regionaler Ebene nur langsam Konzepte und Lösungsansätze für die Versorgung aus erneuerbaren Energien entwickelt werden. In diesen Bereichen ist verstärkte Anstrengung notwendig.

Zusammenfassend betrachtet weisen die Prozesse in den EE-Regionen nicht vollständig die Merkmale einer erfolgreichen Kooperation auf, die in Kapitel 2 bestimmt worden sind.

---

196 Im Rahmen der Erstellung von Klimaschutzkonzepten wird ein stetig wachsender Eigenanteil verlangt, von anfangs 20 Prozent bis aktuell im Jahr 2013 35 Prozent.

Ein heterogenes Unterstützernetzwerk ist zwar in der Mehrzahl der Regionen vorhanden, in Lübow-Krassow wird der Prozess jedoch vor allem von Brigitte und Dietmar Schmidt getragen. Eine wirtschaftlich orientierte Firma tritt in keiner der EE-Regionen dominant als Unterstützer in Erscheinung. Eine Ausnahme bilden allerdings die Stadtwerke, die beispielsweise in Hameln-Pyrmont den Prozess auch finanziell unterstützen und zum Erfolg des Prozesses beitragen. Ein externer Impuls hingegen hat die Entwicklung in einigen der untersuchten Regionen angestoßen, z. T. in Hameln-Pyrmont und Marburg-Biedenkopf durch die Proteste gegen die Atomenergie vor Ort zu Beginn der EE-Prozesse. Im Oberland ist dies durch die Agenda 21-Bewegung zu beobachten, die durch die Rio-Konferenz initiiert wurde. In Lübow-Krassow ist ein solcher Impuls jedoch nicht erkennbar. In allen Regionen ist ein Kümmerer identifizierbar. Das zentrale Koordinationsbüro ist in Hameln-Pyrmont und Marburg-Biedekopf durch die Institutionalisierung der Prozesse an die Verwaltung übergegangen; in Lübow-Krassow liegt es immer noch bei Dietmar und Brigitte Schmidt; im Oberland ist das Büro die Bürgerstiftung Energiewende Oberland. Hierarchiefreiheit kann in Lübow-Krassow beobachtet werden, während in den anderen Regionen durch die Institutionalisierung eine gewisse Hierarchisierung des Prozesses zu beobachten ist. Am stärksten ausgeprägt ist dies in Marburg-Biedenkopf.

5.2.4 Akteurskonstellationen

In den Regionen haben unterschiedliche Akteure und -konstellationen zum erfolgreichen Ausbau der erneuerbaren Energien beigetragen.

In der EE-Region **Hameln-Pyrmont** ist der Prozess vor allem durch einen Kümmerer und ein heterogenes Akteursnetzwerk vorangetrieben worden. Insgesamt ist die Zusammensetzung der beteiligten Akteure heterogen, es sind Akteure aus unterschiedlichen Gruppen aktiv.

Als Kümmerer lässt sich ein Akteur vom BUND identifizieren: Er hat den politischen Beschluss initiiert und sowohl die Klimaschutzagentur als auch die Energiegenossenschaft mitgegründet und füllt damit die Rolle des Prozesspromotors aus. Zivilgesellschaftliche Akteure prägen den Prozess in der Region vor allem durch Awareness-Raising und Agenda-Setting und lenken ihn durch bottom-up-Initiativen.

In der EE-Region **Marburg-Biedenkopf** ist der Prozess vor allem durch den Landrat als Machtpromotor aus der Verwaltung heraus vorangetrieben worden.

236 Ergebnisse und Forschungsperspektiven

Zusätzlich hat in der Region ein heterogenes Akteursnetzwerk zur Entwicklung des Prozesses beigetragen.

Akteure aus der Verwaltung haben dem Prozess in der Region die nötige Legitimität, personelle Unterstützung und finanzielle Mittel zur Verfügung gestellt. Seit der Landrat aktiv geworden ist, hat sich der Prozess maßgeblich weiter entwickelt. Daher hat die Verwaltung vor allem die aktuelle Prozessphase der Institutionalisierung geprägt. Die Akteure aus der Verwaltung, vor allem der Landrat, prägen den Prozess als top-down-Initiative.

Als Kümmerer lässt sich Prof. Ackermann vom BUND identifizieren, der außerdem viele Jahre als Professor an der Universität Marburg tätig war und die dortige Studentengruppe mitgegründet und unterstützt hat. Er wirkt vor allem als Fachpromotor, weil er seine Expertise in den Prozess einbringt, agiert aber zumindest in der Stadt Marburg auch als Prozesspromotor.

In der EE-Region **Oberland** trägt die Bürgerstiftung, die unter ihrem Dach Akteure aus unterschiedlichen Gruppen versammelt, zum Erfolg bei. Insgesamt ist die Zusammensetzung der Akteure heterogen, Akteure aus unterschiedlichen Gruppen sind aktiv.

Zivilgesellschaftliche Akteure spielen eine entscheidende Rolle im regionalen EE-Prozess. Durch die Agenda 21-Bewegung hat sich in der Region eine Initiative zum Ausbau der erneuerbaren Energien entwickelt, der besonders auf zwei Akteure aus der Zivilgesellschaft zurückgeht, von denen auch die Bestrebungen zur Gründung der Bürgerstiftung Energiewende Oberland kamen. Die Energiewende Oberland vereint Akteure aus unterschiedlichen Gruppen. Landräte sind in den Prozess eingebunden, um ihm die nötige Legitimität zu geben, aber auch um finanzielle und personelle Kapazitäten zur Verfügung zu stellen. Als Kümmerer lassen sich die zwei Gründungsakteure der Bürgerstiftung identifizieren. Inzwischen ist der Prozess durch die Institutionalisierung der Bürgerstiftung jedoch auf so viele Akteure aufgeteilt, dass die Kümmerer nicht mehr herausgehoben in Erscheinung treten. Sie waren vor allem zu Anfang des Prozesses als Agenda-Setzer notwendig, bis die gesamte Energiewende Oberland die Rolle des Prozesspromotors, teilweise auch die des Fachpromotors ausfüllte.

Die Bürgerstiftung Energiewende Oberland koordiniert als dominante Institution den EE-Prozess und vernetzt die unterschiedlichen Akteursgruppen. Die Prozesslogik ist daher nicht eindeutig festzumachen. Sie ist teilweise top-down durch die Landräte aufgesetzt, wirkt durch die Bürgerstiftung aber auch bottom-up.

In der EE-Region **Lübow-Krassow** ist das Engagement von Akteuren aus der Zivilgesellschaft, die gleichzeitig auch die Kümmerer darstellen, ursächlich für den Erfolg des regionalen EE-Prozesses. Insgesamt ist die Zusammensetzung der beteiligten Akteure eher homogen, da vor allem zwei Akteure aus der Zivilgesellschaft den Prozess voranbringen.

Der regionale EE-Prozess wurde durch die beiden zivilgesellschaftlichen Akteure Dr. Brigitte und Dr. Dietmar Schmidt initiiert, die beide als Kümmerer in der Region wirken. Sie haben den Bau von Anlagen vorbereitet und vorangetrieben und zugleich als Agenda-Setzer den politischen Beschluss zum Ausbau der erneuerbaren Energien im Landkreis möglich gemacht. Sie füllen daher die Rolle des Prozesspromotors aus. Beide Akteure sind studierte Ingenieure und unterstützen den Prozess auch als Fachpromotoren. Nicht zuletzt lenken sie den Prozess durch bottom-up-Initiativen.

Im Sinne von Governance ist in den untersuchten Regionen überwiegend keine klare Regelungsinstanz zur Zusammenarbeit von staatlichen und gesellschaftlichen/privaten Akteuren im Feld der erneuerbaren Energien erkennbar, was sich in der dominierenden bottom-up-Prozesslogik spiegelt. Die Zusammenarbeit erfolgt überwiegend netzwerkartig durch die Beteiligung unterschiedlicher Akteursgruppen am EE-Prozess. Durch diese Art der Zusammenarbeit wird die Interessenbildung neu gestaltet und die Verhandlungssysteme werden neu geprägt: Der Prozess wird in die Gesellschaft ausgedehnt. Eine Ausnahme bildet Marburg-Biedenkopf. Zwar wurde dort der Prozess durch die Zivilgesellschaft in den ersten Prozessphasen initiiert und es wirken aktuell unterschiedliche Akteursgruppen am EE-Prozess mit, doch eine Institutionalisierung und Gewicht erlangte der Prozess erst durch die Beteiligung des Landrats.

Diese Betrachtung bestätigt, dass im Laufe des Prozesses vor allem die individuellen Handlungsressourcen und Fähigkeiten jedes einzelnen Akteurs für den Prozess entscheidend sind, wie es im akteurszentrierten Institutionalismus beschrieben wird. Die regionalen Kümmerer kommen zwar mehrheitlich aus den Reihen der Zivilgesellschaft, Macht- und Prozesspromotoren sind in den Regionen jedoch unterschiedlich verteilt. Akteure haben daher, unabhängig von ihrer Gruppenzugehörigkeit, individuelle Möglichkeiten, den Prozess zu entwickeln und zu beeinflussen. Diese individuellen Möglichkeiten können u. a. in finanziellen Mitteln bestehen (z. B. bei den wirtschaftlichen Akteuren), aber auch in Landbesitz (z. B. Bauern), technologische Ressourcen und Wissen oder in der Fähigkeit, unterschiedliche Akteure zu vernetzen.

In den analysierten EE-Regionen wirken die Akteure im Sinne von kollektiven Akteuren vor allem als Koalitionen zusammen. Dies ist besonders in den Regionen zu beobachten, in denen es ein dauerhaftes Netzwerk oder eine Institution gibt, die den Prozess organisiert. Koalitionen sind im Sinne des akteurszentrierten Institutionalismus ein relativ dauerhaftes Engagement zwischen Akteuren, die getrennte, aber miteinander vereinbare Ziele verfolgen; in diesem Fall den gemeinsamen Ausbau von erneuerbaren Energien in der Region. Die gemeinsame Vereinbarung der Koalition stellt in den untersuchten Regionen der politische Beschluss da; eine Strategie für den regionalen Prozess das Klimaschutzkonzept, in dem sowohl eine Bestandserhebung des EE-Ausbaus als auch zukünftige Maßnahmen definiert werden. Die Koordination der regionalen Prozesse verläuft in den eher bottom-up-geprägten Prozessen vor allem durch Verhandlungen und Abstimmungen der Akteure untereinander. Da es jedoch keine einheitlichen Organisationen in den Regionen gibt, überlagern sich diese Interaktionsformen.

In dem eher top-down-geführten Prozess in Marburg-Biedenkopf wirkt der Landrat durch hierarchische Steuerung mit, andere Akteure werden durch Abstimmungen der unterschiedlichen Positionen in den regionalen Prozess eingebunden.

Im Oberland agiert die Energiewende Oberland als kooperativer Akteur. Einzelne Akteure können zwar einer Akteursgruppe zugeordnet werden, handeln aber gemeinsam unter dem Dach der Energiewende. Daher hat sich in den EE-Regionen eine Koalition der EE-Befürworter gebildet, die gleichwohl heterogen zusammengesetzt ist. Die Bürgerstiftung lenkt als Institution den Prozess.

Durch die Beteiligung von Bürgern, z. B. in Form von Workshops bei der Erstellung von Klimaschutzkonzepten, aber auch durch Bürgerenergiegenossenschaften und Ähnlichem werden die positiven Folgen der Regionalisierung sichtbar. Der Prozess erlangt in der gesamten Region in der Regel eine breite Akzeptanz – auch wenn regional z. T. Bürgerinitiativen gegründet werden. In Hameln-Pyrmont etwa ist der Prozess durch institutionalisierte Foren, z. B. von der Klimaschutzagentur Weserbergland oder der Energiegenossenschaft Weserbergland, in die Breite getragen worden. Die Effektivität der Maßnahmen in den EE-Regionen beruht auch auf der räumlichen Nähe der Akteure untereinander, insofern gemeinsame Handlungen und Abstimmungen Synergieeffekte bewirken können. Dies ist vor allem im Oberland sichtbar, wo unter dem Dach der

Bürgerstiftung die drei benachbarten Landkreise miteinander kooperieren und viele Aufgaben gemeinsam lösen.

Nachteile treten bei den regionalen Prozessen jedoch auch auf. So können komplexe Detailfragen, die in den EE-Regionen zwangsläufig entstehen, einzelne Akteure überfordern. Besonders betroffen sind davon Mitarbeiter aus der Verwaltung, welche Zuständigkeiten im EE-Bereich haben. Aber auch ehrenamtliche Akteure, die in den Regionen in der Mehrzahl aktiv sind, haben vor allem Herausforderungen im Zeit- und Ressourcenbereich zu bewältigen, um den EE-Prozess angemessen zu unterstützen.

Auffallend sind die ungleich verteilte finanzielle Ausstattung und die unterschiedliche wirtschaftliche Einbettung in den EE-Regionen, was besonders am Vergleich des Oberlands mit Lübow-Krassow deutlich wird. Alleine schon durch die Vielzahl von Akteuren im Oberland ergeben sich immer wieder finanzielle Möglichkeiten: So unterstützen die Stadtwerke Bad Tölz die Stifterversammlung oder stellen Geld für Veranstaltungscatering zur Verfügung; für regionale Projekte können auch überregional bedeutsame Akteure wie Audi aus Ingolstadt oder die TU München gewonnen werden. In Lübow-Krassow hingegen werden Herausforderungen vor allem durch das Engagement von Dietmar und Brigitte Schmidt bewältigt. Aufgrund der Eigenbeteiligungserfordernisse können bei Förderprogrammen oftmals nur wirtschaftlich besser gestellte Regionen Mittel beantragen.

Auch individuelle regionale Machtkonzentrationen können den regionalen Prozess hemmen. So agieren die Landräte in Bayern durch ihre institutionelle Stellung selbstbewusster, als dies in anderen Regionen in Deutschland der Fall ist. Dabei können Abstimmungsprobleme untereinander auftreten.

5.3 Erfolgsfaktoren der EE-Regionen

Die vorliegende Arbeit hat einen Fokus auf die Analyse regionaler Prozesse und Schlüsselakteure beim regionalen Ausbau von erneuerbaren Energien gelegt. Die zentrale Forschungsfrage lautete, welche Faktoren auf regionaler Ebene zum erfolgreichen Ausbau von erneuerbaren Energien beitragen.

In den Fallbeispielen wurden erfolgreiche Regionen[197] betrachtet. Die Ergebnisse der in der vorliegenden Arbeit untersuchten vier Regionen verweisen auf Schlüsselaspekte für den erfolgreichen regionalen Ausbau von erneuerbaren Energien. Die Erfolgsfaktoren wurden dabei aus den aus Forschungsdesign und

---

197 Erfolgreiche Regionen wurden im Sinne der Definition des 100ee-Regionen-Projekts bestimmt, siehe für eine Beschreibung Kapitel 1.4.1.

240 Ergebnisse und Forschungsperspektiven

Fragestellung abgeleiteten Variablen (Konstituierung der Region, Institutioneller Kontext, EE-Prozesse, Akteurskonstellationen – siehe Kapitel 3.5) gebildet.

Die Untersuchung hat gezeigt, dass der Ausbau von erneuerbaren Energien auf regionaler Ebene ein Ausdruck komplexer, sich überlagernder kontextspezifischer Bedingungen ist. Einen Unterschied machen bereits diejenigen Faktoren, die aus den Bundesländern für den EE-Prozess vorgegeben werden. Entscheidend sind aber vor allem die regionsspezifischen Faktoren, besonders die Akteurskonstellationen wirken sich auf den EE-Prozess aus.

Die Erfolgsfaktoren sind in der unten stehenden Graphik zusammen gefasst und werden im Folgenden erläutert.

Ergebnisse und Forschungsperspektiven 241

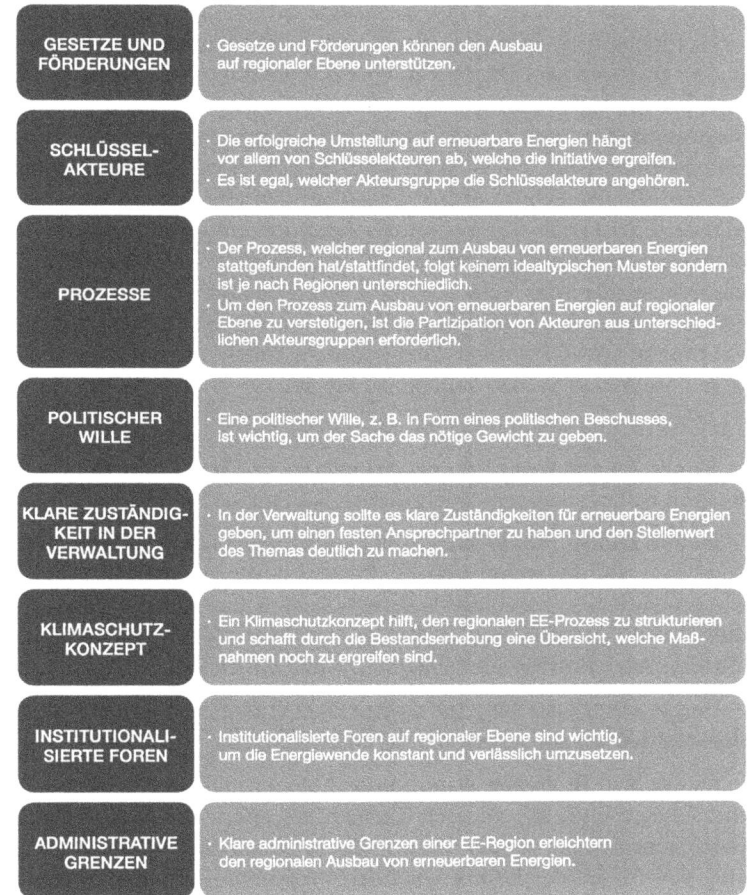

Abbildung 18: Erfolgsfaktoren der EE-Regionen

Der Ausbau von erneuerbaren Energien auf regionaler Ebene ist institutionell eingebettet und von einer Reihe von Faktoren auf unterschiedlichen Ebenen abhängig. Daher lassen sich folgende Faktoren als begünstigend für den regionalen Ausbau ausmachen:

- **Gesetze und Förderungen** können den Ausbau auf regionaler Ebene unterstützen.

Eine wichtige Rolle spielt das EEG, das stabile Investitionsbedingungen für Betreiber von Erneuerbare-Energie-Anlagen geschaffen hat. Damit wurde es auch kleineren Projektieren und Bürgern möglich, Eigentümer von Anlagen zu werden. Auch Förderprogramme wie die nationale Klimaschutzinitiative vom Bundesumweltministerium und der Wettbewerb Bioenergieregionen vom Landwirtschaftsministerium haben eine große Bedeutung. Von europäischer Ebene können Förderprogramme ebenso unterstützend auf den regionalen Prozess wirken. Bundesländerförderungen für erneuerbare Energien hingegen wird von den untersuchten Regionen als nicht besonders unterstützend wahrgenommen. Kritisiert wurde besonders das Fehlen einer Energieagentur in Niedersachsen. Für Regionen, die erneuerbare Energien ausbauen wollen, ist es daher wichtig, Expertise vorher zu entwickeln und dann bereit zu halten, um auf bestehende und zukünftige Förderprogramme reagieren zu können.

Einflussfaktoren, die auf den Prozess auf regionaler Ebene einwirken, sind eng mit den damit einhergehenden Akteurskonstellationen verbunden.

In den untersuchten Regionen wurde deutlich, welchen entscheidenden Einfluss Kümmerer auf den regionalen EE-Prozess ausüben. Sie sind in der Regel für das Agenda-Setzen zuständig und mobilisieren die Akteure dazu, sich im regionalen Prozess zu beteiligen. Außerdem verfügen sie oftmals über Fachwissen und können den Prozess auch inhaltlich weiterentwickeln.

- Die erfolgreiche Umstellung auf erneuerbare Energien hängt vor allem von **Schlüsselakteuren** ab, welche die Initiative ergreifen.

In den untersuchten Regionen waren diese Akteure nicht nur bei erneuerbaren Energien, sondern auch bei anderen Themen engagiert. Die Unterstützung der Schlüsselpersonen kann durch ihnen entgegengebrachte Wertschätzung und Förderung von Seiten der Politik und/oder Verwaltung gesteigert werden. Die generelle Anwesenheit von Schlüsselpersonen erfolgt gleichwohl eher zufällig in den Regionen.

In den Analysen ist kein Muster sichtbar geworden, welcher bestimmten Akteursgruppe die Schlüsselpersonen zuzurechnen sind. Eine Häufung ist zwar in der Gruppe der Zivilgesellschaft zu beobachten, generelle Aussagen lassen sich daraus jedoch nicht ableiten.

- Es ist nicht entscheidend, welcher Akteursgruppe die Schlüsselakteure angehören.

Es hat sich gezeigt, dass gerade im Bereich des Ausbaus von erneuerbaren Energien nicht alle Maßnahmen am besten durch kooperative Steuerung im Sinne von Regional Governance zu lösen sind. Für die erfolgreiche Umsetzung kommen auch hierarchische Steuerungselemente zum Einsatz, wie dies beispielsweise in der EE-Region Marburg-Biedenkopf festzustellen ist.

- Der **Prozess**, welcher regional zum Ausbau von erneuerbaren Energien stattgefunden hat bzw. stattfindet, folgt keinem idealtypischen Muster, sondern ist je nach Regionen unterschiedlich.

Obschon sich in allen vier untersuchten Regionen Unterschiede feststellen lassen, gibt es auch Elemente, die in den vier untersuchten „erfolgreichen" Regionen übereinstimmen. So gibt es in allen Regionen einen politischen Beschluss zur Umstellung auf erneuerbare Energien und ein Klimaschutzkonzept.

- Ein **politischer Wille**, z. B. in Form eines politischen Beschusses ist wichtig, um der Sache das nötige Gewicht zu geben.

Zunächst ist der politische Beschluss ein Signal an die Bevölkerung, dass der Ausbau der erneuerbaren Energien auf der politischen Agenda der Region steht; das Verständnis und die Akzeptanz für erforderliche landschaftliche Eingriffe oder andere Maßnahmen zum Ausbau der erneuerbaren Energien kann dadurch gesteigert werden. Ferner sorgt der politische Beschluss dafür, dass die Verwaltung die nötige Legitimität erhält, um sich mit dem Ausbau erneuerbarer Energien zu befassen. Nicht zuletzt gibt der Beschluss eine Rechtfertigung, personelle und finanzielle Mittel dafür bereit zu stellen.

In den untersuchten Regionen gibt es in der Regel mindestens eine Person, die im Bereich erneuerbare Energien zuständig ist und innerhalb der Verwaltung als Ansprechpartner für das Thema fungiert. Auch für Bürger ist diese zuständige Person aus der Verwaltung als Adressat für Anliegen im EE-Bereich erkennbar. Zusätzlich wird der Stellenwert sichtbar, den der Landrat dem Thema einräumt, wenn er eine Person in der Verwaltung Zuständigkeiten überträgt. Da der Ausbau der erneuerbaren Energien ein sehr komplexes Feld darstellt, in dem umfassende Expertise erforderlich ist, braucht es mindestens eine Person in der Verwaltung mit dieser Expertise, wenn der EE-Prozess ernsthaft vorangebracht werden soll.

- In der **Verwaltung** sollte es eine **klare Zuständigkeit** für erneuerbare Energien geben, damit ein fester Ansprechpartner vorhanden ist und nicht zuletzt der Stellenwert des Themas deutlich gemacht wird.

Durch ein Klimaschutzkonzept wird der Ist-Zustand des Ausbaus der erneuerbaren Energien erfasst und Maßnahmen definiert, die in den Regionen zukünftig zur Weiterentwicklung des Prozesses notwendig sind. Durch die Erstellung des Konzeptes gibt es die Möglichkeit, unterschiedliche Akteure miteinander zu vernetzen und auch die Bevölkerung einzubeziehen, um nicht zuletzt die Akzeptanz zu steigern. Das Klimaschutzkonzept übernimmt in den Regionen die Rolle eines strategischen Konzeptes zur Weiterentwicklung der EE-Regionen.

- Ein **Klimaschutzkonzept** hilft, den regionalen EE-Prozess zu strukturieren und schafft durch die Bestandserhebung eine Übersicht, welche Maßnahmen noch zu ergreifen sind.

Eine dauerhafte strategische Steuerung über die Prozessphasen hinweg wird in den Regionen jedoch nicht erkennbar. Einige Elemente werden zwar sichtbar, wie die legalistische Steuerung durch Flächennutzungspläne, welche Vorgaben für den regionalen Ausbau der erneuerbaren Energien setzen, doch ist dies nur partiell der Fall.

Vor allem Akteure der Verwaltung wirken auf diese Art der Steuerung ein. Planung durch den konkreten Ausbau von Projekten erfolgt hingegen von keiner übergeordneten Instanz. Durch die Beteiligung der Bürger am Bau von Anlagen einerseits und den Einfluss großer Investoren andererseits sind die Möglichkeiten der Steuerung ohnehin relativ eingeschränkt.

Kommunikative Planung wird vor allem durch die Erstellung des Klimaschutzkonzeptes angewandt: Die Akteure aus der Verwaltung diskutieren gemeinsam mit betroffenen Akteuren aus Wirtschaft, Politik, aber auch aus der Bevölkerung, wie der weitere regionale EE-Ausbau gestaltet werden kann.

Deutlich ist aus der Analyse in den vier untersuchten Regionen geworden, dass die Prozesse in der Regel über die Jahre von einer breiten Partizipation unterschiedlicher Akteursgruppen getragen und weiterentwickelt wurden. Neben der Schlüsselperson muss es möglichst viele weitere involvierte Akteure geben, die den Ausbau voranbringen wollen. Zusätzlich ist es wichtig, dass diese Akteure aus unterschiedlichen Gruppen kommen, um die Prozesse einerseits dauerhaft weiter zu entwickeln, andererseits um die nötige Akzeptanz dafür herzustellen.

- Um den Prozess zum Ausbau von erneuerbaren Energien auf regionaler Ebene zu verstetigen, ist die Partizipation von Akteuren aus unterschiedlichen Akteursgruppen erforderlich.

Mit der Partizipation unterschiedlicher Akteursgruppen sind verschiedene Handlungslogiken innerhalb der Akteursgruppen verbunden. Beispielsweise handeln wirtschaftliche Akteure vornehmlich aus monetären Motiven, während politische Akteure das Interesse leitet, wiedergewählt zu werden. Mit diesen Handlungslogiken sind unterschiedliche Steuerungsformen innerhalb der Akteursgruppen verbunden. Staatliche Akteure tendieren beispielsweise zu hierarchiescher Steuerung, wirtschaftliche Akteure zu einer Steuerung über den Markt. Gerade die unterschiedlichen Handlungslogiken und Steuerungsformen von staatlichen und nichtstaatlichen Akteuren können zu Interessengegensätzen und Verteilungskonflikten führen. In den analysierten Regionen war dies jedoch kein entscheidender Faktor, der die Entwicklung negativ beeinflusst hat.

Zu beobachten ist in den untersuchten Regionen, dass sich in der aktuellen Phase der Institutionalisierung dauerhafte Foren herausbilden, um den Prozess zu verstegien und ein konstante Institution mit dafür zuständigen Mitarbeitern zur Verfügung zu stellen. In Hameln-Pyrmont ist dies beispielsweise die Klimaschutzagentur Weserbergland, die ein fester und dauerhafter Ansprechpartner für die Bevölkerung, aber auch für spezielle Akteursgruppen darstellt. Im Oberland bietet die Bürgerstiftung Energiewende Oberland, die den Prozess koordiniert, ein solches Forum.

- Institutionalisierte Foren auf regionaler Ebene sind wichtig, um die Energiewende konstant und verlässlich umzusetzen.

Aus den oben geschilderten Überlegungen lassen sich auch Schlussfolgerungen für den Zuschnitt der EE-Regionen ableiten. Die untersuchten EE-Regionen haben die administrative Form von Landkreisen; die Ausnahme ist Lübow-Krassow, wo die EE-Region aus dem (losen) Zusammenschnitt von nebeneinander liegenden Gemeinden besteht. Administrative Grenzen sind für den erfolgreichen Ausbau von erneuerbaren Energien nicht zwingend erforderlich, erleichtern ihn aber im Hinblick auf einige Kontextfaktoren wie klare administrative Zuständigkeiten, eine grundlegende gesicherte Finanzierung und eine einfachere Identifizierung von relevanten Akteuren, welche in den Prozess eingebunden werden können.

- Klare **administrative Grenzen** einer EE-Region erleichtern den regionalen Ausbau von erneuerbaren Energien.

Deutlich wurde in den untersuchten EE-Region auch, dass die Konstituierung der Regionen zum Teil zwar durch die administrativen Grenzen vorgegeben ist. Die „passende" Konstituierung der Regionen erfolgt jedoch in den Regionen. So nutzt die Bürgerstiftung Energiewende Oberland die Synergieeffekte, die sich durch die Zusammenarbeit der drei beteiligten Landkreise ergeben. In Hameln-Pyrmont ist ein ähnliches Konstrukt durch die teilweise Ausdehnung auf das Gebiet der Region Weserbergland erkennbar, auch wenn der eigentliche EE-Prozess (noch) im Landkreis Hameln-Pyrmont stattfindet. In Marburg-Biedenkopf hingegen scheint der Prozess vor allem wegen der klaren administrativen Grenzen zu funktionieren, die nicht überschritten werden. Die Ausnahme bleibt die EE-Region Lübow-Krassow, in der keine Orientierung an administrativen Grenzen stattfindet, Stattdessen hat sich dort die „Koalition der Willigen" versammelt, die auf ihrem Gebiet erneuerbare Energien ausbaut.

In den untersuchten Regionen waren nur partiell (regionale) Akteure aus der Forschung eingebunden. Ihre regionale Einordnung scheint daher kein wichtiger Aspekt für die erfolgreiche Entwicklung des regionalen Prozesses zu sein. Es hat sich nicht zuletzt gezeigt, dass anders als in anderen Prozessen, welche die breite Bevölkerung betreffen, nur sehr wenige Akteure aus der Kirche und keine Akteure aus der Gewerkschaft im regionalen EE-Prozess beteiligt sind.

5.4 Reichweite der Ergebnisse und Forschungsperspektive

Mit den Fallstudien in den vier untersuchten EE-Regionen konnten empirisch Einflussfaktoren für den erfolgreichen Ausbau der erneuerbaren Energien rekonstruiert und ihre Interdependenzen aufgezeigt werden, primär handelte es sich dabei um Erfolgsfaktoren. Deutlich geworden ist, dass der Ausbau von erneuerbaren Energien auf regionaler Ebene nicht idealtypisch verläuft und es keine allgemeingültigen Einflussfaktoren gibt, die in jeder Region wirken. Dennoch lassen sich die empirisch anhand der Fallstudien hergeleiteten Faktoren, die zum Erfolg beitragen, partiell auf andere Landkreise und Regionen in Deutschland übertragen. Dabei muss jedoch die jeweilige pfadabhängige regionale Entwicklung berücksichtigt werden.

Weiterer Forschungsbedarf besteht bei der Analyse von Regionen, die den Prozess zum Ausbau von erneuerbaren Energien nicht weiter verfolgt haben, d. h. „gescheiterte Regionen". Gründe für das Aussetzen des Ausbaus der erneuerbaren Energien könnte anhand dieser Regionen untersucht werden. Auch eine dauerhafte Begleitung der regionalen Prozesse erscheint als Forschungsprojekt sinnvoll. Die vorliegende Arbeit bildet die Situation anhand einzelner Interviews ab und berücksichtigt nur am Rande, dass sich Rollen und Einstellungen der Akteure weiterentwickeln und verändern können.

Berücksichtigt werden muss bei den Untersuchungen, dass der Ausbau der erneuerbaren Energien immer noch ein relativ neues Politikfeld darstellt; auf regionaler Ebene hat es sich noch nicht umfassend als Aufgabenfeld etabliert. Die untersuchten Regionen sind allesamt Pioniere beim regionalen Ausbau erneuerbarer Energien. Eine Analyse von „durchschnittlichen Regionen" könnte einen interessanten Kontrastfall bieten.

Nicht zuletzt erfordert die Langfristigkeit der Prozesse – die Bundesregierung plant, im Jahr 2050 80 Prozent erneuerbare Energien zu erreichen – einen veränderten Untersuchungsansatz. Eine umfassende Bewertung des Governance-Prozesses lässt sich nur auf der Basis detaillierter Untersuchungen über mehrere Jahre durchführen. Dies war im Rahmen dieser Arbeit nicht möglich. Zusätzlich ist das Feld sehr komplex und die vorliegende Arbeit hatte nicht die Möglichkeit, alle Faktoren umfassend einzubeziehen. Es fand ein Fokus auf den Strombereich statt, weil dieser am weitesten ausgebaut ist. Schließlich sind viele regionale Prozesse mit Unsicherheit behaftet, weshalb über viele keine abschließende Aussage getroffen werden kann. Ferner war in der Analyse auffällig, dass Frauen als Schlüsselakteure in den EE-Regionen unterrepräsentiert sind. Eine Untersuchung der Rolle von Frauen in regionalen Prozessen zum Ausbau von erneuerbaren Energien ist eine zusätzliche Möglichkeit der Analyse.

Insgesamt bleibt festzuhalten, dass die Analyse anhand von Fallstudien besonders durch die Experteninterviews möglich gemacht hat, die regionalen Prozesse aufzudecken und relevante Akteure zu identifizieren, die zum erfolgreichen regionalen Ausbau der erneuerbaren Energien beigetragen haben. Die Analyse der vier Regionen hat ergeben, dass die Energiewende regional bereits weit fortgeschritten ist. Die Energiewende wird vor Ort umgesetzt.

6 Literaturverzeichnis

Agentur für Erneuerbare Energien (2011): "*Energie in Bürgerhand: Privatleute treiben die Energiewende voran.*" von http://www.unendlich-viel-energie.de/de/wirtschaft/detailansicht/browse/1/article/572/energie-in-buergerhand-privatleute-treiben-die-energiewende-voran.html (letzter Zugriff 09.02.2013).

Agentur für Erneuerbare Energien (2012): "*Akzeptanzumfrage 2012.*" von http://www.unendlich-viel-energie.de/fileadmin/content/Renews Kompakt/aee_RenewsKompakt_Akzeptanzumfrage2012.pdf (letzter Zugriff 11.10.2012).

Agentur für Erneuerbare Energien (o.J.): "*Förderal erneuerbar - Bundesländer in der Übersicht.*" von http://www.foederal-erneuerbar.de/uebersicht/bundeslaender/ (letzter Zugriff 29.08.2012).

Akademie für Raumforschung und Landesplanung (2005): *Handwörterbuch der Raumordnung*. Hannover, Akademie für Raumforschung und Landesplanung.

Amtsblatt der Europäischen Union (2009): "*Richtlinie 2009/28/EG des europäischen Parlaments und des Rates vom 23. April 2009 zur Förderung der Nutzung von Energie aus erneuerbaren Quellen und zur Änderung und anschließenden Aufhebung der Richtlinien 2001/77/EG und 2003/30/EG.*" Amtsblatt der Europäischen Union, von http://eur-lex.europa.eu/LexUriServ/LexUriServ.do?uri=OJ:L:2009:140:0016:0062:de:PDF (letzter Zugriff 05.12.2012).

ANE, Coaching Bioenergiedörfer MV, et al. (2010): "*Grevesmühlener Erklärung. Wir wollen gemeinsam mit Energie die Zukunft im ländlichen Raum gestalten!*", von http://www.nachhaltigkeitsforum.de/pdf/2010_07_02-03_Grevesmuehlener_Erklaerung.pdf (letzter Zugriff 08.12.2012).

Arbeitsgemeinschaft Bayerische Solarinitiativen (o.J.): "*Energiewende schaffen! 100 % Erneuerbare Energien sind möglich!*", von http://www.solarinitiativen.de/ (letzter Zugriff 12.07.2012).

Barnett, Michael und Raymond Duvall (2005): *Power in Global Governance*, in: Michael Barnett und Raymond Duvall (Hrsg.): Power in Global Governance. Cambridge, Cambridge University Press: 1-32.

Bathelt, Harald und Johannes Glückler (2002): *Wirtschaftsgeographie - Ökonomische Beziehungen in räumlicher Perspektive*. Stuttgart, Verlag Eugen Ulmer.

Baumheier, Ralph (1993): *Kommunale Umweltversorgung: Chancen und Probleme präventiver Umweltpolitik auf der kommunalen Ebene am Beispiel der Energie- und der Verkehrspolitik*. Basel, Birkhäuser.

Bayrische Staatsregierung (2006): "*Gesetz über die Wahl der Gemeinderäte, der Bürgermeister, der Kreistage und der Landräte - GLKrWG*."

Bayrische Staatsregierung (2011): "*Bayrisches Energiekonzept "Energie innovativ"*." von http://www.bayern.de/Anlage10344945/Bayerisches EnergiekonzeptEnergieinnovativ.pdf (letzter Zugriff 10.10.2012).

Bayrische Staatsregierung (o.J.-a): "*Energie-Atlas-Bayern*." von http://www.energieatlas.bayern.de (letzter Zugriff 31.05.2012).

Bayrische Staatsregierung (o.J.-b): "*Startseite - Freistaat Bayern - Regierungsbezirke, Bezirke, Landkreise und Gemeinden*." von http://www.bayern.de/Regierungsbezirke-Bezirke-Landkreise-und-Gemeinden-.431/index.htm (letzter Zugriff 20.06.2012).

Behörden Spiegel (2012): *Flickenteppich Kommunalwirtschaft – Föderale Gesetzgebung unter dem Zeichen der Energiewende*. Bonn, Behörden Spiegel.

Benz, Arthur (1995): *Politiknetzwerke in der horizontalen Politikverflechtung*, in: Dorothea Jansen und Klaus Schubert (Hrsg.): Netzwerke und Politikproduktion. Konzepte, Methoden, Perspektiven. Marburg, Schüren Verlag: 185-204.

Benz, Arthur (2001): *Der moderne Staat*. München, Oldenbourg.

Benz, Arthur (2004): *Governance - Regieren in komplexen Regelsystemen: eine Einführung*. Wiesbaden, VS Verlag.

Benz, Arthur (2009): *Politik in Mehrebenensystemen*. Wiesbaden, VS Verlag.

Benz, Arthur und Dietrich Fürst (2003): *Region - "Regional Governance" - Regionalentwicklung*, in: Bernd Adamaschek und Marga Pröhl (Hrsg.): Regionen erfolgreich steuern: Regional Governance - von der kommunalen zur regionalen Strategie. Gütersloh, Bertelsmann-Stiftung: 11-66.

Benz, Arthur, Dietrich Fürst, et al. (1999): *Regionalisierung*. Opladen, Leske + Budrich.

Benz, Arthur und Everhard Holtmann (1998): *Gestaltung regionaler Politik: Empirische Befunde, Erklärungsansätze und Praxistransfer*. Opladen, Leske + Budrich.

Benz, Arthur, Susanne Lütz, et al. (2007): *Einleitung*, in: Arthur Benz, Susanne Lützet al. (Hrsg.): Handbuch Governance. Theoretische Grundlagen und empirische Anwendungsfelder. Wiesbaden, VS Verlag.

Benz, Arthur und Anna Meincke (2007): "*Regionen Aktiv – Land gestaltet Zukunft Begleitforschung 2004 bis 2006. Endbericht der Module 3 und 4 Regionalwissenschaftliche Theorieansätze. Analyse der Governance Strukturen.*" von http://www.regionenaktiv.de/bilder/Abschlussbericht_ Modul_3_und_4.pdf (letzter Zugriff 21.08.2012).

Bertelsmann Stiftung (o.J.): "*Wegweise Kommune.*" von http://www.wegweiser-kommune.de/?redirect=false& (letzter Zugriff 12.12.2012).

Bielitza-Mimjähner, Ralf (2008): *Kommunaler Klimaschutz unter Globalisierungs-und Liberalisierungsbedingungen: Ein Instrument einer nachhaltigen Energieversorgung?; eine empirische Untersuchung unter besonderer Berücksichtigung der Akteure Kommune und Stadtwerke*. Saarbrücken, VDM Verlag Dr. Müller.

Blotevogel, Hans Heinrich (2000): "*Zur Konjunktur der Regionsdiskurse.*" Informationen zur Raumentwicklung Heft 9-10/2000: 491-506.

Blume, Tillmann (2009): *Die ökonomischen Effekte regionaler Kooperation. Theorie und Empirie am Beispiel monozentrischer Regionen in Westdeutschland*. Marburg, Metropolis-Verlag.

Böcking, David (2011): "*Zoff über "Ökodiktatur": Marburg ist überall.*" von http://www.spiegel.de/wirtschaft/soziales/zoff-ueber-oekodiktatur-marburg-ist-bald-ueberall-a-771530.html (letzter Zugriff 10.12.2012).

Bogner, Alexander und Wolfgang Menz (2009): *Das theoriegeleitete Experteninterview*, in: Alexander Bogner, Beate Littiget al. (Hrsg.): Experteninterviews - Theorien, Methoden, Anwendungsfelder. Wiesbaden VS Verlag: 61-98.

Bogumil, Jörg und Lars Holtkamp (2006): *Kommunalpolitik und Kommunalverwaltung - Eine policyorientierte Einführung*. Wiesbaden, VS Verlag.

Böhme, Dieter, Wolfhart Dürrschmidt, et al. (2012): "*Erneuerbare Energien in Zahlen. Nationale und internationale Entwicklung.*" von http://www.erneuerbare-energien.de/files/pdfs/allgemein/application/pdf/ broschuere_ee_zahlen_bf.pdf (letzter Zugriff 07.12.2012).

Bolay, Sebastian (2008): *Einführung von Energiemanagement und Erneuerbaren Energien - Untersuchung von Erfolgsfaktoren in deutschen*

Kommunen. Wirtschafts- und Sozialwissenschaftliche Fakultät. Berlin, Universität Potsdam.

Bortz, Jürgen und Nicola Döring (2003): *Forschungsmethode und Evaluation für Human- und Sozialwissenschaftler*. Berlin, Springer.

Brunnengräber, Achim (2007): *Multi-Level Climate Governance*, in: Achim Brunnengräber und Heike Walk (Hrsg.): Multi-Level-Governance. Klima-, Umwelt- und Sozialpolitik in einer interdependenten Welt. Baden-Baden, Nomos: 207-228.

Brunnengräber, Achim, Hans-Jürgen Burchardt, et al. (Hrsg.) (2008): *Mit mehr Ebenen zur Gestaltung? Multi-Level-Governance in der transnationalen Sozial- und Umweltpolitik*. Schriften zur Governance-Forschung. Berlin, Kassel, Leipzig, Nomos.

Brunnengräber, Achim, Kristina Dietz, et al. (2008): *Das Klima neu denken - Eine sozial-ökologische Perspektive auf die lokale, nationale und internationale Klimapolitik*. Münster, Westfälisches Dampfboot.

Bruns, Elke, Johann Köppel, et al. (2008): *Die Innovationsbiographie der Windenergie - Absichten und Wirkungen von Steuerungsimpulsen*. Berlin, LIT Verlag.

Bruns, Elke, Dörte Ohlhorst, et al. (2009): *Erneuerbare Energien in Deutschland - eine Biographie des Innovationsgeschehens*. Berlin, Universitätsverlag TU Berlin.

BUND Hameln-Pyrmont (o.J.): "*Klimaschutz.*" von http://hameln-pyrmont.bund.net/themen_und_projekte/klimaschutz/ (letzter Zugriff 28.02.2012).

BUND Marburg (2012): "*Wir über uns.*" von http://www.bund-marburg.de/index.php?option=com_content&view=article&id=26:selbstdarstellung&catid=19:selbstdarstellung&Itemid=31 (letzter Zugriff 28.10.2012).

Bund Naturschutz in Bayern e.V. (o.J.): "*Kreisgruppe Weilheim-Schongau.*" von http://www.weilheim-schongau.bund-naturschutz.de/index.php?id=1717 (letzter Zugriff 11.07.2012).

Bundesgesetzblatt (2011): "*Dreizehntes Gesetz zur Änderung des Atomgesetzes.*" 1704-1705.

Bundesgesetzblatt (2012): "*Gesetz für den Vorrang Erneuerbarer Energien (Erneuerbare-Energie-Gesetz - EEG).*" 2074-2100.

Bundesministerium für Ernährung Landwirtschaft und Verbraucherschutz (o.J.): "*Bioenergieregion Oberland.*" von http://kompetenzzentrum-energie.info/hp561/Bioenergieregion-Oberland.htm (letzter Zugriff 03.02.2013).

Bundesministerium für Umwelt, Naturschutz und Reaktorsicherheit (2011): "*Das Energiekonzept und seine beschleunigte Umsetzung.*" von http://www.bmu.de/themen/klima-energie/energiewende/beschluesse-und-massnahmen/ (letzter Zugriff 06.06.2012).

Bundesministerium für Umwelt, Naturschutz und Reaktorsicherheit (2012): "*Förderprogramm für Kommunen, soziale und kulturelle Einrichtungen.*" von http://www.bmu-klimaschutzinitiative.de/de/projekte_nki?d=450 (letzter Zugriff 05.12.2012).

Bundesministerium für Wirtschaft und Technologie (2012): "*Förderdatenbank.*" von http://www.foerderdatenbank.de/ (letzter Zugriff 21.02.2012).

Bundesministerium für Wirtschaft und Technologie (o.J.): "*Wasserkraft Marktentwicklung.*" von http://www.renewables-made-in-germany.com/de/start/wasserkraft/wasserkraft/marktentwicklung.html (letzter Zugriff 21.06.2012).

Bundesministerium für Wirtschaft und Technologie und Bundesministerium für Umwelt Naturschutz und Reaktorsicherheit (2010): "*Energiekonzept für eine umweltschonende, zuverlässige und bezahlbare Energieversorgung.*" von http://www.bmu.de/files/pdfs/allgemein/application/pdf/energiekonzept_bundesregierung.pdf (letzter Zugriff 05.04.2012).

Butte, Rüdiger (2012): "*Bildergalerie.*" von http://www.ruediger-butte.de/galerie/gal1/galerie.htm (letzter Zugriff 24.02.2012).

Christlich Demokratischer Union Marburg-Biedenkopf, Bündnis 90 / Die Grünen Marburg-Biedenkopf, et al. (2011): "*Koalitionsvereinbarung für die Jahre 2011-2016.*" von http://www.gruene-marburg.de/userspace/HE/marburg/Kreisfraktion/Texte/Koalitionsvereinbarung_2011.pdf (letzter Zugriff 09.02.2012).

Christlich Demokratischer Union Stadtverband Hameln (o.J.): "*Ratswahlprogramm 2011-2016.*" von http://www.cdu-hameln.de/index.php?ka=16&ska=108&idclm=70 (letzter Zugriff 24.02.2012).

Dagger, Steffen (2009): *Energiepolitik & Lobbying: Die Novelle des Erneuerbare-Energien-Gesetzes (EEG) 2009.* Stuttgart, Ibidem-Verlag.

dena (2010): "*dena-Netzstudie II. Integration erneuerbarer Energien in die deutsche Stromversorgung im Zeitraum 2015 2020 mit Ausblick 2025.*"

von http://www.dena.de/fileadmin/user_upload/Publikationen/ Erneuerbare/Dokumente/Endbericht_dena-Netzstudie_II.PDF (letzter Zugriff 10.12.2012).

Derichs, Sascha (2007): *Regional und Rural Governance - Ein effektiver Steuerungsansatz zur regional bestimmten Eigenentwicklung?* Philosophische Fakultät. Aachen, Universität Aachen.

Deutsche Gesellschaft für Sonnenenergie e.V. (2012): "*Energy Map.*" von http://www.energymap.info/ (letzter Zugriff 19.12.2012).

Deutscher Landkreistag (2006): "*Landkreise im Prozess der Verwaltungsreformen.*" von http://www.kreise.de/__cms1/images/stories/publikationen/bd-58.pdf (letzter Zugriff 17.10.2012).

Deutsches Institut für Urbanistik (Hrsg.) (2011): *Klimaschutz in Kommunen. Praxisleitfaden.* Berlin, Difu.

DEWEZET (2011): "*Die massive Kritk eines Geschassten.*" von http://www.dewezet.de/portal/lokales/aktuell-vor-ort/weserbergland_Die-massive-Kritik-eines-Geschassten-_arid,326234.html (letzter Zugriff 23.02.2012).

Diekmann, Jochen, Felix Groba, et al. (2010): "*Bundesländer-Vergleichsstudie mit Analyse der Erfolgsfaktoren für den Ausbau der Erneuerbaren Energien 2010.*"DIW Berlin: Politikberatung kompakt 57.

Diekmann, Jochen, Felix Groba, et al. (2012): *Vergleich der Bundesländer: Analyse der Erfolgsfaktoren für den Ausbau der Erneuerbaren Energien 2012.* Berlin, Deutsches Institut für Wirtschaftsforschung.

Diller, Christian (2002): *Zwischen Netzwerk und Institution. Eine Bilanz regionaler Kooperationen in Deutschland.* Opladen, Leske + Budrich.

Diller, Christian (2004): *Regional Governance im "Schatten der Hierarchie".* Raumforschung und Raumordnung. H. 4-5: 270-279.

Dreßler, Ulrich (2010): *Kommunalpolitik in Hessen*, in: Andreas Kost und Hans-Georg Wehling (Hrsg.): Kommunalpolitik in den deutschen Ländern. Wiesbaden, VS Verlag: 165-186.

Dye, Thomas (1976): *Policy analysis: What governments do, why they do it, and what difference it makes.* Alabama, University of Alabama Press.

E.ON (2012): "*Standorte - Grohnde - Chronik.*" von http://www.eon-kernkraft.com/pages/ekk_de/Standorte/Grohnde/Chronik/index.htm (letzter Zugriff 22.02.2012).

Elbe, Sebastian, Günter Kroes, et al. (2007): *Begleitforschung "Regionen Aktiv".* Synthesebericht und Handlungsempfehlungen. Göttingen, Universitätsdrucke Göttingen.

Energie Portal Mittelhessen (2012): "*Errichtete Windenergieanlagen (WEA) im Kreis Marburg-Biedenkopf.*" von http://www.energieportal-mittelhessen. de/fileadmin/image/Landkreise-Kommunen/Marburg-Biedenkopf/30_09_2011_Tabelle_MR.pdf (letzter Zugriff 19.04.2012).

Energiegenossenschaft Weserbergland (o.J.): "*Aktuelles.*" von http://www.engewe.de/index.html (letzter Zugriff 23.02.2012).

Energiewende Oberland (o.J.-a): "*Energiewende Oberland - Bürgerstiftung für Erneuerbare Energien und Energieeinsparung.*" von http://energiewende-oberland.de/ (letzter Zugriff 20.06.2012).

Energiewende Oberland (o.J.-b): "*Organe der Bürgerstiftung.*" von http://energiewende-oberland.de/hp442/Organe-der-Buergerstiftung.htm (letzter Zugriff 11.07.2012).

Europäische Kommission (2007): "*Fahrplan für erneuerbare Energien.*" von http://europa.eu/legislation_summaries/energy/renewable_energy/l27065_ de.htm (letzter Zugriff 23.12.2012).

Europäische Kommission (2010): "*UNEP-Bericht fordert einschneidende Reformen in den Bereichen Energie und Landwirtschaft.*" von http://cordis.europa.eu/fetch?CALLER=DE_NEWS&ACTION=D&SESSION= &RCN=32164 (letzter Zugriff 09.03.2013).

Europäische Union (2001): "*Richtlinie 2001/77/EG des Europäischen Parlaments und des Rates vom 27. September 2001 zur Förderung der Stromerzeugung aus erneuerbaren Energiequellen im Elektrizitätsbinnenmarkt.*"Amtsblatt der Europäischen Gemeinschaften 283: 33.

European Communities (2007): "*Showcasing Europe's best energy solutions.*" von http://www.sustenergy.org/doc/Catalogue2007.pdf (letzter Zugriff 01.09.2012).

Eurosolar (2008): "*Dt. Solarpreise 2008 - Würdigung Gemeinde Salzhemmendorf.*" von http://www.eurosolar.de/de/index.php?option=com _content&task=view&id=928&Itemid=260 (letzter Zugriff 15.12.2011).

Eurosolar (o.J.): "*Dt. Solarpreis 2004 - Würdigung Solarinitiative Mecklenburg-Vorpommern e.V.*", von http://www.eurosolar.de/de/index.php?option

=com_content&task=view&id=546&Itemid=124 (letzter Zugriff 01.09. 2012).

Fischedick, Manfred, Karin Arnold, et al. (2010): *Potenziell treibende Kräfte und potenzielle Barriere für den Ausbau erneuerbarer Energien aus integrativer Sichtweise*. Wuppertal, Wuppertaler Institut für Klima, Umwelt, Energie.

Flitner, Michael und Christoph Görg (2008): *Politik im Globalen Wandel - räumliche Maßstäbe und Knoten der Macht*, in: Achim Brunnengräber, Hans-Jürgen Burchardt et al. (Hrsg.): Mit mehr Ebenen zur Gestaltung? Multi-Level-Governance in der transnationaln Sozial- und Umweltpolitik. Baden-Baden, Nomos: 163-181.

Frommer, Birte (2010): *Regionale Anpassungsstrategien an den Klimawandel - Akteure und Prozess*. Darmstadt, Institut WAR.

Frommer, Birte, Frank Buchholz, et al. (Hrsg.) (2011): *Anpassung an den Klimawandel - regional umsetzen!* München, oekom.

Fuchs, Georg (2010): *Kommunalpolitik im Freistaat Bayern*, in: Andreas Kost und Hans-Georg Wehling (Hrsg.): Kommunalpolitik in den deutschen Ländern. Eine Einführung. Wiesbaden, VS Verlag. 2: 40-62.

Fürst, Dietrich (1993): *Intermediäre Organisationen zwischen offenen Netzwerken und festen Strukturen*, in: Dietrich Fürst und Heiderose Kilper (Hrsg.): Effektivität intermediärer Organisationen für den regionalen Strukturwandel. Gelsenkirchen, Institut Arbeit u. Technik 21-34.

Fürst, Dietrich (2003): "*Steuerung auf regionaler Ebene versus Regional Governance.*"Informationen zu Raumentwicklung 8/9: 441-450.

Fürst, Dietrich (2007): *Regional Governance*, in: Arthur Benz, Susanne Lützet al. (Hrsg.): Handbuch Governance. Theoretische Grundlagen und empirische Anwendungsfelder. Wiesbaden, VS Verlag.

Fürst, Dietrich (2010): *Regional Governance*, in: Arthur Benz und Nicolai Dose (Hrsg.): Governance - Regieren in komplexen Regelsystemen. Eine Einführung. Wiesbaden, VS Verlag: 49-68.

Fürst, Dietrich, Marion Lahner, et al. (2008): *Regional Governance und Placemaking in Kulturlandschaften*, in: Dietrich Fürst, Ludger Gailinget al. (Hrsg.): Kulturlandschaft als Handlungsraum. Institutionen und Governance im Umgang mit dem regionalen Gemeinschaftsgut Kulturlandschaft. Dortmund, Rohn.

Fürst, Dietrich und Herbert Schubert (1998): "*Regonale Akteursnetzwerke - Zur Rolle von Netzwerken in regionalen Umstrukturierungsprozessen.*" Raumforschung und Raumordnung 56(5-6): 352-361.

Gemeinnützige Wohnungsbau GmbH Marburg-Lahn (o.J.): "*Planen und Bauen - Klimaschutz - Photovoltaik - Solarstrom Marburg.*" von http://www.gewobau-marburg.de/planen-und-bauen/photovoltaik/ (letzter Zugriff 03.07.2012).

Gerring, John (2004): "*What is a case study and what is it good for?*"American Political Science Review 98(2): 341-354.

Gläser, Jochen und Grit Laudel (2010): *Experteninterviews und qualitative Inhaltsanalyse als Instrumente rekonstruierender Untersuchungen.* Wiesbaden, VS Verlag.

Graichen, Patrick (2003): *Kommunale Energiepolitik und die Umweltbewegung.* Frankfurt/Main, Campus Verlag.

Greenpeace und EUtech (2009): *Klimaschutz: Plan B 2050. Energiekonzept für Deutschland.* Hamburg, Greenpeace.

Grüne Hameln (o.J.): "*Ursula Wehrmann.*" von http://www.gruene-hameln.de/hameln-aktuell/verlinkte-unterseiten/ursula-wehrmann/ (letzter Zugriff 24.02.2012).

Grüne Hameln Pyrmont (o.J.): "*Güssingen - Ein Beispiel für uns?*", von http://www.gruene-hameln-pyrmont.de/archiv/guessing-ein-modell-fuer-unsere-region/ (letzter Zugriff 23.02.2012).

Grunow, Dieter (Hrsg.) (2003): *Verwaltungshandeln in Politikfeldern: Eine Politikfeldbezogene Verwaltungsanalyse.* Opladen, Leske + Budrich.

Grüttner, Frank (2011): *Erneuerbare Energien in Mecklenburg-Vorpommern im Aufbruch!*, in: Dorothee Keppler, Benjamin Nöltinget al. (Hrsg.): Neue Energie im Ostern - Gestaltung des Umbruchs. Frankfurt am Main, Peter Lang: 121-134.

Gustedt, Evelyn (2000): *Nachhaltige Regionalentwicklung durch intermediare Organisationen?: Erwartungshaltungen, Hemmnisse und Möglichkeiten, dargestellt vor dem Hintergrund intermediarer Organisationen in vier peripheren, touristisch orientierten Regionen.* Stuttgart, Ibidem-Verlag.

Haase, Uta (2012): "*Betroffene sind empört - Bundeskartellamt ermittelt zur Vergabe der Stromkonzessionen.*" Mittelhessen, von http://www.mittelhessen.de/lokales/region_hinterland_marburg/nordkreis/690613_Bet roffene_sind_empoert.html (letzter Zugriff 02.03.2012).

Hameln-Pyrmont, BUND (2007): "*Einladung ins Kino - Eine unbequeme Wahrheit - Montag, 15.01.2007.*" von http://www.hermes-familie.de/mediapool/30/302788/data/Klimaschutz/2007.01.15-Faltblatt_unbeq._Wahrheit.pdf (letzter Zugriff 23.02.2012).

Hameln-Pyrmont, Landkreis (2011): "*Zahlen, Daten, Fakten.*" von http://www.hameln-pyrmont.de/index.phtml?mNavID=315.14&sNavID=315.54 (letzter Zugriff 04.11.2011).

Hauff, Volker (1987): *Unsere gemeinsame Zukunft. Der Brundtland-Bericht der Weltkommission für Umwelt und Entwicklung.* Greven, Eggenkamp Verlag.

Hauschildt, Jürgen und Edgar Kirchmann (1999): "*Zur Existenz und Effizienz von Prozesspromotoren.*"Promotoren: Champions der Innovation 2: 88-107.

Hennicke, Peter, Eberhard Jochem, et al. (1999): *Mobilisierungs-und Umsetzungskonzepte für verstärkte kommunale Energiespar-und Klimaschutzaktivitäten.* Kiel, Universität Kiel.

Henschel, Carsten (1998): *Kommunaler Klimaschutz: Avantgarde in einem amorphen Politikfeld.* Berlin, Freie Universität Berlin.

Hessisches Ministerium für Umwelt Energie Landwirtschaft und Verbraucherschutz (2012): "*Hessischer Energiegipfel - Umsetzungskonzept der Hessischen Landesregierung.*" (letzter Zugriff 01.02.2012).

Hirschl, Bernd (2008): *Erneuerbare Energienpolitik: Eine Multi-level Policy Analyse mit Fokus auf den deutschen Strommarkt.* Wiesbaden, VS Research.

Hirschl, Bernd, Astrid Aretz, et al. (2010): *Kommunale Wertschöpfung durch Erneuerbare Energien.* Berlin, IÖW.

Hoffmann, Peter (2010): *Kommunalpolitik in Niedersachsen. Kommunalpolitik in den deutschen Ländern*, in: Andreas Kost und Hans-Georg Wehling (Hrsg.). Wiesbaden, VS Verlag: 205-230.

Höflich, Bernd, Rafael Noster, et al. (2012): *Integration erneuerbarer Energien in den deutsch-europäischen Strommarkt.* Berlin, dena.

Hohmeyer, Olav (2002): *Vergleich externer Kosten der Stromerzeugung in Bezug auf das erneuerbare Energien-Gesetz.* Berlin, Umweltbundesamt.

Hooghe, Liesbet und Gary Marks (2003): "*Unraveling the central state, but how? Types of multi-level governance.*"American Political Science Review 97(2): 233-243.

Hoppe-Kilpper, Martin (2001): "*Integration erneuerbarer Energien und dezentrale Energieversorgung – Aufbau von Versorgungsstrukturen mit hohem Anteil Erneuerbarer Energien.*"FVS Themen 2001(Integration Erneuerbarer Energien in Versorgungsstrukturen): 4-14.

Hoppenbrock, Cord und Beate Fischer (2012): *Was ist eine 100ee-Region und wer darf sich so nennen? Informationen zur Aufnahme und Bewertung.* Kassel, deENet.

Industrie- und Handelskammer zu Schwerin (2011): "*Erneuerbare Energien: Chance für eine moderne Industriepolitik in Mecklenburg-Vorpommern.*" von http://www.ihkzuschwerin.de/ihksn/Medien/Dokumente/PR/IHK_VV_20 11_0518_ErneuerbareEnergien.pdf (letzter Zugriff 09.12.2012).

Institut dezentrale Energietechnologien (o.J.): "*100ee-Regionen.*" von http://www.100-ee.de (letzter Zugriff 10.02.2013).

IRENA (o.J.): "*IRENA - International Renewable Energy Agency.*" von http://www.irena.org (letzter Zugriff 18.12.2012).

Jahn, Detlef (2010): *Vergleichende Politikwissenschaft*. Wiesbaden, VS Verlag

Jänicke, Martin (2003): *Umweltpolitik*, in: Uwe Andersen und Wichard Woyke (Hrsg.): Handwörterbuch des politischen Systems der Bundesrepublik Deutschland. Bonn, Bundeszentrale für politische Bildung. 5. aktualisierte Auflage.

Jänicke, Martin, Philip Kunig, et al. (1999): *Lern-und Arbeitsbuch Umweltpolitik*. Bonn, Dietz.

Jansen, Dorothea (1995): *Interorganisationsforschung und Politiknetzwerke*, in: Dorothea Jansen und Klaus Schubert (Hrsg.): Netzwerke und Politikproduktion. Konzepte, Methoden, Perspektiven. Marburg, Schüren Verlag: 95-110.

Jansen, Dorothea und Klaus Schubert (1995): *Netzwerkanalyse, Netzwerkforschung und Politikproduktion*, in: Dorothea Jansen und Klaus Schubert (Hrsg.): Netzwerke und Politikproduktion. Konzepte, Methoden, Perspektiven. Marburg, Schüren Verlag: 9-23.

Johnson, R. Burke und Anthony J. Onwuegbuzie (2004): "*Mixed Methods Research: A Research Paradigm Whose Time Has Come.*"Educational Researcher 33(7): 14-26.

Kaehlert, Günter (2011): *Marktpotenzial regenerativer Energien, Wettbewerb, notwendige eigene Voraussetzungen*, in: Wolfgang George und Thomas Berg (Hrsg.): Regionale Zukunftsmanagement. Band 5: Energiegenossenschaften gründen und erfolgreich betreiben. Lengerich, Pabst Science Publishers.

Kaltschmitt, Martin, Wolfgang Streicher, et al. (2005): *Erneuerbare Energien: Systemtechnik, Wirtschaftlichkeit, Umweltaspekte*. Berlin, Springer.

Karl, Jürgen (2012): *Dezentrale Energiesysteme: Neue Technologien im liberalisierten Energiemarkt*. München, Oldenbourg Wissenschaftsverlag.

Kenkmann, Tanja und Christof Timpe (2012): "*Dezentral, ressourcenschonend, effizient: Bausteine einer zukunftsfähigen Energieversorgung.*" von http://www.oeko.de/oekodoc/1377/2012-011-de.pdf (letzter Zugriff 22.01.2013).

Keppler, Dorothee, Heike Walk, et al. (Hrsg.) (2009): *Erneuerbare Energien ausbauen! Erfahrungen und Perspektiven regionaler Akteure in Ost und West*. München, oekom.

Keppler, Dortothee, Benjamin Nölting, et al. (2011): *Neue Energie im Osten - Gestaltung des Umbruchs - Perspektiven für eine zukunftsfähige sozialökologische Energiewende*. Frankfurt am Main, Peter Lang.

Kern, Kristine, Stefan Niederhafner, et al. (2005): *Kommunaler Klimaschutz in Deutschland - Handlungsoptionen, Entwicklung und Perspektiven*. Berlin, Wissenschaftszentrum Berlin für Sozialforschung

Klaus, Thomas, Carla Vollmer, et al. (2010): *2050: 100%. Energieziel 2050: 100% Strom aus erneuerbaren Quellen*. Dessau-Roßlau, Umweltbundesamt.

Klimaschutzagentur Weserbergland (o.J.): "*Klimaschutzagentur Weserberland. Energie. Erfahrung. Effizienz.*", von http://www.klimaschutzagentur.org (letzter Zugriff 01.12.2012).

Knieling, Jörg, Jannes Fröhlich, et al. (2011): *Climate Governance*, in: Birte Frommer, Frank Buchholzet al. (Hrsg.): Anpassung an den Klimawandel - regional umsetzen! München, oekom: 23-43.

Kompetenznetzwerk dezentrale Energietechnologien (2010): *Regionale Erfolgsbeispiele auf dem Weg zu 100% EE - Sammelband zur Posterausstellung 100%-EE-Meile.* Kassel, deENet.

Kreisausschuss Marburg-Biedenkopf (2012 (2. Auflage)): "*Tschernobyl und seine Folgen - Dokumentation und Rechenschaftsbericht.*" von http://www.staff.uni-marburg.de/~kunih/all-doc/tschernobyllkmrbid1.pdf (letzter Zugriff 18.04.2012).

Krewitt, Wolfram und Barbara Schlomann (2006): *Externe Kosten der Stromerzeugung aus erneuerbaren Energien im Vergleich zur Stromerzeugung aus fossilen Energieträgern.* Berlin, Bundesministerium für Umwelt, Naturschutz und Reaktorsicherheit.

Kritzinger, Sylvia und Irina Michalowitz (2008): *Methodologische Triangulation in der europäischen Policy-Forschung*, (Hrsg.): Die Zukunft der Policy-Forschung. Theorien, Methoden, Anwendungen. Wiesbaden, VS Verlag: 191-210.

Krumm, Thomas, Udo Kuckartz, et al. (2009): *Augewählte spezielle Verfahren und Studienformen*, in: Bettina Westle (Hrsg.): Methoden der Politikwissenschaft Baden-Baden, Nomos.

Kübler, Cornelia und Barbara Merz (2012): "*Zum Zusammenwirken von Regionalplanung und Regionalmanagement beim Klimaschutz - Konzeptentwurf für die Region Oberland.*" von http://www.arl-net.de/sites/default/files/kuebler_merz_konzeptklimaschutz_rprmoberland_120629_0.pdf (letzter Zugriff 25.07.2012).

Kuhn, Stefan und Ania Rok (2011): "*Rio+20 vor Ort. Überblick über die Ausprägungen lokaler Nachhaltigkeitsprozesse weltweit.*" von http://www.umweltbundesamt.de/umweltbewusstsein/publikationen/kommunen/la21_global_izt.pdf (letzter Zugriff 14.10.2012).

Lampen, Christiane (2010): "*AK "Kommunen beraten Kommunen" - Erfahrungsaustausch kommunale Klimaschutzkonzepte.*" Klimawandel und Kommunen (KUK), von http://www.kuk-nds.de/uploads/tx_seminars/2010-05-25_Klimaschutzkonzept_LK_HP_Lampen.pdf (letzter Zugriff 22.02.2012).

Land Niedersachsen (2010): *Niedersächsisches Kommunalverfassungsgesetz (NKomVG).*

Landesbetrieb Landwirtschaft Hessen (o.J.): "*Landwirtschaft in Hessen, Zahlen und Fakten.*" von http://www.llh-hessen.de/landwirtschaft/

unternehmensberatung/agrarstatistik/landwirtschaft-in-hessen-aktuelle-zahlen-und-fakten.html (letzter Zugriff 02.03.2012).

Landkreis Hameln Pyrmont (2011): "*Umweltberichte 2011.*" von http://www.hameln-pyrmont.de/media/custom/317_4684_1.PDF?129432 1896 (letzter Zugriff 24.02.2012).

Landkreis Hameln Pyrmont (o.J.): "*Pressemitteilungen - Gründungsversammlung der Klimaschutzagentur Weserbergland.*" von http://www.hameln-pyrmont.de/index.phtml?object=tx%7C315.100.1&ModID=7&FID=317.3535.1&sNavID=315.29&La=1 (letzter Zugriff 28.02.2012).

Landkreis Hameln-Pyrmont (2010): "*Integriertes Klimaschutzkonzept für den Landkreis Hameln-Pyrmont und seine Städte und Gemeinden.*" von http://www.hameln-pyrmont.de/media/custom/317_4324_1.PDF?127496 7002 (letzter Zugriff 11.11.2011).

Landkreis Marburg-Biedenkopf (2007): "*Beschlussvorlage Kreistag - Kampagne RegioEnergie Marburg-Biedenkopf.*" von http://regio-energie.org/images/stories/pdfs/Beschlussvorlage_Kreistag_346_2007_KT__T14 41-0_.pdf (letzter Zugriff 18.02.2012).

Landkreis Marburg-Biedenkopf (o.J.): "*Gründung des Landkreises.*" von http://www.marburg-biedenkopf.de/buergerservice/wissenswertes-und-statistik/gruendung-des-landkreises/ (letzter Zugriff 01.02.2012).

Landkreis Miesbach (2011): "*Integriertes kommunales Klimaschutzkonzept* ", von http://www.landkreis-miesbach.de/Landkreis/Klimaschutz/Integriertes_Klimaschutzkonzept/ (letzter Zugriff 06.02.2012).

Landratsamt Bad Tölz-Wolfratshausen (o.J.): "*ARGE 21 Umwelt.*" von http://www.lra-toelz.de/arge-21-umwelt/ (letzter Zugriff 11.07.2012).

Landratsamt Bad-Tölz-Wolfratshausen (o.J.): "*Klimaschutzkonzept für den Landkreis Bad-Tölz-Wolfratshausen.*" von http://www.lra-toelz.de/buerger/behoerdenleistungen/natur-umwelt-wasser-landwirtschaft/klimaschutzkonzept/ (letzter Zugriff 03.02.2013).

Lang, Achim und Philip Leifeld (2008): *Die Netzwerkanalyse in der Policy-Forschung: Eine theoretische und methodische Bestandsaufnahme*, in: Frank Jannig und Katrin Toens (Hrsg.): Die Zukunft der Policy-Forschung: Theorien, Methoden, Anwendungen. Wiesbaden, VS Verlag: 223-241.

Lasswell, Harold (1956): *The decision process: seven categories of functional analysis*, Bureau of Governmental Research, College of Business and Public Administration, University of Maryland.

Lenkungsgruppe der Regionalen Entwicklungskooperation Weserbergland plus (2007): "*Regionales Entwicklungskonzept Weserbergland plus.*" von http://www.rek-weserbergland.de/uploads/media/REK-PLUS.PDF (letzter Zugriff 04.11.2011).

Liebold, Renate und Rainer Trinczek (2009): *Experteninterview*, in: Stefan Kühl, Petra Strodtholzet al. (Hrsg.): Handbuch Methoden der Organisationsforschung. Wiesbaden, VS Verlag: 32-56.

Lijphart, Arend (1971): "*Comparative politics and the comparative method.*"The American Political Science Review 65(3): 682-693.

Maier, Gunther, Franz Tödtling, et al. (2012): *Regional- und Stadtökonomik 2 - Regionalentwicklung und Regionalpolitik*. Wien, Springer-Verlag.

Maron, Bernhard, Helene Maron, et al. (2012): *Genossenschaftliche Unterstützungsstrukturen für eine sozialräumlich orientierte Energiewirtschaft. Machbarkeitsstudie*. Köln, Klaus Novi Institut.

Mautz, Rüdiger, Andreas Byzio, et al. (2008): *Auf dem Weg zur Energiewende - Die Entwicklung der Stromproduktion aus erneuerbaren Energien in Deutschland*. Göttingen, Universitätsverlag Göttingen.

Mayntz, Renate (1996): *Politische Steuerung. Aufstieg, Niedergang und Transformation einer Theorie*, in: Klaus von Beyme und Klaus Offe (Hrsg.): Politische Theorien in der Ära der Tranformationen. Opladen, Westdeutscher Verlag.

Mayntz, Renate (1997): *Soziale Dynamik und politische Steuerung*. Frankfurt/Main, Campus.

Mayntz, Renate (2004a): *Governance im modernen Staat.*, in: Arthur Benz (Hrsg.): Governance – Regieren in komplexen Regelsystemen. Eine Einfu☐hrung. Wiesbaden, VS Verlag: 65-76.

Mayntz, Renate (2004b): "*Governance Theory als fortentwickelte Steuerungstheorie?*"MPIfG Working Paper.

Mayntz, Renate und Fritz W. Scharpf (1995): *Steuerung und Selbstorganisation in staatsnahen Sektoren*, in: Renate Mayntz und Fritz W. Scharpf (Hrsg.): Gesellschaftliche Selbstregelung und politische Steuerung. Frankfurt/Main, Campus: 9-38.

Mayring, Philipp (2010): *Qualitative Inhaltsanalyse: Grundlagen und Techniken.* Weinheim und Basel, Beltz.

Meuser, Michael und Ulrike Nagel (2009a): *Das Experteninterview - konzeptionelle Grundlagen und methodische Anlage,* in: Susanne Pickel, Gert Pickelet al. (Hrsg.): Methoden der vergleichenden Politik-und Sozialwissenschaft. Wiesbaden, VS Verlag: 465-479.

Meuser, Michael und Ulrike Nagel (2009b): *Experteninterview und der Wandel der Wissensproduktion,* in: Alexander Bogner, Beate Littiget al. (Hrsg.): Experteninterviews - Theorien, Methoden, Anwendungsfelder. Wiesbaden, VS Verlag: 35-60.

Meyer, Bertold (2012): "*Regionale Ströme braucht das Land – Coaching Bioenergiedörfer Mecklenburg-Vorpommern.*" von http://www.coaching-kommunaler-klimaschutz.de/fileadmin/inhalte/Dokumente/ Netzwerktreffen/Dessau-Ro%C3%9Flau/08_Meyer_ BioEnergie D%C3% B6rfer.pdf (letzter Zugriff 08.12.2012).

Meyer, Hubert (2010): *Kommunalpolitik in Mecklenburg-Vorpommern,* in: Andreas Kost und Hans-Georg Wehling (Hrsg.): Kommunalpolitik in den deutschen Ländern. Wiesbaden, VS Verlag: 187-204.

Mez, Lutz, Sven Schneider, et al. (2007): *Zukünftiger Ausbau erneuerbarer Energieträger unter besonderer Berücksichtigung der Bundesländer.* Berlin, FFU Berlin.

Ministerium für Wirtschaft Arbeit und Tourismus Mecklenburg-Vorpommern (2009): "*Energieland 2020 - Gesamtstrategie für Mecklenburg-Vorpommern.*" von http://www.regierung-mv.de/cms2/Regierungsportal_ prod/Regierungsportal/de/wm/_Service/Publikationen/index.jsp?&publiki d=2175 (letzter Zugriff 09.08.2012).

Moser, Peter (1998): *Klimaschutz vor Ort - Handlungen gesellschaftlicher Akteure im kommunalen Klimaschutzprozeß.* Osnabrück, secolo.

Moser, Peter und Cord Hoppenbrock (2008): *Modelle und gesellschaftliche Prozesse für ein regionales Energiesystem,* in: Wolfgang George und Martin Bonow (Hrsg.): Regionales Zukunftsmanagement - Band 2: Energieversorgung. Lengerich, Pabst: 72-85.

Müller-Rommel, Ferdinand (Hrsg.) (2001): *Sozialwissenschaften.* Studium der Umweltwissenschaften. Heidelberg, Springer.

Mummert (2011): "*Zukunft-Energie-Penzberg, Energie- und Klimaschutzkonzept.*" von http://www.klimaschutz-weilheim-schongau.

de/Inhalt/Zielgruppen/20110323__KEF_Pr%C3%A4sentation_BGM_Hr._Mummert.pdf (letzter Zugriff 21.06.2012).

Mußler, Paul (2008): *Standortfaktoren für den Ausbau der Photovoltaik in Bayern.* Stuttgart, Ibidem-Verlag.

Niedersächsische Staatskanzlei (2012): "*Erneuerbare Energien in Niedersachsen - Zuständigkeiten.*" von http://www.erneuerbare-energien-niedersachsen.de/zustaendigkeiten.html (letzter Zugriff 06.11.2011).

Niedersächsisches Ministerium für Umwelt und Klimaschutz (2011): "*Verlässlich, umweltfreundlich, klimaverträglich und bezahlbar - Energiepolitik für morgen. Entwurf eines Energiekonzeptes des Landes Niedersachsen.*" von http://www.erneuerbare-energien-niedersachsen.de/downloads/20110920-entwurf-eines-energiekonzeptes.pdf (letzter Zugriff 06.11.2011).

Nitsch, Joachim, Wolfram Krewitt, et al. (2004): "*Ökologisch optimierter Ausbau der Nutzung erneuerbarer Energien in Deutschland.*" von http://ifeu.de/landwirtschaft/pdf/Oekologisch_optimierter_Ausbau_Langfassung.pdf (letzter Zugriff 25.05.2012).

Öko-Institut und Prognos (2009): *Modell Deutschland. Klimaschutz bis 2050: Vom Ziel her denken.* Basel/Berlin, WWF Deutschland.

Osthorst, Winfried und Marco Pütz (2008): *Multi-Level-Governance in der Regionalentwicklung - Mehrebenenpolitik schafft Spielräume und birgt Konflikte*, in: Achim Brunnengräber, Hans-Jürgen Burchardtet al. (Hrsg.): Mit mehr Ebenen zu mehr Gestaltung? Multi-Level-Governance in der transnationalen Sozial- und Umweltpolitik. Berlin, Kassel, Leipzig, Nomos: 61-91.

Ostrom, Elinor, Roy Gardner, et al. (1994): *Rules, games, and common-pool resources.* Michigan, University of Michigan Press.

Pamme, Hildegard (2003): *Das Politikfeld Umweltpolitik*, in: Dieter Grunow (Hrsg.): Veraltungshandeln in Politikfeldern. Opladen, Leske + Buderich: 185- 224.

Pappi, Franz (1987): *Methoden der Netzwerkanalyse.* München, Oldenbourg Wissenschaftsverlag.

Pickel, Susanne (2009): *Die Triangulation als Methode in der Politikwissenschaft*, in: Susanne Pickel, Gert Pickelet al. (Hrsg.): Neue Entwicklungen und Anwendungen auf dem Gebiet der Methoden der vergleichenden Politik- und Sozialwissenschaft. Wiesbaden, VS Verlag: 517-542.

Pickel, Susanne, Gert Pickel, et al. (2009): *Differenzierung und Vielfalt der vergleichenden Methoden in den Sozialwissenschaften*, (Hrsg.): Methoden der vergleichenden Politik-und Sozialwissenschaft. Wiesbaden, VS Verlag: 9-26.

Planungsverband Region Oberland (2011): "*Niederschrift über die Sitzung des Planungsausschusses am 25. Januar 2011 in Murnau a. Staffelsee (Rathaus).*" von http://www.region-oberland.bayern.de/aktuelles/11-01-25-PA-Niederschrift.pdf (letzter Zugriff 12.07.2012).

Powell, Walter (1990): "*Neither market nor hierarchy: network forms of organization.*"Research in organizational behavior 12: 295-336.

Projekt 100%-Erneuerbare-Energie-Regionen (2009): *Schriftliche Befragung von Erneuerbare-Energie-Regionen in Deutschland*. Kassel, deENet.

Pütz, Marco (2004): *Regional Governance. Theoretisch-Konzeptionelle Grundlagen und eine Analyse nachhaltiger Siedlungsentwicklung in der Metropolregion München*. München, Oekom.

Pütz, Marco (2011): "*Power, scale and Ikea: analysing urban sprawl and land use planning in the metropolitan region of Munich, Germany.*"Procedia Social and Behavioral Sciences 14: 177-185.

Regio Energie Marburg-Biedenkopf (2012a): "*RegioEnergie - Eine Kampagne des Landkreises Marburg-Biedenkopf zur Förderung von erneuerbaren Energien.*" von http://regio-energie.org/ (letzter Zugriff 18.02.2012).

Regio Energie Marburg-Biedenkopf (2012b): "*Strom aus erneuerbaren Energien.*" von http://regio-energie.org/index.php/daten-zahlen-fakten/strom-aus-erneuerbaren-energien.html (letzter Zugriff 19.04.2012).

Regionaler Planungsverband Westmecklenburg (2011): "*Regionales Raumentwicklungsprogramm Westmecklenburg.*" von http://www.westmecklenburg-schwerin.de/media//regionaler-planungsverband-westmecklenburg/absaetze/rrep-wm.pdf (letzter Zugriff 01.09.2012).

Reiche, Danyel T. (2004): *Rahmenbedingungen für erneuerbare Energien in Deutschland : Möglichkeiten und Grenzen einer Vorreiterpolitik*. Frankfurt am Main, Lang.

Reuters (2012): "*Eon treibt Verkauf von Regionaltöchtern voran.*" von http://www.handelsblatt.com/unternehmen/industrie/energiekonzern-eontreibt-verkauf-von-regionaltoechtern-voran/7357120.html (letzter Zugriff 01.12.2012).

Rübsamen Windenergie GmbH (o.J.): "*Windpark Lübow.*" von http://www.ruebsamen-windenergie.de/luebow.php (letzter Zugriff 01.09.2012).

Sachverständigenrat für Umweltfragen (2011): *Wege zur 100% erneuerbaren Stromversorgung*. Berlin, Erich Schmidt Verlag.

Sack, Detlef (2005): *Regionale Governance, Deregulierungsstress und symolische Politik - Plädoyer für eine Neujustierung gewerkschaftlichen Engagements*, in: Klaus Dörre und Bernd Röttger (Hrsg.): Die erschöpfte Region. Münster, Westfälisches Dampfoot: 131-151.

Sack, Detlef (2011): *Governance zwischen Gouvernmentalität, Regierungsform und Regulation - Zur Prüfung des kritischen Gehalts einer Forschungsperspektive*, in: Alex Demirovic und Heike Walk (Hrsg.): Demokratie und Governance. Kritische Perspektive auf neue Formen politischer Herrschaft. Münster, Westfälisches Dampfboot.

Sack, Detlef und Hans-Jürgen Burchardt (2008): *Multi-Level-Governance und demokratische Partizipation - eine systematische Annäherung*, in: Achim Brunnengräber, Hans-Jürgen Burchardt et al. (Hrsg.): Mit mehr Ebenen zur Gestaltung? Multi-Level-Governance in der transnationalen Sozial- und Umweltpolitik. Baden-Baden, Nomos: 41-59.

Sartori, Giovanni (1991): "*Comparing and Miscomparing.*"Journal of Theoretical Politics 3(3): 243-257.

Scharpf, Fritz W. (1993): *Games in hierarchies and networks: Analytical and empirical approaches to the study of governance institutions*. Frankfurt am Main, Campus

Scharpf, Fritz W. (2000): *Interaktionsformen. Akteurszentrierter Institutionalismus in der Politikforschung*. Opladen, Leske + Budrich.

Schaumburger Nachrichten (2010): *Deventer: Butte ist "ein Agent der e.on"*. Schaumburger Nachrichten. Stadthagen.

Schieder, Klaus (2011): "*Ein Plan für die Energiewende.*" Süddeutsche Zeitung, von http://www.sueddeutsche.de/muenchen/wolfratshausen/bad-toelz-wolfratshausen-ein-plan-fuer-die-energiewende-1.1123643 (letzter Zugriff 04.07.2012).

Schlegel, Stephanie und Camilla Bausch (2007): *Akzeptanz und Strategien für den Ausbau Erneuerbarer Energien auf kommunaler und regionaler Ebene*. Berlin, Institut für Zukunftsstudien.

Schmidt, Brigitte (2006): "*Erneuerbare Energien und nachhaltige Regionalentwicklung in Mecklenburg-Vorpommern am Beispiel der Region Lübow-Krassow.*" von http://www.originalsozial.de/fileadmin/m_v_2020/Schmidt_-_Projekt-Leitlinien_EE.pdf (letzter Zugriff 13.08.2012).

Schmidt, Manfred (1995): *Wörterbuch zur Politik*. Stuttgart, Kröner.

Schramm, Werner (2012): *Bürgerwindanlage Peiting*. Achtes Kommunales Energieforum. Böbing, Landratsamt Weilheim-Schongau.

Schröder, Jürgen (2012): "*Bürgerinitiative Umweltschutz Unterelbe (BUU) Hamburg: Die Bürgerschaftswahlen und wir... Materialien zur Analyse von Opposition.*" von http://www.mao-projekt.de/BRD/NOR/HBG/Hamburg_AKW_BUU_Buergerschaftswahl.shtml (letzter Zugriff 15.12.2012).

Schubert, Klaus (1995): *Struktur-, Akteur- und Innovationslogik: Netzwerkkonzeptionen und die Analyse von Politikfeldern*, in: Dorothea Jansen und Klaus Schubert (Hrsg.): Netzwerke und Politikproduktion. Konzepte, Methoden, Perspektiven. Marburg, Schüren: 222-240.

Schubert, Klaus und Nils Bandelow (2003): *Lehrbuch der Politikfeldanalyse*. München, Oldenbourg.

Schumpeter, Joseph A. (2005): *Kapitalismus, Sozialismus und Demokratie*. Stuttgart, UTB.

Schuppert, Gunnar Folke (2006): "*Zauberwort Governance. Weiterführendes Forschungskonzept oder alter Wein in neuen Schläuchen?*"WZB-Mitteilungen 114: 53-56.

Schuppert, Gunnar Folke (2008): *Governance — auf der Suche nach Konturen eines „anerkannt uneindeutigen Begriffs"*, in: Gunnar Folke Schuppert und Michael Zürn (Hrsg.): Governance in einer sich wandelnden Welt. Wiesbaden, VS Verlag: 13-40.

Schweizer-Ries, Petra, Irina Rau, et al. (2010): *Aktivität und Teilhabe - Akzeptanz Erneuerbarer Energien durch Beteiligung steigern*, Projektabschlussbericht. Universität Magdeburg.

Schwickert, Dominic (2011): *Strategieberatung im Zentrum der Macht: Strategische Planer in Regierungszentralen*. Wiesbaden, VS Verlag.

Seimetz, Hans-Jürgen (2009): *Regional Governance - Voraussetzung für eine zukunftsweisende Regionalentwicklung*. Kaiserslautern, Technische Universität Kaiserslautern.

Service- und Kompetenzzentrum Kommunaler Klimaschutz (o.J.): "*Masterplan 100% Klimaschutz.*" von http://www.kommunaler-klimaschutz.de/f%C3%B6rderprogramme/bmu-f%C3%B6rderprogramm/masterplan-100-klimaschutz (letzter Zugriff 01.12.2012).

Smart Energy Region Oberland (o.J.): "*Zuverlässige Partner für eine starke Region.*" von http://smartenergy-oberland.de/hp485/Partner.htm (letzter Zugriff 11.07.2012).

SmartEnergy Region Oberland (o.J.): "*Energiesysteme der Zukunft im Oberland - intelligent, vernetzt und einzigartig.*" von http://www.smarenergy-oberland.de (letzter Zugriff 02.03.2013).

Sonneninitiative e.V. (o.J.-a): "*Der Verein.*" von http://www.sonneninitiative.org/der-verein.html (letzter Zugriff 02.02.2012).

Sonneninitiative e.V. (o.J.-b): "*Verein bei Woche-der-Sonne-Auftakt in Berlin.*" von http://www.sonneninitiative.org/sonnenmagazin/artikel-des-vereins/wds-auftakt-berlin.html?PHPSESSID=8a176ff8fffbf3f40969d63e85a7a19a (letzter Zugriff 01.03.2012).

SPD Hameln-Pyrmont (2011): "*Wir schreiben Zukunft groß - Unterbezirk Hameln-Pyrmont - Eckpunkte für das Kreiswahlprogramm 2011.*" von http://spd-hameln-pyrmont.de/imperia/md/content/bezirkhannover/hameln-pyrmontub/kw2011/eckpunkte_des_kreiswahlprogramms2011.pdf (letzter Zugriff 28.02.2012).

Spiegel (1978): "*Schwarz vor Augen.*" Spiegel, von http://www.spiegel.de/spiegel/print/d-40615437.html (letzter Zugriff 22.02.2012).

Stadt Hameln (2011): "*Kommunales Klimaschutzkonzept der Stadt Hameln 2010-2020.*" von http://www.hameln.de/wirtschaft/umwelt/klima/klimaschutzkonzept.htm (letzter Zugriff 21.02.2012).

Stadt Hameln (o.J.-a): "*Förderprogramm zur Nutzung regenerativer Energien.*" von http://www.hameln.de/wirtschaft/solarstadt/solarfoerderprogramm.htm (letzter Zugriff 03.07.2012).

Stadt Hameln (o.J.-b): "*Solarkataster.*" von http://www.intergis.hameln.de/ (letzter Zugriff 24.02.2012).

Stadt Hameln (o.J.-c): "*Wirtschaft - Solarstadt - Soltec.*" von http://www.hameln.de/wirtschaft/solarstadt/soltec.htm (letzter Zugriff 03.07.2012).

Stadtwerke Bad Tölz (o.J.): "*Strom.*" von http://www.stw-toelz.de/badtoelzGips/Gips?SessionMandant=SW-BadToelz&

Anwendung=CMSWebpage&Methode=ShowHTMLAusgabe&Ressource ID=177&WebPublisher.NavId=170&SessionMandant= (letzter Zugriff 11.07.2012).

Stadtwerke Hameln (o.J.-a): "*Die Stadtwerke stechen in See.*" von http://www.stadtwerke-hameln.de/index.php/startseite/88-aktuelles/666-die-stadtwerke-stechen-in-see (letzter Zugriff 07.12.2012).

Stadtwerke Hameln (o.J.-b): "*Stadtwerke Hameln investieren in die Zukunft.*" von https://http://www.stadtwerke-hameln.de/index.php/component/content/article/88-aktuelles/700-stadtwerke-hameln-investieren-in-die-zukunft (letzter Zugriff 03.07.2012).

Stadtwerke Hameln (o.J.-c): "*Unternehmensgeschichte.*" von http://www.stadtwerke-hameln.de/index.php/unternehmen/unternehmens geschichte (letzter Zugriff 28.02.2012).

Stadtwerke Marburg (o.J.): "*Stadtwerke Marburg - Energie - Sind Sie schon unser Kunde?*", von http://www.stadtwerke-marburg.de/de/13185 (letzter Zugriff 02.03.2012).

Statistische Ämter des Bundes und der Länder (2012): "*Volkswirtschaftliche Gesamtrechnungen - Bruttoinlandsprodukt.*" von http://www.statistikportal.de/Statistik-Portal/de_jb27_jahrtab65.asp (letzter Zugriff 22.02.2012).

Statistisches Bundesamt (2011): *Bevölkerungs-und Haushaltsentwicklung in Bund und Ländern*. Wiesbaden, Statistische Ämter des Bundes und der Länder,.

Stöhr, Michael (2008): *Kooperation und Strukturen für eine regionale Energieversorgung*, in: Wolfgang George und Martin Bonow (Hrsg.): Regionales Zukunftsmanagement - Band 2: Energieversorgung. Lengerich, Pabst: 55-71.

Strange, Susan (1996): *The Retreat of the State: The Diffusion of Power in the World Economy*. Cambridge, Cambridge University Press.

Suck, André (2008): *Erneuerbare Energien und Wettbewerb in der Elektrizitätswirtschaft: Staatliche Regulierung im Vergleich zwischen Deutschland und Großbritannien*. Wiesbaden, VS Verlag.

Sydow, Jörg (1992): *Strategische Netzwerke. Evolution und Organisation*. Wiesbaden, Gabler.

Tischer, Martin, Michael Stöhr, et al. (2006): *Auf dem Weg zur 100% Region: Handbuch für eine nachhaltige Energieversorgung von Regionen*. München, BAUM Consult.

Umweltministerium Mecklenburg-Vorpommern (2003): "*Umweltminister Methling besichtigt Anlagen zur alternativen Energiegewinnung.*" von http://www.pressrelations.de/new/standard/result_main.cfm?pfach=1&n_f irmanr_=103969&sektor=pm&detail=1&r=121205&sid=&aktion=jour_p m&quelle=0&profisuche=1 (letzter Zugriff 01.09.2012).

Unser Land (o.J.): "*Unser Land.*" von http://www.unserland.info/ (letzter Zugriff 05.07.2012).

Vereinte Nationen (1992): "*Agenda 21.*" Konferenz der Vereinten Nationen für Umwelt und Entwicklung, von http://www.un.org/Depts/german/conf/ agenda21/agenda_21.pdf (letzter Zugriff 14.10.2013).

von Prittwitz, Volker (1994): *Politikanalyse*. Opladen, Leske + Budrich.

von Prittwitz, Volker (2007): *Vergleichende Politikanalyse*. Stuttgart, UTB.

Walk, Heike (2009): "*Krise der Demokratie und die Rolle der Politikwissenschaft.*"Aus Politik und Zeitgeschichte: 22-28.

Walk, Heike und Alex Demirovic (2011): *Demokratie und Governane Kritische Perspektiven auf neue Gormen politischer Herrschaft*. Münster, Westfälisches Dampfboot.

Weber, Max (1980): *Wirtschaft und Gesellschaft: Grundriss der verstehenden Soziologie*. Tübingen, Mohr.

Weilheim-Schongau, Landkreis (2010): "*Klimaschutzkonzept für den Landkreis Weilheim-Schongau.*" von http://www.klimaschutz-weilheim-schongau. de/Inhalt/Klimaschutzkonzept/Klimaschutzkonzept-Langfassung_final.pdf (letzter Zugriff 20.06.2012).

Weiterbildungsdatenbank Mecklenburg Vorpommern (o.J.): "*SolarZentrum Mecklenburg-Vorpommern Dorf Mecklenburg.*" von http://www. weiterbildung-mv.de/anbieter/suche_anbieterdetails.cfm?id=2641& fromangebote=yes (letzter Zugriff 14.08.2012).

Westle, Bettina (Hrsg.) (2009): *Methoden der Politikwissenschaft*. Studienkurs Politikwissenschaft. Baden-Baden, Nomos.

Wiechmann, Thorsten (2008): *Planung und Adaption - Strategieentwicklung in Regionen, Organisationen und Netzwerken*. Dortmund, Rohn.

Wiechmann, Thorsten (2011): *Strategien zwischen Emergenz und Planung - Zur Angemessenheit von strategischer Planung bei regionalen Anpassungsstrategien an den Klimawandel*, in: Birte Frommer, Frank Buchholzet al. (Hrsg.): Anpassung an den Klimawandel - regional umsetzen! München, oekom: 42 - 60.

Windhoff-Heritier, Adrienne (1987): *Policy-Analyse. Eine Einführung.* Frankfurt am Main, Campus.

Windhoff-Héritier, Adrienne (1993): "*Policy-Analyse: Kritik und Neuorientierung.*"Politische Vierteljahresschrift 24.

Witte, Eberhard (1973): *Organisation für Innovationsentscheidungen.* Göttingen, Schwartz.

Witte, Eberhard (1999): *Das Promotoren-Modell*, in: Jürgen Hauschildt und Hans Georg Gemünden (Hrsg.): Promotoren. Champions der Innovation. Wiesbaden, Gabler: 9-41.

Zürn, Michael (1992): *Interessen und Institutionen in der internationalen Politik: Grundlegung und Anwendungen des situationsstrukturellen Ansatzes.* Opladen, Leske + Budrich.

7 Anhang

7.1 Interviewleitfaden

Fragen zum Interviewpartner
- Name; Institution/Verband
- Tätigkeitsbereich/Funktion; seit wann arbeiten Sie in dieser Funktion?
- Arbeiten sie ehrenamtlich im Bereich EE?

Regionszuschnitt
- Abgrenzung der Region
- Zusammenarbeit mit anderen Regionen

Historisch/EE-Weg
- Wann und womit begann die EE-Bewegung in Ihrer Region?
- Wer hat den Prozess angestoßen?
- Welche Akteure waren daran beteiligt?
- Was waren wichtige Meilensteine im Bereich EE in Ihrer Region?
- In welcher Phase befindet sich EE derzeit in Ihrer Region?

Erneuerbare Energien, Konzepte, Förderungen
- Welche EE sind vorhanden? (aus Klimaschutzkonzept bekannt)? Welche EE sind geplant?
- Sind Konzepte zu EE in Ihrer Region vorhanden?
- Sind neben dem Klimaschutzkonzept weitere Konzepte zur Umsetzung vorhanden bzw. geplant?
- Wer koordiniert die Umsetzung der Konzepte?
- Wer unterstützt die Umsetzung der Konzepte?
- Wurde eine Organisation zur Umsetzung der Konzepte gegründet?
- Wie wichtig sind diese Konzepte zur Umsetzung von EE
- Werden Förderprogramme genutzt?

- Regionale Förderprogramme?
- Beteiligung an Wettbewerben?

Politische Beschlüsse

- Sind politische Beschlüsse/Zielkonzepte vorhanden? (Details zu politischen Beschlüssen: bis wann; Strom/Wärme/Mobilität)
- Welches Ziel wurde in dem politischen Beschluss gesteckt?
- Sind politische Beschlüsse in der Region wichtig, um EE schneller umzusetzen?

Akteure in der Region

- Welche Akteure sind in Ihrer Region beim EE-Ausbau aktiv?
- Rolle der einzelnen Akteure, Interessen der Akteure

- Welchen Akteur halten Sie für eine Schlüsselperson beim EE-Ausbau?
- Gibt es einen zentralen Akteur, bei deren Ausscheide der Prozess zum Erliegen kommt?
- Welcher Akteur hat am meisten Einfluss beim EE-Ausbau? Worin besteht dieser Einfluss?
- Welche Akteure hemmen den EE-Ausbau in Ihrer Region?
- Netzwerk zu EE in der Region vorhanden? Welche?
- Wie kommunizieren die Akteure in Ihrer Region untereinander?

- Welche Akteure sind nicht vorhanden/fehlen?
- Haben externe Akteure Einfluss auf die Entwicklung in Ihrer Region? Welche?
- Was ist Ihre eigene Rolle beim EE-Ausbau in Ihrer Region?

- Werden Bürger in den Prozess mit einbezogen?
- Bürgerinitiative gegen EE vorhanden?
- Agenda 21-Prozess vorhanden? Hat er Einfluss auf die EE-Entwicklung?

Überregionale Rahmenbedingungen/Ebenen
- Welche Ebenen haben Einfluss auf den EE-Prozess in Ihrer Region? Wie?
- Welche Akteure dieser Ebene üben Einfluss aus? Wie?
- Welche überregionalen Rahmenbedingungen sind besonders fördernd/hemmend?

Abschließende Fragen
- Was sind notwendige Faktoren in Ihrer Region, damit der Ausbau von EE funktioniert?
- Was sind Herausforderungen in Ihrer Region im EE-Bereich?
- Welchen Anforderungen sieht sich Ihre Region im Hinblick auf EE gegenüber?
- Was ist Ihr persönliches Interesse, an dem Prozess teilzunehmen?
- Welche Interviewpartner müssten noch berücksichtig werden?

7.2 Liste der besuchten Veranstaltungen

Landkreis Hameln-Pyrmont

- Abstimmungstreffen zur Bewerbung im Wettbewerb Bioenergieregionen im Dezember 2008 in Hameln.
- Veranstaltung von Radio Aktiv „Öl geht zu Neige: Was tun vor Ort?" am 27. April 2009 in Hameln.
- Vortrag von Rainer Sagawe im Forum „Politischer Umsetzungsprozess" am 17. Juni 2009 auf dem Kongress „100 % Erneuerbare-Energie-Regionen" in Kassel.
- Vorstellung des Klimaschutzkonzepts für den Landkreis Hameln-Pyrmont am 07. Juni 2010 in Hameln.

Landkreis Marburg-Biedenkopf

- Vortrag von Landrat Robert Fischbach im Forum „Politischer Umsetzungsprozess" am 17. Juni 2009 auf dem Kongress „100 % Erneuerbare-Energie-Regionen" in Kassel.
- Workshop im Rahmen der Erstellung des Klimaschutzkonzeptes für den Landkreis Marburg-Biedenkopf „Windenergie inkl. Geothermie" am 10. Mai 2011 im Landratsamt Marburg.
- Workshop im Rahmen der Erstellung des Klimaschutzkonzeptes für den Landkreis Marburg-Biedenkopf „Kostenfaktor Energie" am 24. Mai 2011 im Landratsamt Marburg.
- Abschlussveranstaltung zur Vorstellung der Ergebnisse des Klimaschutzkonzept Marburg-Biedenkopf am 07. November 2011 in Marburg.
- Workshop der Universität Kassel GradZ Umwelt mit einem Vortrag von Dr. Ivo Gerhards (Dezernat Obere Landesplanungsbehörde, Regierungspräsidium Gießen) „Eine regionalplanerische Energiekonzeption für die Planungsregion Mittelhessen" am 01. Dezember 2011 in Kassel.

Lübow-Krassow

- Expertenworkshop zum „Leitbild für den Ausbau erneuerbarer Energien in Mecklenburg-Vorpommern" der TU Berlin im September 2010 in Berlin.
- Abschlussveranstaltung der SPD Mecklenburg-Vorpommern zum „Leitbild für den Ausbau erneuerbarer Energien in Mecklenburg-Vorpommern" am 03. März 2011 in Schwerin.

- „5. Internationale Konferenz für nachhaltige Regionalentwicklung durch Anwendung erneuerbarer Energien" am 04. Oktober 2011 in Wietow.

Oberland

- 6. Treffen der bayrischen Solarinitiativen am 24. Januar 2009 in Fürstenfeldbruck.
- Veranstaltung der SPD-Landtagsfraktion Bayern zum Thema erneuerbare Energien am 11. Mai 2009 in München.
- „Dialogforum Energiewende" mit Vorträgen von Prof. Seiler und Karlheinz Rauh von der Energiewende Oberland am 22. Oktober 2011 in Freising.
- Stifterversammlung der Bürgerstiftung Energiewende Oberland am 24. November 2011 in Bad Tölz.